U0192200

中国传统民居建筑建造技术
窑洞

王军　靳亦冰　师立华　著

中国建筑工业出版社

《中国传统民居建筑建造技术　窑洞》

王　军　靳亦冰　师立华　**著**

参与人员：

李　钰　李冰倩　房琳栋　孟祥武　杨　帆

前　言

PREFACE

中国窑洞是世界上现存最多的古代穴居形式。它起源于古猿人脱离巢穴而“仿兽穴居”时期，经历了上百万年。在人类的历史长河中，穴居这种独特的居住原型，随着人类社会的发展而演进，逐步适应于特殊的气候地理区域，它能满足人类的基本居住需求，故一直沿用至今。

从近年来的考古成果可知，早在石器时代，原始人就在黄河中上游地区用黄土建造了窑洞居所。如宁夏海原县菜园村早期聚落遗址发掘的窑洞式房屋，距今已4800年，保存之好是中国建筑史上罕见的。青海省民和县喇家遗址的发掘是齐家文化研究的重大突破，距今4000多年的喇家遗址具有中心聚落的性质，喇家遗址窑洞建筑和窑洞式聚落形态的确认，对于黄土地带史前聚落类型以及史前窑洞建筑的研究关系重大。在史前文化的进程中，窑洞这一建筑形式也在不断地发展。在距今约6000～5000年的仰韶文化、距今约6000年的半坡文化为标志的新石器早中期，和距今约4000年的龙山文化、齐家文化为标志的新石器晚期，原始黄土窑洞的雏形已经发育得相当成熟。诸多考古研究表明：中国窑居方式以及黄土窑洞建筑形式的发展伴随着中国史前文明发展的全部过程，窑洞这一古老的居住文化在中国房屋建筑史上占有极其重要的地位。

中国窑洞民居主要分布在黄河中上游的山西、甘肃、陕西、河南和宁夏等五省区，在青海省东部、河北省中西部、内蒙古中部、新疆吐鲁番也有少量分布。这些地区的劳动人民历经漫长的历史岁月，在长期的生活实践中，对窑洞的营建积累了丰富的经验。从远古时期古人猿居住的洞穴逐渐发展为在天然黄土断崖上营造洞穴的“靠山窑”；在丘陵地区没有断崖时，就垂直下挖成方形竖穴，在四壁挖横穴产生了“下沉式窑洞”；后来出现了独立式窑洞，即人们在平地上用土坯或砖石砌拱，然后覆土建成窑洞，这种窑洞不依赖黄土崖体，它的出现是窑洞建筑发展中的一次飞跃。

窑洞建筑施工简单、造价低廉，能满足人类基本的居住需求。如今地面上保留最久的窑洞有200多年，黄土造就的建筑在风雨的侵蚀下不会像砖石建筑那样坚固而久远，它像一个生命体那样生生不息，老的窑洞倒下了化作黄土回归大地，新的窑洞又在匠人的手中诞生了。维持这一生命延续的是“窑洞的营建技艺”。这种在黄土中用“减法”的方式，挖土即获得空间是最经济的造屋手段，加之黄土的热惰性与蓄热性使窑洞内部冬暖夏凉。简单的建造技术，舒适的室内温度，使黄土高原人普遍选择了窑洞。独立式窑洞是以砖、石、土坯以“加法”的方式起拱覆土而成，其营建技艺也更加成熟，专业的工匠精神已经形成。正是这种技术，使黄土沟壑区的窑洞走进了商业闹市，今天从平遥古城保留下来的精美窑洞院落中，可以看到当时山西的晋商们住窑洞已是一种时尚。

以“减法”的方式建造窑洞，是“天人合一”理念的体现，人们只能对建造场地、山崖土层土质进行选择而无法改造它，人们顺应自然，几千年来对自然的选择、经验的积累，为中国风水文化的诞生发展奠定了基础。成熟而系统的风水理论又影响着窑洞聚落的选址与营建。黄土高原的地形、地貌及生态环境塑造了独特的民居形态，以窑洞院组成的村落，以其特有的风采屹立于中华大地，构成了黄土高原特有的聚落形态。窑洞聚落大多建在不适宜耕作的沟壑坡地，并选择最佳的小气候环境，“负阴抱阳、藏风纳气”的基本准则代代相传，对土地的崇敬与珍惜是传统村落风貌格局的灵魂。

今天站在生态文明的社会层面，审视我们祖辈创造的窑洞建筑与窑居村落，我们深深地领悟到：窑洞建筑是原生态的绿色建筑，它就地取材，因地制宜，巧妙地利用丘陵、坡地而节约良田；由于窑洞是在地壳中挖掘而成，只有内部空间而无外部体量，是开发地下空间资源，节约土地的最佳建筑类型。窑洞深藏于土层中或用土掩覆，可利用地下热能和覆土的储热能力，具有保温、隔热、蓄能、调节洞室小气候的功能，是天然节能建筑的典范，符合当今的生态建筑原则。这些也都是窑洞建筑的优秀基因，而使基因延续下来的是“窑洞民居建造技术”。

窑洞的发展依托于社会经济的发展及建造技术的进步，自 20 世纪 80 年代改革开放以来，农村经济发展较快，村民建房积极性高涨，受城市化进程的冲击，大部分地区农村弃窑建房，盖上了砖混小洋楼，土窑洞一度成为贫穷落后的代名词。窑洞建造技术没有了市场需求也就趋于衰落与失传，曾经活跃在乡村的窑匠师傅年事已高而没有接班人。千百年来传承的窑洞建造技艺是中华优秀文化遗产的重要组成部分，窑洞建筑的优秀基因依然是当今绿色建筑创作的源泉，抢救性地整理记录窑洞建造技术，使这份遗产得以保留与传承，是当代人的历史使命。

为此我们撰写了这部《中国传统民居建筑建造技术　窑洞》。本书对窑洞建筑发展的历程、国内外学界对窑洞研究的成果进行了梳理；对窑洞的受力状况及结构特征进行了初步的分析；对三种类型窑洞的建造技术及流程，在现有调研基础上尽可能地作了详细的记录；也对窑洞衍生出的民俗文化进行了解析；书中也对近年来因乡村旅游发展而新建的窑洞建筑作了介绍。本书是一部实录性著作，以大量的调研资料为依据，撰写中时常遇到有些偏远地区的有特点的窑洞建筑，我们无法采访到建造工匠，无法写出具体的建造技术，这也是本书的缺憾之处。

本书的撰写是学术团队的成果，本书作者多年来从事西北地域文化与乡土建筑的研究，多数作者的硕士、博士论文都是以窑居村落为选题，多年来足迹遍及陕西、山西、甘肃、青海、宁夏，对窑洞民居有着多年的研究积累，为本书的写作奠定了资料基础。书中所有照片与插图，除作者署名外，均为作者自摄、自制。由于时间紧迫，调研地域广泛，窑洞建造技艺未免存在粗浅或差错之处；他人研究成果虽已尽量在书中标注，但难免有所疏漏，还望学者工匠与读者见谅，并不吝指正。

王　军

2020 年 12 月于西安建筑科技大学

目　录

CONTENTS

第一章

中国传统窑洞民居概述

窑洞民居在我国具有悠久的历史，特别是在古代人类最早生息聚居的黄河流域，由于自然地理环境、地质地貌、气候条件及地域资源等原因，长期以来存在着大量黄土窑洞民居。直到今日，它仍是我国黄土高原地区部分农村居住的主要建筑类型。伴随着社会的进步、环境科学的发展、人类对聚居环境绿色空间的追求，“可持续发展”作为时代的主旋律已成为人类生存意识的一个新的里程碑。随着人类对节约土地、降低能耗、保持生态平衡、寻求可持续发展的聚居环境重要性认识的提高，人类重新把注意力转向这种古老而天然的生态建筑——窑洞。对窑洞建筑的研究以及对窑洞建筑的创新实践也成为当今社会的热点。

>>

第一节 传统窑洞民居的基本状况

一、传统窑洞民居的分类

黄土高原的地形、地貌及生态环境塑造了独特的民居形态，以窑洞建筑组成的村落，以其特有的风采屹立于中华大地，构成黄土高原特有的居住文化形态。窑洞民居大多建在不适宜耕作的沟壑坡地，并以最简单的“减法”营造方式挖洞。无论是在开阔的河谷阶地，狭窄陡壁直立的沟崖两侧，还是后来由于种种自然、社会因素逐步扩展到沟顶、塬边缘及塬上，都密布着窑洞村落。在沿河谷阶地和冲沟两岸，多辟为靠崖式窑洞或靠崖的下沉式窑洞（图 1-1-1）；在塬边缘则开挖半敞式窑院；在平坦的丘陵、黄土台塬地区，没有沟崖利用时，则开挖下沉式地下窑洞（又称地坑院）。

在窑洞分布区，村民一般习惯将窑洞和房屋结合。在沟壑底部、基岩外露、采石方便的地区和产煤多的地区（如陕北的延安、榆林，山西的雁北、晋南的临汾、浮山等地），窑居者都喜欢用砖、石或土坯

（a）靠山式窑洞院落

（b）独立式窑洞院落

（c）下沉式窑洞聚落（来源：胡民举摄）

图 1-1-1 靠山、独立、下沉式窑洞院落

砌筑的独立式窑洞。在陕北偏僻的乡间，分布着规模很大的窑洞与房屋共同组建的大型窑洞庄园，如米脂县刘家峁村姜耀祖庄园、杨家沟马祝平新院等，是这种富裕人家居住的窑洞民居经典（表 1-1-1）。

窑洞类型示意　　表 1-1-1

类型		图式	主要分布地
（一）靠崖式窑洞	靠山式		1. 陕北窑洞区 2. 晋中窑洞区 3. 豫西窑洞区 4. 陇东窑洞区
	沿沟式		1. 陕北窑洞区 2. 豫西窑洞区
（二）下沉式窑洞		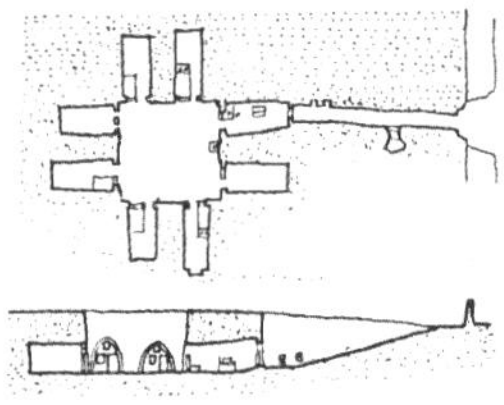	1. 渭北窑洞区 2. 晋南窑洞区 3. 豫西窑洞区 4. 陇东窑洞区
（三）独立式窑洞	砖石窑洞		1. 陕北窑洞区 2. 晋中窑洞区
	土基窑洞		1. 陕北窑洞区 2. 晋中南窑洞区 3. 西海固窑洞区 4. 内蒙古西部窑洞区
	其他类型		1. 陕北窑洞区 2. 晋南窑洞区 3. 陇东窑洞区

（一）靠山式窑洞

靠山式窑洞又称为靠崖窑、“明庄子”，主要是指在土质密实的黄土地区，在天然土壁上使用“减法”营造，向内开挖的拱券式横洞。

靠山式窑洞出现在山坡或台塬沟壑的边缘地区。窑洞依靠山崖，前面有开阔的川地。这类窑洞要依山靠崖挖掘，必须随着等高线布置才合理，所以多孔窑洞常呈曲线或折线形排列。因为顺山势挖窑洞，挖出的土方直接填在窑前的坡地上构筑院落，既减少了土方的搬运，又取得了不占耕地以及与生态环境相协调的良好效果。

根据山坡的倾斜度，有些地方可以布置几层台阶式窑洞。台阶式窑洞层层退台布置，底层窑洞的窑顶，就是上一层窑洞的前院。在山体稳定的情况下，为了争取空间也有上下层重叠或半重叠修建的（图 1-1-2）。

（a）宁夏海原县靠山式窑洞

（b）甘肃环县靠山式窑洞民居

图 1-1-2　靠山式窑洞

（二）下沉式窑洞

下沉式窑洞，是指在黄土塬的干旱地带，没有山坡、沟壑可利用的条件下，利用黄土的特性（直立边坡稳定性），就地挖下一个长方形地坑（竖穴），形成四壁闭合的地下四合院，然后再向四壁挖窑洞（横穴）形成的居住类型。下沉式窑洞可以按照入口类型细分为全下沉型、半下沉型和平地型三种。半下沉型和平地型窑洞都是在塬面有一定坡度时产生的，是利用了塬面的高差，改善了入口的陡坡，提高了天井院的地坪标高，更有利于排水，在靠崖式的沿沟窑洞中有许多这种实例。从平面布置上分有直进型、曲尺型、回转型三种；从入口通道和天井院的位置关系分有院外型、跨院型和院内型三种；从入口通道剖面形式分又有敞开的沟道型和钻洞的穿洞型（图 1-1-3）。

（三）独立式窑洞

独立式窑洞是指人们在平地上用土坯或砖石砌拱，然后覆土建成窑洞，这种窑洞不依赖山体，又兼有靠山窑冬暖夏凉的优点。这种窑洞可在前后两头开窗，通风和采光都比靠崖式窑洞好。独立式窑洞分布较为广泛，由于受到各地特殊的地域资源环境影响，独立式窑洞的类型较为多样，按照建造主体材料可分为独立式土窑洞、独立式砖窑洞、独立式石窑洞三类。而独立式窑洞建造过程中受到地形地貌的影响较少，所以在建筑形式上也较靠山式和下沉式窑洞来说更为多样。除了普通的单层窑洞，还有在一层窑洞上再建造一层窑洞或是木构架房屋的窑洞，这被称为“窑上窑”、“上下拱窑”及“下窑上房”。独立式窑洞的布局也灵活多样，可以构成三合院、四合院的窑洞院落，或以窑和房屋混合组成院落。山西吕梁、晋中地区的许多窑洞都是窑上建房的典型例子（图 1-1-4）。

（a）豫西下沉式窑洞聚落（来源：陕州区文化馆）

（b）陇东下沉式窑洞民居

图 1-1-3　下沉式窑洞

（a）宁夏土基窑洞

（c）窑上建房

（b）双层窑洞

（d）窑洞粮仓

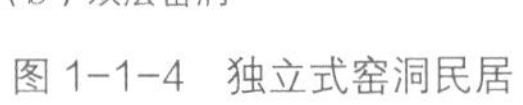

图 1-1-4　独立式窑洞民居

二、传统窑洞民居的地域分布

中国窑洞民居主要分布在甘肃、山西、陕西、河南和宁夏等五省区，河北省中西部和内蒙古中部、新疆吐鲁番也有少量分布。1980 年 12 月，在时任中国建筑学会副理事长、规划大师任震英先生的主持下，成立了“中国建筑学会窑洞及生土建筑调研组”，对西北各省区及河南、山西的窑洞进行了普遍调查与测绘研究。通过大量的田野调查，对窑洞及生土建筑的主要分布、基本类型、形态特征进行了详细的测绘与统计，积累了宝贵的研究素材，为以后的研究工作奠定了基础。本节关于窑洞民居的分布及统计数据均采用当时的调研成果，从中可以看出窑洞在西北民居中所占的分量。

在甘肃省，窑洞主要分布在东北部，如庆阳、平凉、天水、定西等地。在 20 世纪 80 年代的统计中，庆阳地区的窑洞民居占当地各类型房屋建筑总数的 83.4%，平凉县占 72.9%，崇信县农村竟达 93%。

在陕西省，黄土窑洞分布在秦岭以北的渭北旱原地区及陕北地区，占大半个省区。据 20 世纪 80 年代统计，渭北旱原的乾县吴店乡有 70% 的农户住地下窑洞，乾陵乡韩家堡村有 80% 的农户住下沉式窑洞，三原县新兴镇柏社村有 90%的农户住在窑洞院落；陕北米脂县农村 80%～90% 的农户均以窑洞为家，榆林、神木一带则以砖、石窑洞为主。

在宁夏回族自治区，窑洞主要分布在固原、西吉、同心、隆德、盐池一带。以靠山窑和独立式窑洞为主，多数是窑房结合，窑洞所占比例不及陕西。

在山西省，全省均有黄土窑洞，其中以晋南的临汾地区、运城地区和太原地区为代表。晋东南地区、晋中地区以及雁北的临县、离石、浦县、大同、保德等地均有黄土窑洞分布，遍及 30 多个县。据 20 世纪 80 年代统计，阳曲、娄烦等地有 80% 以上人口住窑洞；平陆县农村的 76% 以上人口住窑洞；临汾的张店乡则有 95% 的农户住下沉式窑洞；临汾的太平头村和平陆县的槐下村约有 98% 的农户住在窑洞中；永阳县和浮山县也有 80% 以上的户数住窑洞。

在河南省，窑洞分布在郑州以西、伏牛山以北的黄河两岸，主要是巩义、偃师、洛阳、新安、荥阳、三门峡、灵宝等地。据 20 世纪 80 年代统计，巩义有 50% 的农户住窑洞；灵宝各类窑洞占住房总数的 40%；三门峡陕县农房中窑洞（包括土坯拱窑洞）约占 70%。据对洛阳邙山、红山、孙旗屯与白马寺等四个乡及孟津、伊川、新安等县的调查，当地约有 50%～80% 的农户住窑洞；葛家岭村第四自然村 92% 的住户住窑洞。

此外，在河北省西南部太行山麓的武安、涉县等地以及中部和西南部地区，在内蒙古自治区的中部，在青海省的东部，在新疆吐鲁番地区等地，也有一定数量的窑洞分布。

以上内容是 20 世纪 80 年代中期的调查成果，30 多年后的今天，中国农村经济发生了重大变化，许多世代居住在窑洞的人家盖起了新的砖瓦房，形成一股“弃窑建房，别窑下山”奔小康的潮流，致使大量的窑居村落衰落、消亡。西北地区窑洞生存情况也发生了变化，虽总体上大的分布变化不大，窑洞的数量却减少很多。如陕西淳化县十里原乡梁家村，1982 年调查时全村 82%的人家住在下沉式窑洞，2006 年再次调查时仅有 8%的人家，且都是老年人住在原有的窑洞院内。陕西乾县乾陵脚下的韩家堡 20 世纪 80 年代有 80%的人家居住在窑洞，到 20 世纪 90 年代末建起了新村，全村告别了窑洞。近十几年来，渭北旱塬地带大量种植苹果，农业产业结构发生变化，农民收入增加，普遍建设砖瓦房新居，致使窑洞的减少、消失最为显著。而陕北及甘肃环县等地，由于气候的寒冷，窑洞数量虽有减少，但至今仍有人在新建窑洞，新建的窑洞在结构与装修质量上均比上一代窑洞提高许多。

河南三门峡地区，是下沉式窑洞集中的地方，20世纪末21世纪初大部分居民搬出窑洞住上新建砖混房屋。近年来，由于当地旅游业的发展，致使一批下沉式窑院得到保护，政府与开发商出资，对其进行改造与装修，使老窑洞焕发出青春活力。这一举措影响了周边的村民，许多有经济能力的人家也开始精心改造与装修窑洞，用于经营“农家乐”个体旅游业或自住。总之，人们开始重新认识窑洞的价值，并自觉地保护窑洞民居。

窑洞民居按其所处的地理位置和窑洞分布的密疏，可划为五个窑洞区：

（1）陇东窑洞区。大部分在甘肃省东南部与陕西省接壤的庆阳平凉、天水地区，陇东黄土高原一带。

（2）陕西窑洞区。主要分布在秦岭以北大半个省区。按自然地貌、类型和历史发展形成的因素，还可细分为渭北窑洞和陕北窑洞。

（3）山西窑洞区。分布在山西省太原以南的吕梁山区，其中以介休、闻喜、临汾、霍县、汾西、平陆县等最为密集；雁北大同一带也有少量的土窑洞分布。临近的河北省也有少量分布。

（4）豫西窑洞区。河南省的窑洞大部分分布在郑州以西，伏牛山以北的黄河两岸范围内。下沉式窑洞最多的地区是巩县、洛阳、新安、三门峡及灵宝等地。

（5）宁夏窑洞区。主要是在宁夏回族自治区中东部的固原、海原、西吉和同心县以东的黄土塬区。

此外，在河北、内蒙古及新疆吐鲁番地区也有少量窑洞分布区。

第二节　传统窑洞民居的建造意义

一、传统窑洞民居及其建造技术的概念界定

窑洞是生土建筑的主要形式之一。生土建筑是指利用未经焙烧生土材料营建主体结构的建筑物、构筑物，也包含在原状土中挖凿的窑洞。其特点是就地取材、易于施工、利于再生、自然循环、便于自建、造价低廉，其优点是冬暖夏凉、节约能源、减少污染、自然降解、有利于生态平衡。随着人类对可持续发展的人居环境重要性认识的提高，人类重新把注意力转向生土建筑，尤其是窑洞。

中国窑洞，是世界上现存最多的古代穴居形式。它起源于古猿人脱离巢穴而“仿兽穴居”时期，经历了上百万年。在人类的历史长河中，穴居这种独特的居住原型，随着人类文明和社会的发展而发展，逐步适应于特殊的气候地理区域，它能基本满足人类的居住生活需求，故一直沿用至今。

早在石器时代，原始人就在这里用黄土建造了各种建筑。如西安半坡氏族聚落遗址属新石器时代早期的仰韶文化类型，距今6000年，半坡遗址的半穴居、穴居和地面建筑都以天然黄土为主要建筑材料。宁夏菜园早期聚落遗址发掘的窑洞式房屋距今已4800年，保存之好，在中国建筑史上罕见，可谓窑洞的祖先。原始人在天然黄土断崖上营造洞穴这一居住形式，发展到今天即是中国西北黄土高原的窑洞居住建筑。这种沿黄土陡坡或向地下开凿的窑洞，融于大自然环境中，有冬暖夏凉的特点，是原始而朴素的原生态建筑。黄土高原地域辽阔，地貌多样，聚落环境与居住建筑因地理位置与地貌的不同而呈现多种类型。

在本书中，窑洞建造技术指的是从选址开始，包括材料加工、窑洞加工、窑洞砌筑、窑内炕灶、排水等一系列步骤在内的窑洞营建流程。

二、传统窑洞民居各部位概念界定

窑洞可以分为窑面（窑脸）、室内和窑院三部分。

窑面就是窑洞的正立面，包含女儿墙、窑檐、檐廊、门窗等。

室内包含炕、灶、烟道、炕围画等室内装饰部件。

窑院包含宅门（门楼）、院墙、花草树木等（表 1-2-1）。

窑洞各部位示意　　表 1-2-1

<table>
<tr><th>窑洞
三大部位</th><th>各部位
名称</th><th>示意图</th><th>照片</th></tr>
<tr><td rowspan="5">窑面
（窑脸）</td><td>窑脸</td><td rowspan="5">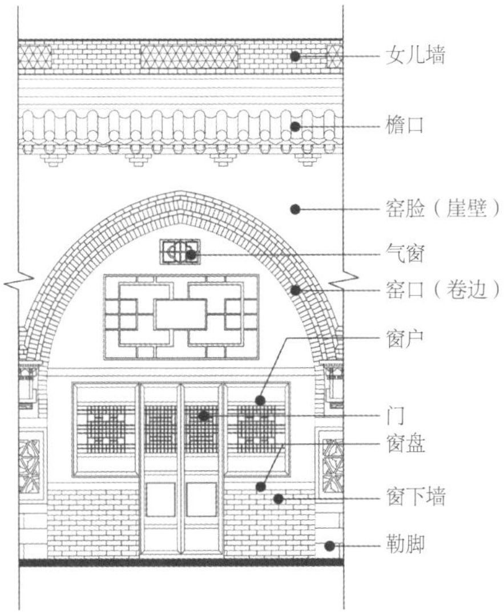
</td><td></td></tr>
<tr><td>女儿墙</td><td></td></tr>
<tr><td>窑檐</td><td></td></tr>
<tr><td>檐廊</td><td></td></tr>
<tr><td>门窗</td><td></td></tr>
</table>

续表

窑洞三大部位	各部位名称	示意图	照片
室内	炕	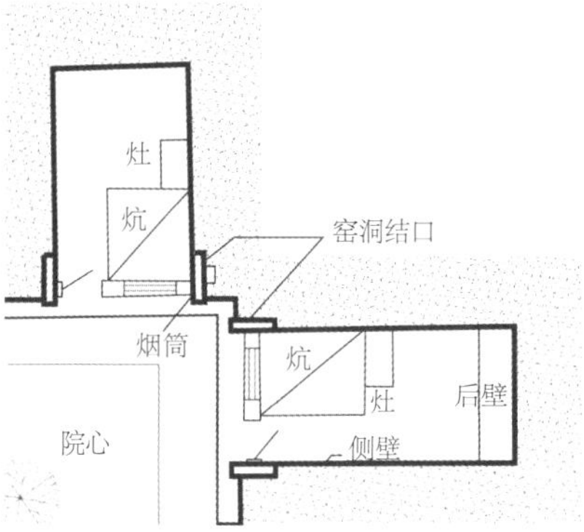	
	灶		
	烟道		
窑院	门楼	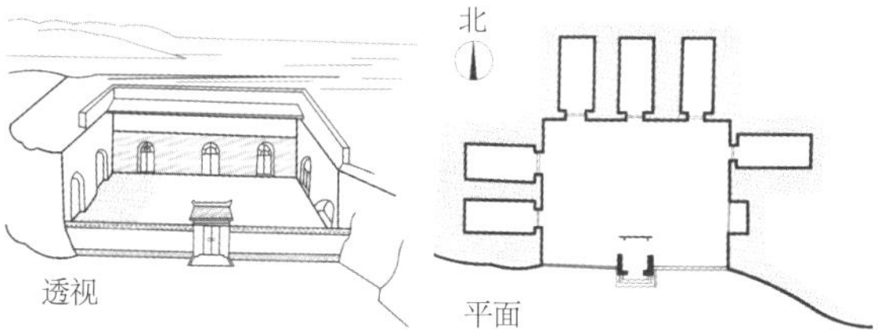	
	院墙		
	花草树木		

（一）窑脸

由于黄土高原地区窑洞多潜藏在地下和山体中，显露在外的窑脸显得极为重要，窑主人也多在窑脸上精心修饰。从草泥抹面到土坯、砖石窑脸，随着经济技术的发展形成檐廊木雕窑脸。各地依据具地域特征形成不同的窑脸形式，极富艺术气息（图 1-2-1）。

（二）女儿墙

窑洞的女儿墙是为防止人畜跌落而在窑顶砌筑的围护结构。不论是土坯、砖还是碎石砌筑，都十分注重美观（图 1-2-2）。

（三）窑檐

窑檐也称护崖檐，是为了防止雨水冲刷窑面而在女儿墙下做的瓦檐（图 1-2-3）。

（四）檐廊

檐廊是窑檐的扩大，更富于装饰意味。这类有檐廊的窑洞民居多数为富裕人家，在檐廊上极尽装饰（图 1-2-4）。

（a）陕北窑脸

（b）陇东窑脸

（c）豫西窑脸

（d）山西窑脸

图 1-2-1　窑脸

（a）豫西生土女儿墙（来源：负更厚摄）

（b）豫西砖女儿墙

图 1-2-2 女儿墙

图 1-2-3 陕北窑檐

图 1-2-4 山西檐廊

（五）门楼与门窗

门楼是指窑洞民居的宅门。简朴的有就地挖洞（下沉式窑洞院落）；其次是土坯门柱搭草皮顶、青瓦顶；富有人家则使用砖墙门楼，精致的砖雕、木雕，做工考究（图 1-2-5）。

窑洞的门窗是在窑洞拱形曲线内，开门开窗以方便进出和通风、采光的部件。外形依“拱”的形状和大小而变化。各地均有不同的装饰风格（图 1-2-6）。

（六）室内及各部件

炕、灶、烟道：

炕就是用土、石和砖砌筑的供人睡觉的床，灶是供使用者在窑内烧饭的台，烟道是将烧火的烟气排出室外的管道。炕、灶、烟道共同组成一套系统，烧饭的热气通过炕道、烟道排出窑外。烧饭余热使得窑内冬季也很温暖（图 1-2-7）。

三、传统窑洞民居建造技术的体系特征与地理分布

中国窑洞民居主要分布在甘肃、山西、陕西、河南和宁夏等五省区，河北省中西部和内蒙古中部也有少量分布。窑洞民居建造技术的地理分布与其地域分布是吻合的，可划为五个窑洞建造技术区：

图 1-2-5 入口门楼

(a)"一门一窗"窑脸

(b)"满堂窗"窑脸

图 1-2-6 门窗

图 1-2-7 典型炕灶

（1）陇东生土窑洞区。主要建于明、清时代，当地良好的黄土沟崖与塬地提供了建窑条件。以靠山式土窑为主，简洁大方，朴实美观（图 1-2-8）。

（2）陕西土石窑洞区。主要分布于陕北高原和渭北高原地区，该地区黄土层深厚，直立性好，并有丰富的灰砂岩资源可利用，因此遍布土石窑洞。可细分为渭北土窑洞、陕北榆林、延安一带的石窑洞（图 1-2-9）。

（3）山西砖石窑洞区。山西省煤炭资源丰富，烧砖技术普及，使得山西砖箍窑盛行，山西砖箍窑主要分布在晋西及晋中地区。该地的砖窑结构类型多样，建造技艺高超，对砖的精细加工也到了炉火纯青的地步（图 1-2-10）。

（4）豫西下沉式窑洞区。豫西地区黄土覆盖层较厚，土层结构密实，物理性能良好。此地挖掘的下沉式窑洞，土拱稳定性好，其耐久性极高（图 1-2-11）。

（5）宁夏生土窑洞区。主要分布在宁夏西海固地区，这里干旱少雨、黄土层厚、分布广、取材方便，

（a）陇东土窑洞

（b）陇东窑洞

图 1-2-8 陇东生土窑洞

（a）陕北窑洞聚落

（b）陕西永寿县土窑洞

（c）陕北窑洞民居

图 1-2-9 陕西土石窑洞

（a）山西窑洞聚落

（b）山西窑洞民居

图 1-2-10 山西砖石窑洞

图 1-2-11 豫西下沉式窑洞（来源：上图 负更厚摄）

所以当地多用生土建造窑洞，当地尖拱无覆土的“旱箍窑”，是一种极富特色的窑洞类型（图 1-2-12）。

（6）其他窑洞区。除了上述主要的窑洞分布地区，在内蒙古地区、新疆吐鲁番地区、青海地区也有少量的窑洞分布（图 1-2-13）。

四、传统窑洞民居及其建造技术的研究背景及意义

新中国成立以来，我国的建筑工作者对黄土地区的窑洞民居进行过许多调查研究。改革开放以来这些

图 1-2-12　宁夏旱箍窑

地区的广大农民生活水平不断提高，迫切需要改善居住条件，因此对窑洞民居进行研究和革新试验，使之适应现代化的需要，更具有现实意义。

从国际上生态文明的大趋势来看，由于世界处于后工业化时代，能源危机、环境污染、生态平衡失调、大城市及高层建筑存在着不可克服的缺点，促使国外建筑学领域重新注重研究窑洞及生土建筑，探讨地壳浅层地下空间的开发与利用。自 20 世纪 80 年代以来，已有许多有志于此道的国外学者，来华考察黄土窑洞建筑，为此中国建筑学会于 1980 年成立了窑洞及生土建筑调查研究组。并在此基础上于 1985 年成立了中国建筑学会下属的生土建筑分会。

2015 年 12 月在法国召开巴黎气候会议，气候问题已成为全球关注的环境问题，推动各国走向绿色循环、低碳发展刻不容缓。中国正在大力推进生态文明建设，中国把气候变化融入国家经济发展中长期规划，坚持减排和适应气候变化，国家层面提出的发展绿色建筑和低碳交通，将极大地改变每一个人的生活。绿色建筑是充分利用自然资源，在不破坏环境生态平衡的前提下建造节能、生态建筑。中国政府提出，到 2020 年，城镇新建建筑中绿色建筑比例达到 50%。

窑洞建筑是原生态的绿色建筑，窑洞可以就地取材，因地制宜，巧妙地利用丘陵、坡地、山地而节约良田。窑洞适应地域气候，施工简单，造价低廉，便于自建，有利于再生与良性循环，符合生态建筑原则。由于窑洞是在地壳中挖掘的，只有内部空间而无外部体量，所以它是开发地下空间资源、提高土地利用率、节地的最佳建筑类型。窑洞深藏于土层中或用土掩覆，可利用地下热能和覆土的储热能力，冬暖夏凉，具有保温、隔热、蓄能、调节洞室小气候的功能，是天然节能建筑的典型范例。

（a）内蒙古凉城县窑洞村落

（b）新疆吐鲁番地区土坯窑洞

（c）青海省湟源县靠山窑洞

图 1-2-13　其他地区窑洞

在五大窑洞区域内至今存在着众多的传统村落，也是窑洞建筑依托的聚落环境。对窑洞的传承与保护，从根本上看还是要致力于对中国传统村落的保护与发展。窑洞存在于传统村落之中，相互依托。然而，随着城市化进程的冲击，在对传统村落保护的实践上还有诸多的挑战，大批传统村落的风水格局、乡土建筑、历史古迹、自然宁静的乡土环境以及淳朴的人文环境等遭到了不同程度的破坏，大部分窑居传统村落面临着消亡的威胁。历史文化遗产丰富的传统村落的消失，意味着世代传承的历史文化积淀的消失，这对中华民族来说，是巨大的精神损失、文化损失、国家软实力的损失。因此，深刻认识保护传统村落的意义迫在眉睫。

中国古村落数量多、分布广、个性鲜明，被称之为“传统文化的明珠”、“民间收藏的国宝”，近年来逐步受到世人的瞩目。传统古村落是我国宝贵的文化资源，是人类长期适应自然、利用自然条件的见证，承载着人们生产生活的点点滴滴。原建设部、国家文物局从2003年开始在全国范围内选择一些保存文物特别丰富并且具有重大历史价值或革命纪念意义、能较完整地反映一些历史时期的传统风貌和地方民族特色的村镇，分期分批公布为中国历史文化名镇和中国历史文化名村。2012年12月12日，住房和城乡建设部、文化部、财政部发布《关于加强传统村落保护发展工作的指导意见》，就加强传统村落保护发展工作提出工作意见。“传统村落承载着中华传统文化的精华，是农耕文明不可再生的文化遗产。传统村落凝聚着中华民族精神，是维系华夏子孙文化认同的纽带。传统村落保留着民族文化的多样性，是繁荣发展民族文化的根基”。传统村落是在长期的农耕文明传承过程中逐步形成的，凝结着历史的记忆，反映着文明的进步，加强传统村落保护发展刻不容缓。

2013年1月1日，中共中央、国务院发布《2013年中央一号文件》，进一步明确“科学规划村庄建设，严格规划管理，合理控制建设强度，注重方便农民生产生活，保持乡村功能和特色”的方针政策。2013年12月12日至13日在北京召开的中央城镇化工作会议提出“要注意保留村庄原始风貌，慎砍树、不填湖、少拆房，尽可能在原有村庄形态上改善居民生活条件”。2013年12月23日至24日在北京召开的中央农村工作会议提出了“农村是我国传统文明的发源地，乡土文化的根不能断，农村不能成为荒芜的农村、留守的农村、记忆中的故园”。习近平总书记在2014年中央民族工作会议上强调指出：“博大精深的中华优秀传统文化，是我们在世界文化激荡中站稳脚跟的根基”。2014年，住建部、文化部、文物局、财政部联合印发了《关于切实加强中国传统村落保护的指导意见》，对加强中国传统村落保护进行了顶层设计，作出了系统的安排和部署。2017年年初，中共中央办公厅、国务院办公厅印发了《关于实施中华优秀传统文化传承发展工程的意见》，传统村落作为我国优秀文化的载体是保护发展的对象。

目前，传统村落保护与发展面临着诸多问题。一方面，传统村落在城镇化进程中正面临着被破坏甚至消亡的压力。在不可逆转的城镇化进程中，一部分村落重新集聚，一部分正在衰退或萎缩，一部分正在成为城市（镇）的一部分从而改变其社会存在的形式；另一方面，农村的进步和经济社会发展的需要是一种必然的趋势。窑洞作为特有的传统民居，是西北地区众多传统村落的建筑主体。窑洞的传承与保护需要营造技艺的支持。窑洞营造技艺是中国农耕文化发展中重要的传统手工技艺之一，是我国北方居住文明的源头，也是人与自然环境和谐共生的智慧见证。

窑洞营造简单，省工省料，无须砖瓦，多在塬边、沟边及山崖下挖制，不占用耕地，可谓是最生态的民居建筑形式。在20世纪80年代之前，营造窑洞在当时也算是一种行业，干这一行的通常称之为“窑匠”。“窑匠”所干的活儿主要为掘崖面、挖窑、箍窑等，窑匠以其精湛的技术，将崖面可处理成“水波浪”、“一镢倒”、“乱镢子”等多种纹样。技艺全面的“窑匠”还砌火炕、砌灶台、挖烟囱等。火炕是窑洞民居的一大特色，住人窑洞必有火炕，而不设床，技艺好的匠人砌的火炕、灶台，烧的过程中出烟流畅、不打倒烟，而且省柴，热量利用率也高。现在的黄土高原地区居民在修建房屋住宅时，也有将厨房做成箍窑的，其原因就是窑洞具有保温隔热性能，冬暖夏凉，可使厨房内的水缸等生活用具在冬天不会被冻破。可以看出，窑洞及其营造技艺在黄土高原地区居民的生活中是不可或缺的。然而，受现代居住文化的冲击，独具特色的窑洞民居文化已处于濒危状态，窑洞营造技艺也面临着失传的危险，保护和传承这一传统文化和营造技艺已是非常迫切和必要的。本书的内容，是对窑洞建造技艺进行梳理总结、深入研究，挖掘营建技艺的核心内容。

20世纪30年代，中国营造学社最早对窑洞进行了实录性的介绍，至20世纪80年代以后有众多论文与专著对窑洞聚落形态以及生态优势及窑洞改良进行了大量的研究，成果卓越，但对窑洞的建造技艺的专门研究却很少。

五、传统窑洞民居及其建造技术的研究方法

在研究中，经常遇到研究方法不够全面的问题，特别是在中国这样的大国，如何从参与小村落的田野工作，扩展到了解全国性问题，需要我们在研究方法与研究策略上发展出一套适合国情的方式。我们可以运用费孝通的从村庄到市镇，然后从市镇到大区域的策略，在研究方法上做到本土化、地域化。本文研究涉及时间、空间的范围比较大，因此文献阅读、现存村落调研、走访调查是本研究的基础，并对其进行筛选、对比与分析，做好基础工作。

1. 文献研究法

文献研究法主要指搜集、鉴别、整理文献，并通过对文献的研究形成对事实的科学认识的方法。文献法的一般过程包括五个基本环节，分别是：提出课题或假设、研究设计、搜集文献、整理文献和进行文献综述。

在进行本书写作之前，作者搜集了大量的专著、论文以及期刊，然后将资料进行汇总分析，采用比较研究的方法从历史、环境、人文等方面来分析黄土高原地区窑洞村落的发展。

2. 田野调查法

田野调查法被公认为是人类学学科的基本方法，它是研究工作开展之前，为了取得第一手原始资料的前置步骤。所有实地参与现场的调查研究工作，都可称为“田野研究”或“田野调查”。“参与当地人的生活，在一个有严格定义的空间和时间的范围内，体验人们的日常生活与思想境界，通过记录人的生活的方方面面，来展示不同文化如何满足人的普遍的基本需求、社会如何构成。”这便是田野调查。

本着实事求是、从实际出发的原则，通过田野调查法对黄土高原地区窑洞民居有了直观的认识和了解，在第一手资料的基础上把握窑居村落的社会、经济、生态、历史、文化等方面的问题和特征，加以分析、归纳和整理，编入本书中。

本书在前期调查的基础上对西北地区的5个省11个市23个区县57个村落进行调研：陕西省榆林市绥德县、佳县、米脂县、子洲县，咸阳市永寿县、长武县、旬邑县、三原县；河南省三门峡市陕县；山西省运城市平陆县，吕梁市临县、柳林县，长治市武

乡县、沁县，太原市阳曲县、晋源区；甘肃省庆阳市庆城县、环县、西峰市等。其中，采访窑洞本土研究学者十余人、建窑匠人四十余人。

3. 对比分析法

对比分析法也称比较分析法，是把客观事物加以比较，以达到认识事物的本质和规律并作出正确的评价的方法。

本书主要归纳了三种类型的窑洞民居在不同地区各自的特征，在窑洞尺寸、装饰艺术风格、建造流程等方面进行对比分析，更好地体现了同种窑洞类型由于地区不同所产生的差异。

第三节　传统窑洞民居及其建造技术的研究进程

创建于20世纪30年代的中国营造学社就曾对窑洞进行过深入的研究，龙庆忠先生写作的“穴居杂考”于1941年发表于《中国营造学社汇刊》第5卷1期。

1980年12月5～10日，在甘肃省兰州市召开了中国建筑学会窑洞及生土建筑调研协调会。会议创立了“窑洞及生土建筑研究会”，五大窑洞区除河北省外，各省、区都成立了研究分会，由我国著名规划大师任震英出任会长，西安建筑科技大学的侯继尧教授、重庆建筑大学的陈启高教授、福建省土木建筑学会的秘书长袁肇义工程师和云南省的工程师毛朝屏同志任副会长。到20世纪末研究会开展了卓有成效的科研实验工作。陕西省乾县张家堡村，在省建委的资助下改建了利用自然、太阳能的节能节地实验窑洞；河南省在巩义石窑寺小学，做了除湿通风、改善采光的实验；山西省在浮山县做了改善窑洞的多种实验，并实施了美国宾州大学教授吉·戈兰尼博士设计的窑洞革新方案；甘肃省在榆中县贡井乡做了改善窑居环境质量的实验，修建了太阳能窑洞；在兰州市白塔山公园西侧（烧盐沟），规划建造了一万多平方米的实验窑洞——“白塔山庄窑居小区”。1986～1987年白塔山庄第一期工程建成，正式得到窑洞及生土建筑研究会授牌。老会长任震英在此接待了来自美国、日本和我国香港的同行学者。《兰州日报》、《中国建设报》、《人民日报》（海外版）和《中国日报》（英文版）都以“‘寒窑’的春天来了”为标题，做了相关报道。

1981～1989年共召开了四次全国性的窑洞及生土建筑学术研讨会，其间又分别在福州和兰州开过两次科研协调会，共征集论文或报告300多篇。1981年10月在北京曾召开“阿卡·汗建筑奖”第6次国际会议，主题是“变化中的农村居住建筑”。阿卡·汗殿下和王子亲自主持和出席了这次盛会，国内外60多位知名人士和专家出席了会议。河南省分会以“河南荥阳县田六窑洞”为题做了报告。

1985年11月，中国建筑学会在北京召开“生土建筑与人”的国际会议。参加这次会议的代表来自中国、美国、日本、法国、英国、德国、比利时、澳大利亚、朝鲜、韩国，共174人。会议编印的论文集（英文版），发表了70余篇论文（中国内地40篇），还编印了《中国生土建筑画册》，拍摄了《中国窑洞民居》电视片。此后，日本建筑学会还编辑了《国际生土建筑学术会议报告书》（日文版）。至此，中国的窑洞及生土建筑研究引起了国际学术界的注目，从此更广泛地进行了国际学术交流。

1985年，侯继尧教授应聘赴美执教，任美国宾夕法尼亚州立大学客座教授，讲授中国窑洞，指导“长安兴教寺旅游风景区窑洞度假村设计”课题，获得宾大校方好评。汤姆和尤恩两位同学所做的方案，获得长安旅游公司的奖励。

1986 年 9 月，日本建筑学会国际生土建筑学术会议国内委员会，特邀北京国际会议主席任震英会长访问日本，并参加日本建筑学会成立100周年纪念活动。

1987 年，由美国的吉・戈兰尼编著，夏云翻译，张似赞、李永盛校的《掩土建筑》中译本由中国建筑工业出版社出版。

1988 年，天津大学教授荆其敏编写的《覆土建筑》一书由天津大学出版社出版。同年 8 月，福建省土木建筑学会生土建筑调研组朱千祥、袁肇义、罗仁来、黄希强编著的《生土房屋建筑设计与施工》一书由福建教育出版社出版。

1989 年 8 月侯继尧、任志远、周培南、李传泽编著的《窑洞民居》由中国建筑工业出版社出版。

1989 年 10 月，张缙学、佟裕哲、侯继尧指导的建筑学本科生以窑洞居住环境更新为内容的设计作品，在 UIA 国际大学生设计竞赛上获奖。

1982～1989 年，日本东京工业大学先后派遣博士研究生八代克彦来华留学，在西安冶金建筑学院侯继尧教授的指导下研究中国窑洞。八代克彦以“中国黄河流域窑洞民家研究”为题留学两年，回国后获日本建筑学会审定的建筑工学博士学位。

1988 年日本东京工业大学派遣来华窑洞考察团，该团的研究成果《居住在中国黄土高原 4000 万人的地下住居》(考察参编人员有青木志郎、茶谷正洋和官野秋彦等 41 位）在日本彰国社出版。

1982～1989 年，西安建筑科技大学的侯继尧教授以“生土建筑与窑洞”为题先后共培养了 10 位硕士、1 位日本博士生。在此期间英国剑桥大学和巴黎大学的博士生也先后短期来华研究中国窑洞与民居。

进入 20 世纪 90 年代，全球范围的生土建筑与地下空间的研究有所发展。关于生土建筑与地下空间研究，当时世界上有两个体系。其一是“地下空间与生土建筑”国际学术会议，倡议者和组织者是国际城市地下空间研究协会（ACUUS)，每隔三年在全球范围内召开一次国际会议。自 1983 年起已先后在澳大利亚的悉尼市、美国的明尼苏达大学、中国的上海同济大学、日本的东京地下空间中心、荷兰的戴赖佛特科技大学、法国的巴黎拉维特国际会议中心和加拿大的蒙特利尔市连续召开了 7 届国际会议。侯继尧教授曾任第 3 届和第 6 届国际会议组委会委员，第 6 届巴黎国际会议分会主席。其二是“保护生土建筑历史遗迹”的国际会议，其倡议者与组织者是美国盖泰生土建筑保护研究所。已在全球召开过 7 届国际会议，“土坯‘90’”国际会议是在美国新墨西哥州召开的，“土坯‘93’”国际会议是在西班牙的巴塞罗那召开的。侯继尧先生曾以特邀代表的身份出席了“土坯‘90’”国际会议，并在会上宣读了论文“中国生土建筑的保护与开发”，在“土坯‘93’”国际会议上也有论文发表。

1990 年 12 月，侯继尧的《窑洞民居》荣获第二届全国优秀建筑科技图书一等奖。中国建筑工业出版社 1994 年 6 月出版了《建筑设计资料集》第 6 辑，其中“生土建筑”一章为侯继尧教授和硕士生李亦锋共同编写。

1992 年，中国建筑学会和日本建筑学会共同主办了“中日传统民居学术研究会”，出版了《中日传统民居学术研究会》论文集，其中刊有任侠的论文“黄土窑洞弹性有限元分析”，侯继尧、冯晓宏的论文“中国西部住文化的探究”。

西安建筑科技大学的刘加平教授分别于 1992 年、1995 年申请“被动式太阳房节能优化研究”、“被动式与主动式太阳房组合优化研究”，被国家自然科学基金委员会批准为国家重点科研项目。

在 21 世纪到来之际，人们对未来人居环境、自然生态体系的平衡倍加关心，人类社会可持续发展的观念成为共识。至此，“生态建筑”、“绿色建筑”、“可持续发展的设计”已成为建筑学科发展的前沿，这也是人类理智和文明的升华。对黄土高原窑洞的研究已拓展为对黄土高原人类聚居环境的研究。黄土高原这块古老的土地，再次成为众多学科研究攻关的阵地。国家自然科学基金委员会对此也加大了资助力度。

1996 年，西安建筑科技大学以周若祁教授为项目负责人的“黄土高原绿色建筑体系与基本聚居单位模式研究”，被国家自然科学基金委员会批准为重点科研项目。

1997 年，西安建筑科技大学以王军教授为项目负责人的“黄土高原土地零支出型窑居村落的可持续发展研究”被国家自然科学基金委员会批准为资助项目。

杨志威教授主持的建设部“八五”科研课题《黄土窑洞防水技术研究总结报告》于 1999 年 4 月通过了部级专家鉴定（侯继尧被聘为鉴定委员会主任委员）。

同年，《新建筑》第 4 期发表了刘克成的论文“绿色建筑体系及其研究”、贺勇的论文“陕北黄土高原绿色住区初探——从延安枣园村的绿色住区建设谈其研究方法与规划设计原则”。

1998 年中国建筑学会生土建筑分会以窑洞研究项目为基础，申请 1999 年在西安召开第 8 届国际地下空间学术会议，主办单位为国际城市地下空间研究协会，承办单位是中国建筑学会生土建筑分会和西安建筑科技大学。

在国家自然科学基金委员会的支持下，一批批研究成果不断涌现。1995 年《建筑学报》第 6 期发表了夏云、夏葵的论文“生态建筑与建筑的可持续发展”。1996 年《建筑学报》第 5 期发表了王竹、周庆华的论文“为拥有可持续发展的家园而设计——从一个陕北小山村的规划设计谈起”。同年《建筑学报》第 7 期发表了王竹的论文“黄土高原绿色住区模式研究构思”。

1999 年，《新世纪科学论坛》（陕西科学技术出版社出版）刊载了王军的论文“可持续发展与黄土高原人居环境”；《西北大学学报》（自然科学版）刊载了王军的论文“黄土高原人居环境研究——冲沟村落可持续发展的困境与选择”。同年，《太阳能学报》刊载了刘加平、杨柳教授的论文“零辅助能耗窑居太阳房热工设计”。

1999 年 9 月在西安召开的第 8 届国际地下空间学术会议，以“新型窑洞与地下居住环境”作为大会的议题之一，讨论有利于生态平衡的生土建筑、窑洞和窑居村落的持续发展。

1999 年，西安建筑科技大学的侯继尧、王军教授的著作《中国窑洞》出版。

2000 年，《西安建筑科技大学学报》（自然科学版）刊载了刘加平教授的论文“窑居太阳房室内热环境动态分析的简化模型”；2004 年，《建设科技》刊载了刘加平教授的论文“黄土高原新窑居”。

2004 年，西安建筑科技大学以刘加平教授为项目负责人的“建筑节能设计的基础科学问题研究”被国家自然科学基金委员会批准为资助项目。

同年，榆林专科学校的郭冰庐教授的著作《窑洞民俗文化》出版。

2005 年，西安建筑科技大学以刘加平教授为项目负责人的“西部生态民居”被国家自然科学基金委员会批准为资助项目。

2006 年，南京大学的吴蔚主持了国家自然科学基金项目“下沉式窑洞改善天然采光与太阳能利用的一体化研究”。

2007 年，西安建筑科技大学的王铁行主持了国家自然科学基金项目“黄土窑洞地区毁灭灾害发生机理及防治对策研究”。

同年，《建筑与文化》刊载了刘加平教授的论文“黄土高原新型窑居建筑”。

2008年，西安美术学院建筑环境艺术系“陕北黄土窑洞人居环境研究”课题组结合课题实践与社会实践，经过六七年的努力，由吴昊教授主编的《陕北窑洞民居》由中国建筑工业出版社出版。

2009年，西安建筑科技大学的王军教授出版了专著《西北民居》，其中窑洞一节，客观、翔实地介绍了西北地区的窑洞民居。

同年，西安建筑科技大学以刘加平教授为项目负责人的“西部建筑环境与能耗控制理论研究”被国家自然科学基金委员会批准为资助项目。

2012年，西安建筑科技大学以刘加平教授为项目负责人的“‘绿色’的建筑”被国家自然科学基金委员会批准为资助项目。

同年，太原理工大学的王崇恩主持了国家自然科学基金资助的“层楼式台磑窑洞聚落形态及其保护利用研究”项目。

2013年，中国艺术研究院建筑艺术研究所编著“中国传统建筑营造技艺”丛书。其中，由王徽编写的《窑洞地坑院营造技艺》，翔实地记录了河南三门峡陕县地坑窑的建造流程。

同年，由山西大学的霍耀中教授、衡阳师范学院的刘沛林教授著的《黄土高原聚落景观与乡土文化》，就陕北高原、晋西北高原和汾渭谷地的窑洞聚落进行分析，并提出乡村旅游发展策略。

2016年，由延安大学鲁艺学院教授王文权著的《高原民居：陕北窑洞文化考察》，介绍了陕北窑洞民居的自然环境与形成、历史与现状，展示了窑洞民居的美学特征和民俗风情，梳理了陕北典型窑洞聚落的结构、规模、风格等，为研究、保护、传承窑洞建筑和窑洞文化奠定了基础。

总的来看，从20世纪30～40年代开始至今，众多学者对传统窑洞民居建设开展的实践研究已愈加完善，对这一领域的研究经历了从开始对单体民居的研究发展至现今扩展至社会学、历史学、人类学等众多学科领域，其研究范围和深度、广度也在不断扩展，目前已初步形成了较为全面、系统的研究框架和方法。

当今全国上下，在实施中华优秀传统文化传承与发展的历史机遇下，在前人对以窑洞村落的建筑形态、文化内涵等为对象的研究已有深入探索的基础上，我们依据现有资料对山西、河南、陕西、甘肃等多个地区的窑洞村落进行调研走访，并努力寻找掌握窑洞建造技术的匠人。经过对匠人基本信息的收集，我们对熟悉窑洞建造工艺的匠人进行访谈。通过个别走访、现场察看、查阅资料、田野调研、文献研究等方式，在窑洞建造技术方面进行了补充。在实地调研之后，对窑洞民居产生的自然条件、历史沿革、分布与分类，以及窑洞建造技术的构成，三大类窑洞的营建技艺及营造技艺的改良等方面作了论述。

第四节　传统窑洞民居的世界意义

中国窑洞是世界上现存最多的古代穴居形式，其建造特点是就地取材、易于施工、利于再生、自然循环、便于自建、造价低廉、冬暖夏凉、节约能源、节省土地、减少污染，有利于生态平衡。

窑洞民居的世界意义主要体现在节约能源、节约耕地、世界范围的影响三个方面。

一、节约能源

生活在黄土高原地区的人们，使用最简单的生产工具、极少量的财力就能营造自己的居住空间——土窑洞。因此，长期以来土窑洞也就充当了社会最贫困阶层的栖身之所，故有“寒窑”之称，即贫寒人家的居所。然而，就是这种最简陋的居所，却有着冬暖夏凉的优点。在陕北，冬季气温最低为 -24℃，而窑内温度仅靠烧饭时的余热就可达到 10℃左右。白天充足的日照使窑内室温升高，夜间厚厚的黄土层为其保温。夏季，厚实的土层所起的隔热作用又使室内温升很小。“覆土窑”由于覆盖很厚的土层同样可形成冬暖夏凉的环境。所以，窑洞是真正的“低成本、低能耗、低污染”的生态建筑。说窑洞节约能源，一是指窑洞建筑材料本身不需要消耗能源进行烧制加工（砖拱窑例外）；二是说窑洞在使用过程中也不需要耗费大量的能源，不需要保温隔热。也就是说，黄土窑洞建筑以极少的能源就能满足人类生活的基本需要，这是其他建筑形式不能相比的。

窑洞的外围护土体使其使用空间冬暖夏凉，利用最少的能源即可创造出舒适的居住环境，这一独特的优越性是值得未来农村建房学习的。当今“可持续发展”已成为人类社会共同的行动纲领，世界上的许多有识之士在寻求解决与地球环境直接相关的能源问题、资源问题的途径时，在人居环境方面都不约而同地把目光投向了中华民族古老的窑洞建筑。

二、节约耕地

窑洞建筑充分利用黄土的特性，凿崖挖窑、取土垫院，利用自然，融于自然。它的有效空间是向地下黄土层索取出来的，它的建造不破坏自然风貌和地面空间。黄土高原上有许许多多的窑居村落建在陡峭的沟坡上，在不宜耕种的土地上营建，而且窑洞顶部又可以是上层窑居人家的院落，这种对土地的支出近乎为零的建筑形式，在中国民居建筑中独树一帜。

下沉式窑院建筑形式具有很好的生态优势，但由于窑居者担心窑顶渗水会破坏窑洞土质结构，故窑顶土地不种植作物，一般闲置，这样不仅下沉式院子占地，再加上通道用地、窑顶闲置地，使下沉式窑洞院落占用土地较大。但下沉式窑居院落是一种以“减法”方式建造的居住空间，存在着节约土地的很大潜力。黄土窑洞顶部的防水问题一旦解决，窑顶即可种植蔬菜或其他农作物，而下沉式院内种植果树，这又成为土地“零支出型”的建筑。

位于河南三门峡市官寨头村的杜宅就是一次对于新式下沉式窑洞的探索实例。窑洞整体占地 650m^2，院心 208m^2，围绕院有 12 孔窑洞。窑洞没有采用传统地坑院直接掏挖黄土的“减法”营造方法，而是采用大开挖的方式，先用砖箍拱券，再进行覆土，属于独立式掩土建筑。这样的新型建造方法不仅解决了传统下沉式窑洞易坍方、通风采光较差的不利因素，并且因其在窑顶加强防水，窑洞上部可以种植农作物，彻底克服了窑洞占地面积过大这一缺点。以杜宅来说，屋顶进行种植，院心也可以种植果树、蔬菜。这种新型地坑院仅院内走廊占地 70m^2，其余均可进行种植，实际占地面积仅为使用面积的十分之一（图 1-4-1）。

在中国，由于耕地资源匮乏，“人增—地减—粮紧”似乎成了一种恶性循环的趋势。人口问题的困境，实质上是粮食危机，而粮食危机又是耕地危机的直接反映。对耕地的合理使用及保护是一项基本国策，而在今后相当长的时期内，农村建房仍将持续发展。这种新型的下沉式窑洞，因其结构坚固、舒适度高、节能节地以及对地域文化的传承，无疑是我国居住建筑对于浅层地下空间居住模式的一次革命。对我国人多地少、耕地紧缺的国情具有国家战略意义。

三、世界范围的影响

我们今天研究传统的窑洞，研究传统的窑居村落，不仅仅是整理发掘传统的文化遗产，更重要的是，力图从中找出可以发展成新的居住形式的“基因”，并以现代科技手段及生态建筑、绿色建筑观念来重构现代窑居村落的乡土建筑形象与文化特质，创造出可持续发展的新窑居村落环境。

20 世纪 60 年代世界上第一次能源危机之后，对于节能建筑的研究开始在各国兴起，窑洞这一建筑形式被各国学者发现，并兴起广泛的研究。德、法、日等国学者纷纷来中国考察窑洞，受其启发建造掩土建筑。根据我国窑洞形式、结构，仿照建设窑洞别墅（图 1-4-2）。

延续千年的窑洞民居正面临着一场革命，开发浅

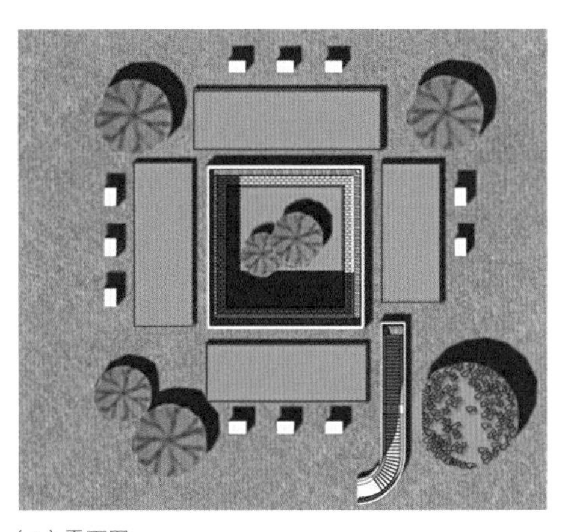

（a）平面图

（b）剖面图

图 1-4-1　下沉式窑洞平、剖面图

图 1-4-2　国外掩土建筑

层地下空间，创造新型节地节能居住模式，为传统民居注入符合时代发展的新活力。这种以保护环境、有效利用土地、节约能源为特征的新型居住模式，必将成为中国乃至世界范围内住房的潮流。

第五节　小结

窑洞民居作为我国西部地区特有的民居类型，是人类适应自然的产物，蕴含了人类丰富的建造智慧。窑洞民居因其冬暖夏凉、低碳环保，具有极高的生态价值和文化价值。

在当前国际社会能源危机、气候变暖等生态问题日益严峻的大背景下，在我国实施中华优秀传统文化传承发展的历史机遇下，对窑洞民居的研究显得尤为重要。本章对窑洞民居的概念进行了界定，较为详细和全面地论述了窑洞民居的研究背景、意义和研究进程。

第二章

中国传统窑洞民居的沿革

◎ 聚居于黄河中上游的劳动人民在长期的生活实践中，对窑洞的营建积累了丰富的经验。历经漫长的历史岁月，窑洞从远古时期古人猿居住的洞穴逐渐发展为施工简单、造价低廉、节约能源、适于人类居住的建筑。新中国成立以来，随着人民生活水平的提高，以及人们对居住环境要求的提升，黄土窑洞民居一度受到人们的冷落。随着国内外学术界对窑洞民居的研究和对黄土窑洞民居的革新实验，尤其是近年来乡村旅游蓬勃发展，使得窑洞这一古老的建筑形式重新焕发了生机，承载“黄土文化”的黄土窑洞民居与窑洞聚落将再次受到人们的青睐，窑洞民居将焕发出新的生命力。

>>

第一节 窑洞的起源

一、概述

窑洞民居历史悠久，它起源于古猿人脱离巢居而“仿兽穴居”时期，历经了上百万年。古人猿居住天然岩洞到人工凿穴的历史，可以追溯到五六十万年前的陕西蓝田猿人和六千年前的西安半坡村半穴居时代。在漫长的岁月中，穴居这种独特的居住原型，伴随着人类文明和社会发展，不断适应人类居住生活要求，一直沿用至今。

人类的绝大部分历史发生于没有文字的石器时代（史前文化），随着文字的产生以及居住方式的演变，穴居逐渐被视为原始、落后或“远古遗风”，因此在史籍中记载甚少。又由于风积黄土材料耐久性受到限制，并兼天灾、战乱，洞穴民居很难留下供考证的遗迹。随着近年来考古发掘的开展，发现黄土高原地区在4000多年前已经有了窑洞建筑的存在。

（一）原始穴居时期

在人类的历史长河中，从猿到人历经了上百万年的过程。第四纪冰川期酷寒的气候变化，迫使古猿人脱离巢居而栖居地面。上古人类的居住，首先需避风寒雨雪的袭击，其次是保护群居不受野兽侵扰。因为那时“人民少而禽兽众，人民不胜禽兽虫蛇”（韩非：《五蠹》），选择穴居方式是当时解决“避寒”和“兽害”问题的唯一可行办法。大约在50万年以前，人类走出丛林，开始居住天然岩洞。从巢居到穴居，无疑是人类发展史上的又一次飞跃。据《帝王世纪》中载：“天地开辟，有天皇氏、地皇氏、人皇氏，或冬穴夏巢，或食鸟兽之肉”。“上古穴居而野处，后世圣人易之以宫室，上栋下宇，以待风雨”（《易·系辞下传》）。“披榛而游、遇穴而处，男无定居，女无常止”（晋·戴逵《杂义》）。一直到距今约六十万年周口店北京猿人学会保存火种之后，才定居于天然岩洞之中。与北京猿人同期前后的山西曲南海峪的洞穴、湖北大冶石龙头的洞穴遗存，均是古人类穴居的证据。

（二）人工穴居和半穴居时期

在黄河中游地区，地形的基础是中生代各纪的砂岩和页岩，以及新生代的午城黄土。黄土的堆积在一百万年前已有相当的厚度。正是这种特殊的地理环境，使这个地区很少有天然洞穴可供栖居。根据人类的智力、生产力以及生活习性（从游猎采集到定居）等判断，人工穴居的开始时期约为旧石器时代晚期。而人工穴居中又很难分清竖穴与横穴出现的先后，应当是两者同时出现又交错发展的。

到了新石器时代，人类由原始群而进入氏族社会，人工穴居成为当时黄河流域人类主要的居住原型。该现象的原因有三，其一是黄土有充足的养分繁育植物生长；其二是黄土具有良好的整体性、稳定性和适度的可塑性，使用简单的石器工具即可挖掘成穴；其三是黄土层具有良好的储热性能（黄土洞穴冬季温度可保持5～8℃），是古人类最适宜的生存和御寒之所。

据考古资料，陕西蓝田东距公主岭约两公里的平梁，发现了一件大尖状器，是一种挖掘土的工具。手握厚钝的一端，用尖头挖土，又快又省力，是挖洞穴得心应手的工具。这种石器出现在五六十万年以前。因此可以推测从那时起古人类就开始使用石器来进行黄土洞穴的挖掘（图2-1-1、图2-1-2）。

距今七八千年前新石器早期的“磁山文化”、“裴李岗文化”遗存中，竖穴比较普遍。如河北武安磁山遗址中发掘的窖穴，均为圆形、椭圆形和筒形半穴居。这些窖穴直径一般在2m左右，深不到1m，穴

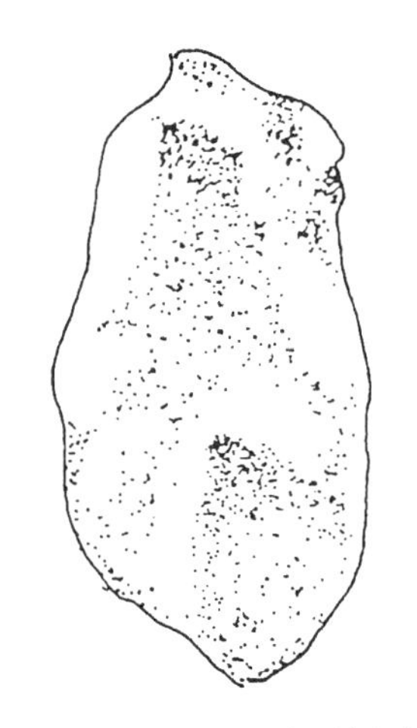

图 2-1-1 蓝田平梁发现的三棱大尖状器

图 2-1-2 原始人类开挖窑洞（来源：左国保绘）

底或平整或不平。由部分穴居外缘遗留的柱洞和遗物判断，这些穴居大都有圆锥形穴顶。穴顶用木棒支撑，蒙以芦苇再抹一层草泥。入口到穴底设有不规则的坡道与台阶，以便出入。穴居遗址有草木灰等用火痕迹[1]，穴内简陋，空间狭窄，不加修整，防湿性差。另外，属"裴李岗文化"的河南密县莪沟遗址的穴居，形状一般仍为圆形与椭圆形，有伸向房外的坡道或阶梯形门道。穴内居住面平整，填灰白土或黄土等，用以吸潮，穴壁较光滑，并有各种形状的灶址[2]。

早期的穴居多为圆形或椭圆形，主要原因有两方面，一是圆形便于挖掘；二是圆锥体窝棚（穴顶）的搭扎技术比方锥体简单。初期的人工穴居，形制简陋，只能满足躲避风雨、御寒防兽的基本要求。其剖面形式呈喇叭口（锅形）竖穴；平面也是不规则的圆形或椭圆形。随着人类智力的发展和营造技术的进步，穴居形式逐步发展成规则的圆形或椭圆形、筒形竖穴。从西安仰韶文化半坡村遗址的发掘，可以看出穴居条件的改善，这时居所已进入半穴居式模式。

人类穴居的另一种类型是袋形竖穴，袋形竖穴应是圆形竖穴的发展。由于搭扎大口径的穴篷顶技术困难，且取材不便（需用长木料）才缩小了穴口口径，同时将筒形穴壁下部挖凹以蔽风雨，从而增加了居住空间，出入则采用有棱枝的木柱爬上爬下。河南偃师汤泉沟遗址是具有代表性的袋穴居住形式（图2-1-3）。

到了龙山文化晚期，由于向内倾斜的穴壁不便出入，上部易崩塌等原因，最初供人居住的袋穴衰变为储藏食物的窖穴。

二、新石器时代穴居形式

新石器时期，尽管居住竖穴类型普遍，但横穴类型的穴居也同时存在。因为到了新石器时期早期，人类能运用更为有效的方法开采岩石，也必然会在这种黄土陡崖上挖掘成横向穴居，类似现在的黄土窑洞。此推测来源如下：一是古籍中记载的"地高则穴于

① 河北武安磁山新石器遗址试掘 [J]. 考古，1977（6）.
② 河南密县莪沟北岗新石器时代遗址 [J]. 考古学集刊，（1）.

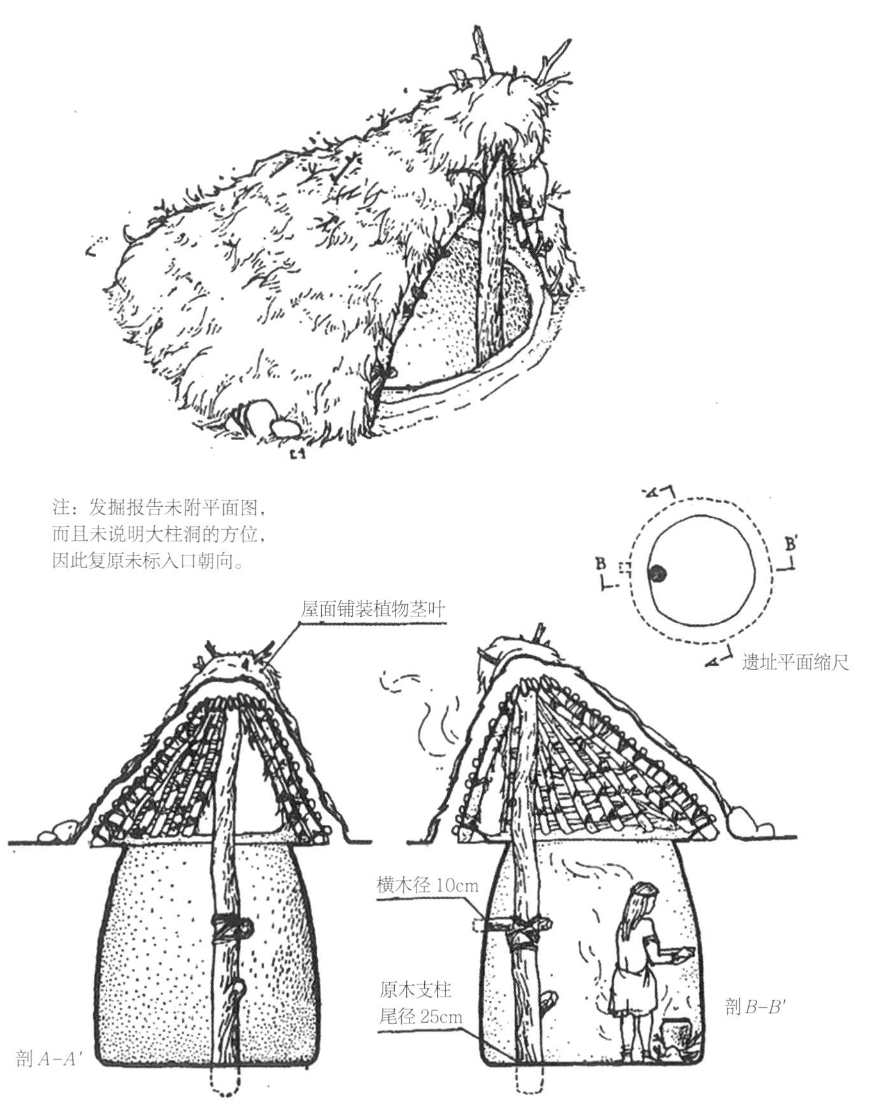

图 2-1-3　河南偃师汤泉沟 H6 复原图（来源：杨鸿勋绘）

地，地下则窟于几地上……”（孔颖达疏《礼记》）；二是在裴李岗遗址已发现有横形的原始陶窑，河北磁县下七垣商遗址中有一个迄今最早的横向穴居。

这一时代，先民们逐渐摆脱天然洞穴束缚，其居住模式开始从山地天然穴居转变为河谷阶地人工聚落；从考古发掘来看，新石器时期的部分文化遗址中发现有明显窑洞建筑形式的出现，如宁夏菜园村遗址、青海民和县喇家遗址等。

（一）陕西半坡遗址

半坡遗址位于陕西省西安市东郊灞桥区浐河东岸，是黄河流域一处典型的原始社会母系氏族公社村落遗址，属新石器时代仰韶文化，距今 6000 年以上。

从遗址区可以看出氏族组织结构和聚落的建置状况。一万平方米的发掘区，包括居住区、制陶工场和公共墓葬区三部分。居住区周围设置有一条宽深 5～6m 的防御大沟，沟北是墓地，东边是烧陶窑址；在住房附近，挖掘储藏物品的窖穴和修建饲养家畜的圈栏。已发现的 40 余处房基紧密地排列在一起，在中心区有一所大房子，是氏族成员集体活动的场所。

半坡遗址共出土石、骨、角、陶、蚌、牙等质料的各种生产工具 5275 件，由于这些生产工具的出现，其居住房屋的建造技艺得以提升，居住条件得以改善。方形或圆形半穴居式住所的地面中心均有一个灶坑；门道与灶坑之间有一小短隔墙构成的方形门坎或过道，地面和穴壁都用草泥涂抹光滑平整，有的用火烘烤成红色硬面；穴顶用木椽构成，上覆 15 ~ 20cm 的草泥。这种起源于穴居的半窖式土木混合结构的窝棚（图 2-1-4），正是以后演变为地上简易房屋的雏形（图 2-1-5）。

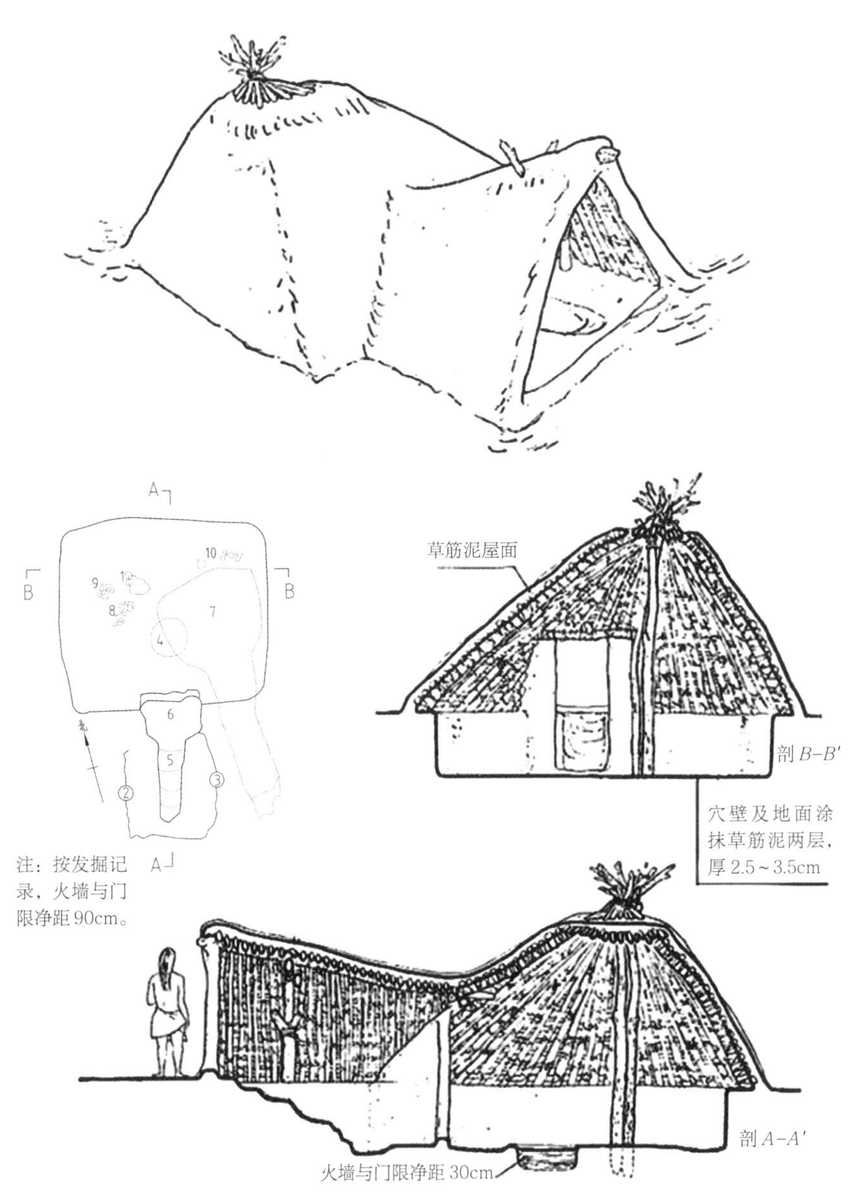

图 2-1-4　半坡 F37 复原图（来源：杨鸿勛绘）

图 2-1-5　半坡遗址照片

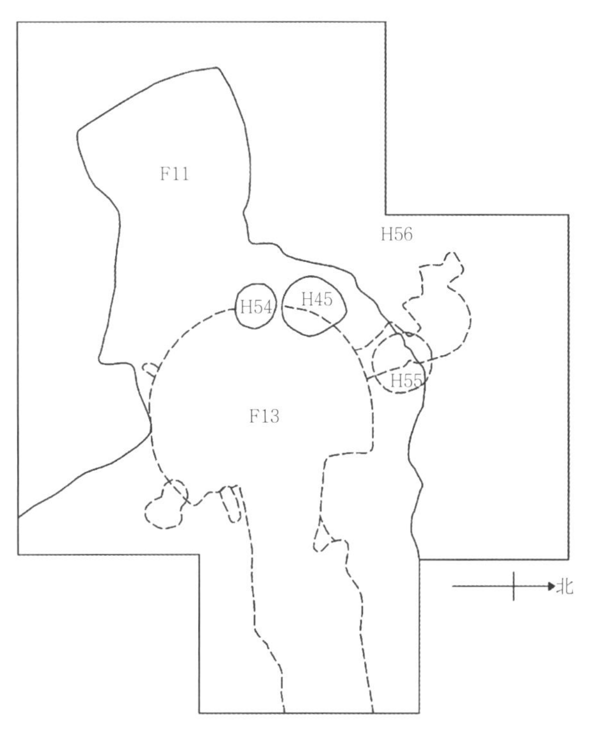

图 2-1-6　林子梁遗址东坡遗迹分布图（来源：《宁夏菜园——新石器时代遗址墓葬发掘报告》）

（二）宁夏菜园村遗址[①]

菜园村遗址位于宁夏回族自治区南部偏西的海原县境内，地处我国第二阶梯上的黄土高原西部南华山北麓，菜园遗存的居住址以林子梁遗址为代表。林子梁是莲花峰向北延伸的一条余脉，南北走向，地势由南向北逐渐低缓。林子梁梁脊处坡度陡峭陡直，草本植物生长茂盛，是放牧的天然草场；往下坡度渐变平缓，多被开垦成梯田，种植有小麦、胡麻、山芋等农作物；坡底有条自然冲沟，向北直通“菜园河”。

原始聚落居住遗址分布在林子梁东坡较平缓的梁腰处，房屋、窖穴等遗迹比较集中。林子梁遗址发掘出的房址有半地穴式和窑洞式两种，其中窑洞式房址8座，半地穴式房址5座。其总体分布集中，一期至四期的分布呈现一定的规律（图 2-1-6）。

半地穴式房址又包括封闭式与半开放式两种形式，面积都不足 $10m^2$。封闭式房址一般是由地面向下挖出椭圆形或圆形地穴，轮廓线完全闭合，居住面在地下。开放式房址一般利用自然断崖面或人工挖成的崖面作为房屋的部分墙壁，其余部分或筑熟土墙，或立木柱，与崖壁共同支撑屋顶，居住面大部分位于地面上（图 2-1-7、图 2-1-8）。

窑洞式房址包括穹隆顶和拱形顶（洞拱顶）两种形式，面积多在 $10m^2$ 以上，结构较完善，一般由居室、门道、场院三部分组成。多在门道和居室间设隧道式门洞，以利于通风、排烟与采光，个别居室还内设套窑。其中，居室又由居住面、墙壁、房顶及室内附加设施四部分构成。居住面有蹄形、扇面形、椭圆形多种。大都平整坚硬，有的铺垫有黑垆土，有的掺合料石粒。墙壁的纵横剖面都呈弧形或直弧形，墙壁较平整。很多房屋的墙壁涂抹一层草泥灰，最厚处达10cm。此外，与窑洞内部建筑相关的附属设施还有木柱、圆桩和隔墙三种。保存最好、规模最大的窑洞式房址由居室、套窑、门洞、门道四部分组成，居室

① 宁夏文物遗址考古研究所，中国历史博物馆考古部．宁夏菜园——新石器时代遗址墓葬发掘报告 [M]. 北京：科学出版社，2003.

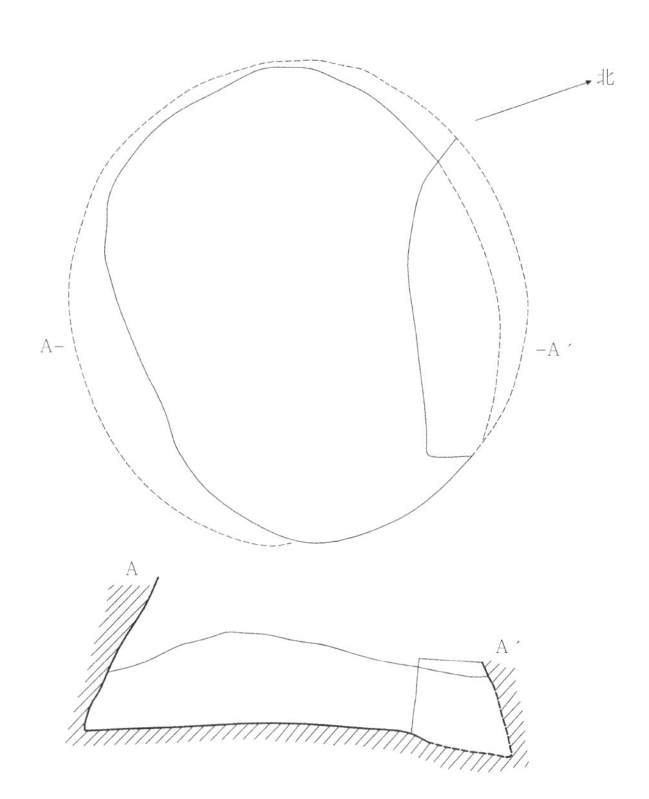

图 2-1-7 LF7 半地穴封闭式房址（来源：《宁夏菜园——新石器时代遗址墓葬发掘报告》）

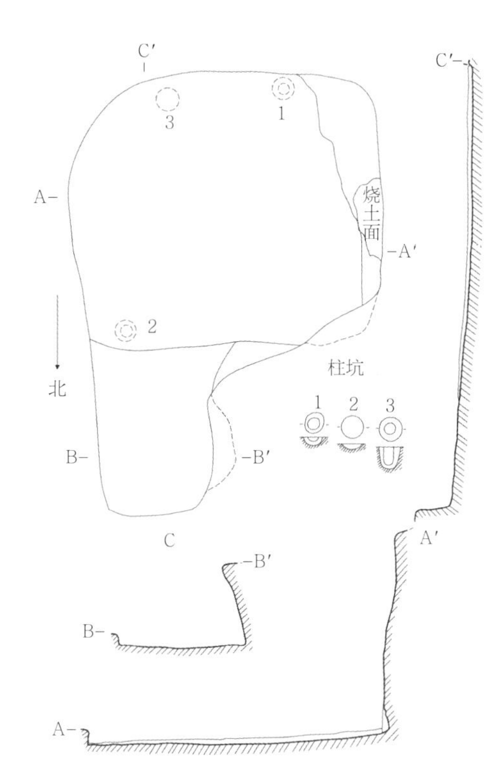

图 2-1-8 LF5 半地穴开放式房址窑洞式房屋（来源：《宁夏菜园——新石器时代遗址墓葬发掘报告》）

平面呈圆形，面积为 25m^2。在窑洞室内和门洞外摆放着各种式样的陶器和生产工具，以及骨质杈柄、骨卜等宗教器具，将窑洞特殊的功能表露无遗。在窑洞周壁上遍布残留的因插放照明用具而留下的楔形火炬状红烧土痕迹 50 多处，证明距今 4800～4500 年前，人们就有了用“烛”的概念。

窑洞式房址是林子梁遗址最有特色的遗迹，优越的地理环境和埋藏条件，为复原窑洞结构、推测工程做法提供了有利条件（图 2-1-9、图 2-1-10）。

（三）青海民和县喇家遗址

喇家遗址隶属青海省民和县官亭镇下喇家村，地处黄河上游的小盆地中，气候环境相对优越。遗址的地理坐标为东经 102°49′40″、北纬 35°51′15″，海拔高度约 1800m。遗址距官亭镇 1km，坐落在黄河北岸二级阶地前端，东有岗沟，自北向南入黄河；吕家沟自西北向东南至下喇家村北，然后向东绕过村庄入岗沟，两条沟均为季节河泄洪沟①。

中国社会科学院考古研究所甘青队与青海省文物考古研究所合作，于 1999 年起对喇家遗址进行初次考古试掘，2000 年 5～9 月进行正式考古发掘。据考古发现遗址东西长 500m、南北宽 400m，总面积约 20 万 m^2。通过对已经发现的房址进行分析，基本确定喇家遗址的房址大多是窑洞式建筑。喇家遗址为史前窑洞的研究提供了重要的依据。

① 中国社会科学院考古研究所，青海省文物考古研究所．青海民和喇家遗址 2000 年发掘简报 [J]. 考古，2002（12）.

图 2-1-9　林子梁遗址所在地菜园村的现状环境

图 2-1-10　林子梁遗址

2001 年发现的 15 号房址保存较好，是齐家文化目前已知保存最好的房址。其墙壁高达 2～2.5m，门道及门外场地都保存完整，门外场地与室内地面处于同一平面，房址内的坍塌物皆是黄土块，证实窑洞顶是黄土层。这些建筑多是利用黄土断崖开凿的窑洞，一般背对中心位置，具有独特的聚落形态，为探讨史前聚落形态的多样性提供了范例和新资料。

从考古挖掘的遗址以及现存的房址结构，推测 F3 与 F4 建筑属于窑洞式建筑。在房址内外，仅 F3 居室中部偏东侧有一洞，但是不确定是否是柱洞，其余各处均无柱洞痕迹。即使 F3 内的洞为柱洞，从其支柱位置分析仅起防险支护作用，与构筑房址的做法无关。在工程做法上："一般来说，横穴无需构筑，原始横穴只是取土而成"①，由此推测 F3 与 F4 房址建筑可能属窑洞式。而且房址南北两壁略平直，壁面稍有弧度，东西两壁向上明显拱曲渐收缩，F3 现存壁面较高，故东西壁拱曲较甚，口小底大，残口皆小于居住面等特点，可进一步证明 F3 与 F4 房址建筑是窑洞式建筑，还可推知窑洞原来顶部应是略呈"券顶"形式，而非"穹隆顶"（图 2-1-11）。喇家遗址中大多数遗迹都是因突发性灾害而遭破坏并埋藏下来的，在很多地方保留了当时原始的生活状态，直观地反映出先民的生活方式和生存状态。

喇家遗址的发掘是齐家文化研究的重大突破，明显提高了对齐家文化发展高度的认识。喇家遗址具有中心聚落的性质，发现的宽大壕沟深 5～6m、宽约

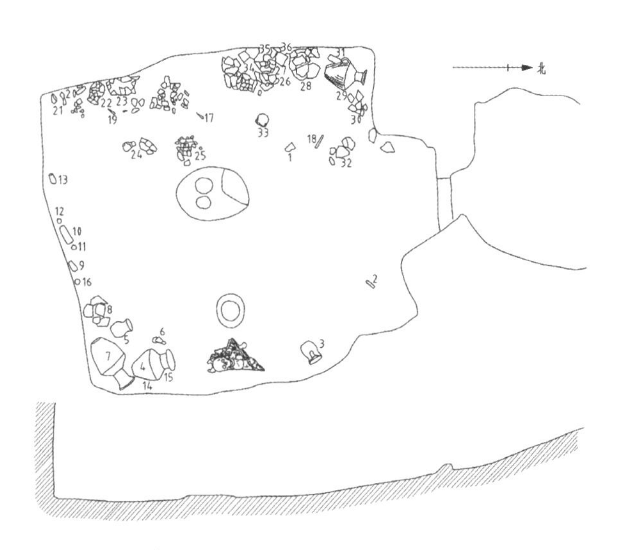

1. 陶单耳杯；2. 石凿；3. 陶带流罐；4. 陶高领双耳罐；5. 陶侈口罐；6. 陶侈口罐；7. 陶高领双耳罐；8. 陶高领双耳罐；9. 石刀；10. 石斧；11. 石刮削器；12. 石刮削器；13. 石锛；14. 陶敛口瓮；15. 陶侈口罐；16. 陶纺轮；17. 骨锥；18. 骨匕；19. 骨锥；20. 石刀；21. 陶器盖；22. 陶侈口罐；23. 陶高领双耳罐；24. 陶豆；25. 陶双耳罐；26. 陶高领双耳罐；27. 陶双耳罐；28. 陶高领双耳罐；29. 陶高领双耳罐；30. 陶高领双耳罐；31. 石斧；32. 陶高领双耳罐；33. 陶双大耳罐；34. 陶单耳罐；35. 陶瓶；36. 石凿

图 2-1-11 青海民和喇家遗址 F3 洞穴平剖图（来源：《青海民和县喇家遗址 2000 年发掘简报》）

① 杨鸿勋 . 建筑考古学论文集 [M]. 北京：文物出版社，1987.

10m，为史前时期所罕见；同时喇家遗址窑洞建筑和窑洞式聚落形态的确认，对黄土地带史前聚落类型以及史前窑洞建筑的研究关系重大。

在史前文化的进程中，窑洞这一建筑形式也在不断地发展。在以距今约6000～5000年的仰韶文化、距今约6000年的半坡文化为标志的新石器早中期，和以距今约4000年的龙山文化、齐家文化为标志的新石器晚期，原始黄土窑洞的雏形已经发育得比较成熟。经诸多考古研究表明：中国窑居方式以及黄土窑洞建筑形式的发展伴随着中国史前文明发展的全部过程，窑洞这一古老的居住文化在中国房屋建筑史上占据极其重要的地位（表2-1-1）。

石器时代代表文化遗址　　　　　　　　　　　　　　　　　　　　表2-1-1

<table>
<tr><td rowspan="7">石器时代</td><td rowspan="4">旧石器时代（距今约300万年～距今约1万年）</td><td rowspan="2">早期</td><td>距今约100万年以前：西侯度文化、元谋人石器、匼河文化、蓝田人文化以及东谷坨文化（见东谷坨遗址）</td></tr>
<tr><td>距今约100万年以后：以北京人文化为代表，在南方以贵州黔西观音洞的观音洞文化为代表</td></tr>
<tr><td>中期</td><td>山西襄汾发现的丁村文化、周口店第15地点文化和山西阳高许家窑人文化</td></tr>
<tr><td>晚期</td><td>其重要代表有萨拉乌苏遗址、峙峪文化、小南海遗址、山顶洞遗址</td></tr>
<tr><td rowspan="3">新石器时代</td><td>早期（距今13000～7000年）</td><td>以甘肃大地湾、河北徐水南庄头、江西万年仙人洞及吊桶环、湖南道县玉蟾岩遗址为代表；
内蒙古赤峰兴隆洼、河北武安磁山、河南新郑裴李岗</td></tr>
<tr><td>中期（距今7500～5000年）</td><td>以河姆渡文化、龙虬文化、北辛文化、半坡文化、前大溪文化为代表，后期以仰韶文化、马家浜文化、大汶口文化为代表</td></tr>
<tr><td>晚期（距今5000～4000年）</td><td>山东历城龙山镇城子崖、山东日照两城镇、河南洛阳王湾、山西襄汾陶寺、甘肃临兆马家窑、齐家坪遗址、湖北京山屈家岭、湖北天门石家河、浙江余杭良渚遗址；以龙山文化、马家窑文化、齐家文化为代表</td></tr>
</table>

（注：根据相关文献整理）

第二节　窑洞民居的发展

一、概述

窑洞民居是起源于穴居的居住形式，到新石器时代人类已具备挖掘人工洞穴的能力，原始窑洞民居的雏形逐渐形成；随着历史的演变，以及社会的进步，窑洞建造技术日趋成熟，窑洞这种建筑形式也被民间普遍使用。

窑洞民居由于多方面的优点，没有被其他的住宅形式所替代，仍然广泛存在。直到现在，在陕北农村地区除了少数单独修建的平房和楼房外，大多数人仍居住在窑洞之中。但是随着社会的发展，当今窑洞的总体数量呈下降趋势。

二、窑洞民居的演变与形成

（一）青铜器时代

夏、商、西周时期，人类从原始氏族社会进入了奴隶制的阶级社会。木构架的房屋大量出现，但穴居仍然是众多奴隶的居所，奴隶和奴隶主的居所已经有了明显的差别。河南郑州一代发掘出的炼铜和陶器作坊附近，发现有许多长方形的半穴居遗址，是从事手工业奴隶的居所；另一方面还发现建在地面上较大的房屋遗址，有版筑墙和夯土基地，是奴隶主的住房。

（二）战国时期

战国时期出现了铁农具，生产力长足发展。秦汉以来出现砖瓦，建筑材料生产和建筑技术发展有很大进步。陵墓墓室由半圆形筒拱结构发展为砖穹隆顶，拱券砌筑技术不断改进，用一券一伏或多层券砌拱，这为以后窑洞民居中采用土坯拱、砖石拱奠定了基础。

（三）魏晋及南北朝时期

石拱技术达到了很高的水平，当时凿窑造石窟寺之风遍及各地。如大同云冈石窟、洛阳龙门石窟等就是此时凿建的。石拱技术也开始用于地下窟室和洞穴及窑洞民居的建造上。“永宁寺其地是三国时魏人曹爽的故宅，经始之日，于寺院西南隅得爽窟室，下入地可丈许，地壁悉垒方石砌之，石作精细，都无所毁”（《水经注疏》）。

（四）唐宋时期

隋唐时期是中国封建社会前期发展的高峰，也是中国古代建筑发展的成熟时期，这时黄土窑洞已被官府用作粮仓。例如，隋唐时期的大型粮仓——含嘉仓是与隋代东都同时营建的。这说明古人很早就利用地下窑洞“恒温”可久藏的原理以储存粮食。我们还可以在府、县志的记载和古迹中得知，这一时期窑洞建筑已在民间使用。宋代的窑洞，在县志上也有记载：如《巩县志》载：“曹皇后窑在县西南塬良保，宋皇后曹氏幼产于此……”。

（五）元、明、清时期

该时期中国传统古建筑取得了不少成就。明代砖产量大增，民居中普遍使用了砖瓦。从元代起就有用半圆形券的门和全部用砖券的窑洞。现陕西省宝鸡市金台观张三丰元代窑洞遗存，是至今发现的最古老的窑洞[①]（图 2-2-1、图 2-2-2）。

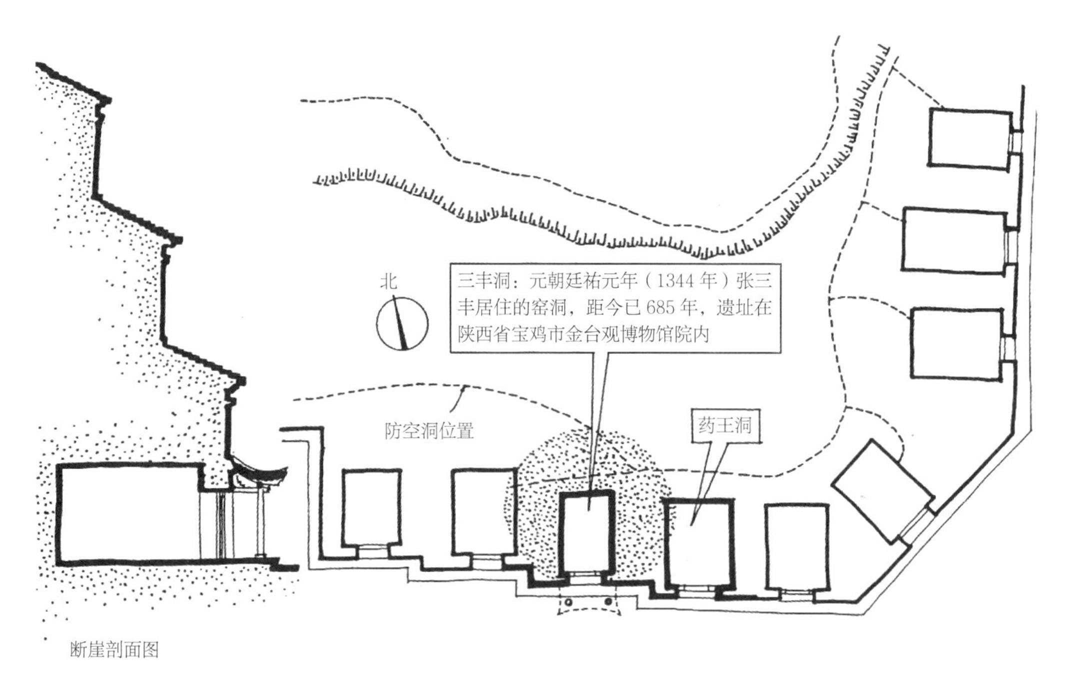

图 2-2-1　三丰洞平、剖面图

① 侯继尧、赵树德 . 元代黄土窑洞遗存考见 [C]. 中国建筑学会窑洞生土建筑第三次学术会议论文集，1984.

根据地理历史学研究，陕北高原由于森林被毁，大片天然植被破坏，水土流失严重，形成了沟壑纵横的黄土地貌，从而使黄土窑洞民居普遍发展起来。窑洞具有“冬暖夏凉”的特点，因此它不仅为广大劳动人民所喜爱，也是富户人家的首要选择，如米脂县杨家沟“骥村”古寨就是明末清初的窑洞民居。

“凿地为窑”始载于《前秦录》(崔鸿《十六国春秋》)，但到明代才见有“窑洞”之称。主要是由于广大黄土窑洞民居较少保存年记、碑记，且历代相继沿用，不断加以改造，为地绅阶级所运用。被清朝慈禧太后赐名为“康百万”的地主庄园，有大量窑洞建筑，为清代所建(图 2-2-3～图 2-2-6)；陕西省米脂县刘家峁的姜耀祖窑洞庄园，建于光绪丙戌年(1884 年)；米脂县城内许多四合院窑洞民居均为几代祖宅，如冯子驹祖宅已建 300 年。

(六)新中国成立后

新中国成立后为探索中国社会主义建设道路，中国政府于 1958 年在全国农村发起农村人民公社化运动，在农村建设人民公社。人民公社具有生产资料公有、共同劳动、按劳分配等特点，因此当时农村产生了一些适合集体居住的建筑形式，如礼泉烽火大队窑洞集体村、山西大寨村等集体窑洞新村庄

(a)三丰洞老照片

(b)当今三丰洞照片

图 2-2-2　三丰洞实景(来源：《窑洞民居》)

图 2-2-3　“康百万”庄园二层窑洞立面

图 2-2-4　“康百万”庄园三层窑洞立面

图 2-2-5　“康百万”庄园窑洞内部 1

（图 2-2-7、图 2-2-8），以及具有陕北地区特色的多孔、多排靠山式石拱或砖拱窑洞群，米脂中学窑洞群（图 2-2-9）、榆林行署旧址窑洞群、榆林农校旧址窑洞群等，都是这一时期的产物。其中，最具代表的便是延安大学窑洞建筑群，延安大学窑洞建筑群建于 20 世纪 60～70 年代，目前已经重建为窑洞宾馆。重建后的窑洞群保持原有风貌，由 6 排 200 多孔窑洞组成，以此形成上下立体、左右呈线型的聚落，白日或衬托于黄土之上，或掩映于树丛之中；入夜则各窑灯火齐明，确有“遥望之如西式楼房”的感觉。延安大学窑洞群达 324 孔，数量为世界之最，蔚为壮观。延安大学窑洞宾馆的重建对继承和保护陕北窑洞起到巨大的推动作用。

（七）改革开放以后

改革开放后中国农村经济好转，城市化进程不断加快，大部分窑洞居住区村民弃窑建房，几乎已无人建造新的窑洞。现存的窑洞也多无人居住，任其倒塌废弃，有些已被填埋，消失速度逐年加快。窑洞建筑减少的原因主要有以下两个方面：①改革开放以来，中国人口迅速增加，给本就有限的土地资源带来更大压力。窑洞建筑数量远远不能满足人们的居住需求，单层窑洞建筑容积率小，所以在新型居住建筑中容积率大的楼房逐渐取代传统窑洞建筑，使得窑洞建筑逐渐减少。②随着城镇化的快速发展，人们的意识观念发生了较大的改变，在

图 2-2-6　“康百万”庄园窑洞内部 2

图 2-2-7　山西大寨村集体窑洞村

图 2-2-8　山西大寨村集体窑洞村局部

图 2-2-9　米脂中学窑洞群

开放的社会信息交流过程中，受外来思想、现代生活方式的冲击以及都市观念的影响，不管是农村还是城镇居民，都把城市的高楼大厦看作现代化、富裕的标志，以为弃窑建房就是致富、就是现代化。在这种大规模的城市化、新农村建设中，窑洞民居大量被毁，使得这些具有传统乡土特色的窑洞民居，竟几乎没有了立足之地。

（八）21 世纪至今

21 世纪以来我国的乡村旅游产业迅速发展，而窑洞作为西北地区，特别是黄土高原地区乡村特有的一种居住类型，本身包含有深刻的“黄土文化”，在乡村旅游开发中受到重点关注。以窑洞村落和传统民俗为载体的新型乡村旅游，有了很大的发展空间，这种窑洞村落文化旅游，可以带动当地经济的发展，改善当地的经济环境，给村民增加就业机会并提高收入。例如，河南三门峡窑洞博物馆、陕西永寿县等驾坡村、郑州黄河文化园等都是这类新型窑洞旅游村落的典范（图 2-2-10、图 2-2-11）。另外，还有新开发的窑洞住宅小区，如延安市东馨家园窑洞，该窑洞小区继承和发展了窑洞这一具有浓厚地方特色的住宅形式（图 2-2-12），将传统建筑的优势与现代建筑功能有机结合，对低成本的节能生态建筑进行有效探索。在复兴传统建筑文化的影响下，有的农民个人开始建造属于自己的窑洞，陕西印斗乡村民在致富以后建造了装饰豪华的窑洞，这也说明窑洞民居建筑形式正重新受到人们的欢迎和青睐（图 2-2-13）。

为促进我国传统村落的保护和发展，住房和城

图 2-2-10　三原柏社村

图 2-2-11　永寿等驾坡村

图 2-2-12　延安东馨家园

图 2-2-13　陕西印斗乡个人建造的窑洞

乡建设部、文化部、财政部于2012年开始组织开展了全国传统村落摸底调查，河南三门峡市陕县西张村镇庙上村、官寨头村、榆林市米脂县杨家沟镇杨家沟村、桥河岔乡刘家峁村等传统窑洞村落纷纷入选。传统窑洞村落是中国民间物质文化遗产和非物质文化遗产的重要载体，保护窑洞村落就等于保护了中华民族史。窑洞这一中国文化遗产的活化石，是前人为我们留下的一笔弥足珍贵的遗产，同样具有极大的利用价值，中国传统窑洞村落将会在新时期发挥巨大的潜力。

第三节　窑洞民居生存现状

一、概述

近几十年来，随着社会的进步，农村经济迅猛发展，窑洞分布区的居民在经济条件好转的情况下，弃窑建房，陕北、豫西以及晋中等大量地区窑洞空置、坍塌、损毁的现象严重，有的甚至整个村落“人去窑空”。主要有以下四个方面原因：①农民价值观念的转变影响着窑洞民居的生存现状，代表贫穷的窑洞居住形式逐渐被迫切想要脱贫致富的窑居人民淘汰；②中国的城镇化进程对传统窑洞民居的生存和发展产生了很大影响，传统特色的窑洞民居正被千篇一律的新式公寓式住宅所替代，这些新的建筑形式和建筑材料大多相互模仿、照搬照抄，几乎完全失去了当地传统建筑的特色；③传统窑洞村落空间布局上的分散性与现代化城镇集约化发展的趋势相矛盾，这也影响了传统窑洞民居在现代乡村发展中继续存在的可能性；④在现代化生活中，窑洞民居缺点凸显，其采光差、空气流通性差、潮湿等自身物理因素也使得窑洞逐渐不被人们所选择，以至于窑洞数量大幅减少。

二、面临的主要挑战

（一）窑洞的物理环境固有缺陷

窑洞民居具有冬暖夏凉的优点，但从当代人对居住舒适度的要求来说，其物理环境还有很大劣势，主要有以下三点。

1. 光线暗

主要因为进深多在6m以上的窑洞其采光面窑脸的开窗都比较小，达不到宜居环境的窗墙比和采光系数；其次是因为大部分窑洞内部设有灶台，烟把窑壁上的麦秸泥涂层熏成了黑色，使得窑洞内部的墙壁光线直接被吸收而不是进行二次反射，造成窑洞内部光线昏暗。

2. 通风差

窑洞的内部不能开窗，造成空气不能对流，形成了自闭的窑内空气。

3. 窑洞内部空气质量差

夏季窑洞内部比较潮湿，主要是因为夏季室外气温高而湿度大，室内外空气温度相差在10℃以上，极容易在窑壁形成凝结水，因而在墙角和窑洞深处的角落经常产生霉味。

（二）自然灾害抵抗力差，窑洞的安全性受到挑战

窑洞的自然灾害抵抗力差，一是抗震性差，由于形成窑洞的材料是石材、土体、砖材，其抗拉性能、塑性性能、抗震的延性均较差，抗震问题成了窑洞的一大缺陷；二是靠山窑易受山体滑坡的影响，近些年由于自然环境恶化，涝灾较多，以至于黄土山体滑坡，使得窑洞建筑受到了威胁，甚至倾覆倒塌；三是窑洞防渗防漏问题比较突出，窑洞顶部主要是靠土层覆盖，一旦窑顶处理不好，极易形成积水，雨水长时间渗入窑洞顶土，会造成窑洞顶部及窑脸部分的坍

塌。土层厚度在雨水降雨量较少时可以承受，但降雨过多时窑顶土体含水饱和，开始渗水、漏水，甚至会使窑洞整体因水分太多而发软，在一些平地上建的窑洞，会出现窑背滑塌的现象。

（三）窑洞空间与当代人的生活模式的矛盾

随着经济的发展和人民生活水平的提高，农村的生产、生活方式也在逐渐改变，而传统窑洞空间形式单一、功能简单，在很大程度上已经不能满足现代生活的需求。住户对建筑功能提出了更多的要求，例如，一些农户希望家里有单独的起居室和餐厅，供家人交流、会客、吃饭等；而传统窑洞多为起居、餐厅、卧室完全融合的多功能空间。如今，相当一部分农户开始使用现代家电和家具；而传统窑洞一般面宽较窄、起拱较低，其室内空间尺度不能满足摆设大型组合家具的要求。

（四）下沉式窑洞占用土地与当代人地关系的冲突

我国人地关系紧张，土地利用和管理面临人均耕地少、优质耕地少、后备耕地资源少等突出问题，尤其在人口众多的河南地区尤为严重；而河南的下沉式窑洞大多分布在平坦的黄土塬上，其占地面积大，居住人口少，很大程度地占用耕地面积，使原本紧张的人地关系进一步恶化。20 世纪 80 年代以来，弃窑建房渐成风尚；20 世纪 90 年代中期，由于地坑院占用土地过多，许多村子本着“退宅还耕”的要求，一度鼓励农民填窑建房，使得窑院数量急剧减少，整个村落由“地下”整体转移至“地上”，昔日那种“见树不见村，闻声不见人”的奇异村落景观遗失殆尽。

（五）新型建材对原始生土材料的冲击

窑洞的建造材料多为黄土，虽然经济、节能，但是由于原生性黄土本身的湿陷性、遇水强度降低等特性，使得黄土窑洞具有易渗水、易坍塌、抗震性差等特点。新型建筑材料的出现对这种原始生土材料产生了一定的冲击，新型建材具有轻质、高强度、保温、节能、节土等优良特性。采用新型建材不但使房屋功能大大改善，还可以使建筑物内外更具现代气息，满足现代人们的审美要求。有一定经济基础的村民大多会选择新型建材建造房屋，因此生土建筑材料逐渐被替代。当前许多新建窑洞采用砖石或新型建筑材料建造，在原状黄土层内挖窑洞已很少采用。

第四节 小结

我国窑洞民居在数千年的发展演变中，承载了厚重的黄土文化，是我国西北地区劳动人民智慧的结晶。从自然洞穴到人工挖掘洞穴居住，从靠山式、下沉式到独立式，这种建筑形式历久不衰，主要取决于其建造方式具有因地制宜、就地取材、便于施工等诸多优点。但是，改革开放以来，窑洞民居的生存现状面临极大的挑战，最本质的原因与其营造技艺相关。后续的章节中，会深层挖掘各类窑洞建筑的营造技艺，为改良其不利因素奠定基础。

第三章

中国传统窑洞民居影响因素与空间特征

中国传统窑洞民居是在黄土高原天然黄土层下孕育生长的。它依山靠崖、妙居沟壑、深潜土塬、凿土挖洞、取之自然、融于自然，是“天人合一”环境观的最佳体现。因为窑洞是在黄土中挖掘的，只有内部空间（洞室）而无外部体量，所以它是开发地下空间资源、提高土地利用率的最佳建筑类型。

>>

第一节　传统窑洞民居的影响因素

一、自然地理因素

我国的窑洞民居，多数分布在呈现着多种地貌的黄土地区。在宽达数公里的开阔河沟阶地，多有村镇散居其间。狭窄处陡壁直立，沟壑纵横一直伸延百里，在沟崖两侧如串珠般地密布着窑洞山村。村落大多选址在冲沟的阳坡上，沿等高线顺沟势纵深发展。如陕北米脂县有自然村落300多个，90%建在沟坡上。由于依山坡而建，并随沟壑走势变化，村落结构较松散，层层叠叠，具有丰富的层次变化及村落轮廓线。这种在冲沟内发展的村落，特别是在坡度较陡的土坡上，高一层的窑居院落往往是下一层窑洞的平顶。依靠山体挖掘窑洞，使窑洞在这里发挥出节约土地的优越性。这一地区光照充足，年辐射总量5016～5852mJ/m^2，年日照时数为2700h。

（一）地理位置

我国传统窑洞民居主要分布于我国黄土高原地区，集中分布于甘肃、山西、陕西、河南和宁夏五省区，青海、内蒙古、河北等地也有少量分布。

黄土高原分布于长城以南，秦岭以北，贺兰山、日月山以东，太行山以西的广大地区，包括山西、陕西、甘肃、宁夏、青海、内蒙古、河南五省二区的部分地区，总面积63万km^2。

（二）地形地貌

黄土高原的地势，西北高而东南低，除少数石质山（吕梁山、六盘山、屈吴山、黄龙山、子午岭等）突出于黄土之上，其他均为黄土所覆盖，其厚度一般为50～150m，最厚处可达200m。地貌植被类型以暖温带落叶林带、温带草原地带、温带荒漠地带为主（图3-1-1）。

1. 山势

黄土高原地区沟壑密布，地形连绵起伏，是风积土堆积覆盖了古地貌形成的连续广阔的黄土覆盖层。黄土风貌可分为以下三大类型：

（1）黄土塬。黄土塬是由平坦的古地面经黄土覆盖而形成，它是黄土高原经过现代沟谷分割后留下

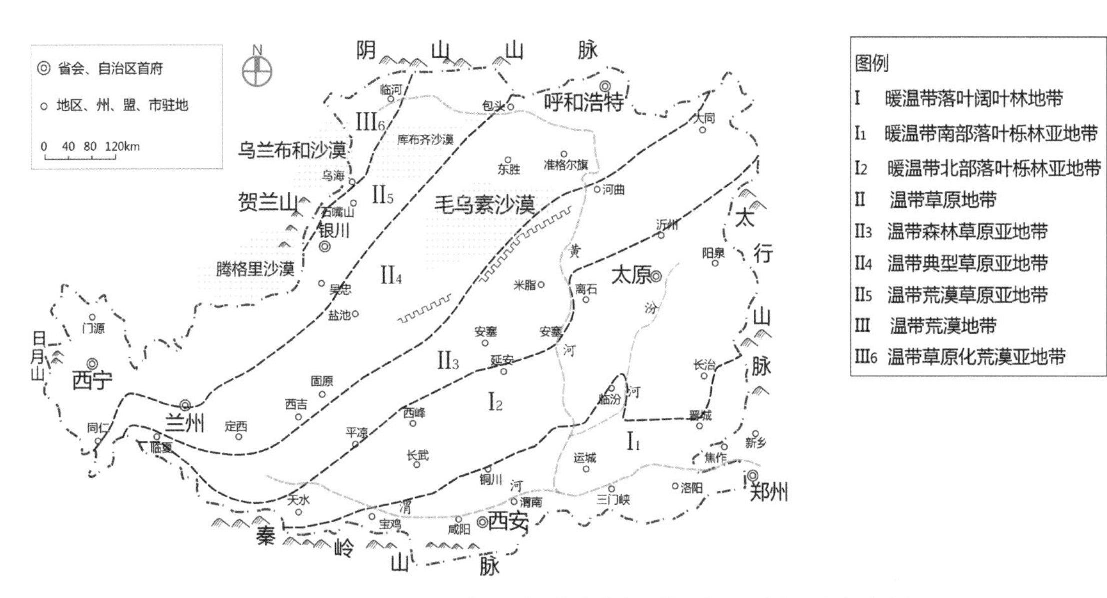

图3-1-1　黄土高原植被分布地带示意图（来源：根据李锐，等著《中国黄土高原研究与展望》改绘）

来的高原面，是侵蚀轻微而平坦的黄土平台，是高原面保留较完整的部分。塬面在疏松的黄土上雨水汇集径流的切割作用，随着水土流失而形成切沟，出现完整的陡壁，其发育初期沟断面呈箱状，后期发育下切沟深度增大，由于雨水沿黄土垂直节理下渗和地下水作用，往往在暴雨之后黄土沟壁失稳、崩塌或滑坡向两侧扩展形成大型冲沟，深达数十米至百米，沟谷宽阔，断面呈梯形。随着水土不断流失，黄土塬呈现破碎化趋势，目前黄土高原地区现存面积较大的有两片塬区：董志塬、洛川塬（图 3-1-2）。

平坦广阔的塬区，靠山式、下沉式和独立式窑洞均有分布。人们在沿沟的地区挖掘靠山窑，或在塬面上挖掘下沉式窑洞。经济条件较好的也会选择建设独立式窑洞。

（2）黄土峁。黄土峁是水土流失的产物，有圆形、椭圆形和不规则形，多分布于陇西、陇东及陕西北部（图 3-1-3）。

在黄土峁地区，人们通过改造峁状地貌，使之成为梯田。在梯田上种植农作物、树木。因其地形限制，无法建造大型下沉式窑洞聚落，居民多在山坡处建设靠山式窑洞。

（3）黄土丘陵。若干连在一起的峁，称为峁梁。或峁成为梁顶的组成体，称为梁峁。通常梁和峁是连接的，也称黄土丘陵（图 3-1-4）。

黄土丘陵地区地形变化丰富，高低错落的地理环境创造出众多舒适宜人的小气候。该区分布有大量靠山式、独立式窑洞村落（图 3-1-5）。

在沿河谷阶地和冲沟两岸多辟为靠崖式窑洞，在

图 3-1-2　黄土塬地貌图（来源：胡民举摄）

（a）黄土峁地貌（来源：李志萍摄）

（b）黄土峁改造梯田（来源：艾克生摄）

图 3-1-3 黄土峁地貌

塬边缘则多为半敞式窑院，在平坦的丘陵、黄土塬，因无沟崖断壁，农民巧妙地利用黄土的特性（直立边坡的稳定性），就地挖下一个方形地坑（竖穴），形成四壁闭合的地下四合院（凹庭或称天井院），然后再向四壁挖窑洞（横穴），称为下沉式窑洞（又称地下天井院）。

2. 水系

华夏文明起始于黄土和黄河。水资源在其形成过程中起着主导性的作用，塬、梁、峁、沟壑、川道等地貌的形成无一不是流水冲刷的结果。相对的黄土高原地区窑洞民居的形成发展过程也与水系联系紧密，是以人的活动为主导的有意识的人地适应过程。人们在生产和生活过程中总结出了若干适应自然环境的生产和建造技术以及建造方式，形成了既符合地域自然规律又能主动利用水资源并且预防和减缓自然灾害的“淤地坝”、“谷坊”、“原边埂”、“鱼鳞坑”、“涝池”

图 3-1-4 黄土丘陵地貌（来源：艾克生摄）

（a）依山而建窑洞聚落

（b）沿沟窑洞聚落

图 3-1-5 窑洞聚落

以及“坡式梯田”等生产性景观构筑物及其技术措施。总之，在黄土高原地区这样既缺水又多发水土流失灾害的地区，水资源要素在地域景观的形成中起着主导性的作用，也是地域文化形成的生态动因，是居民选择居址的首要考虑条件（图 3-1-6）。

黄土高原的水系格局，早在黄土堆积之前就已定形，其中的主要河流如黄河、渭河、泾河、洛河、汾河等，以及这些河流的许多支流，形成大型的浸蚀沟。河沟沟谷已切穿整个黄土层，沟层发育在下层基岩上，沟谷曲折宽阔。因此，以河谷为主体，与冲沟、切沟形成树枝状、鱼骨状等各种形式的沟谷体系，与黄土塬或梁峁交织穿插，将黄土高原分割破碎。早期发育

图 3-1-6 雨水冲刷形成黄土柱

的原冲沟，水土流失轻微，塬面平坦、完整，俗称“上山不见山”。随着水土流失，严重侵蚀的黄土塬最终形成丘陵形态。在这些冲沟之中可以见到黄土阶地，直立的天然黄土墙、柱和洞穴等。这就是黄河中游黄土高原千沟万壑、层峦叠嶂的风貌。

通常窑洞会选在靠近水源、耕地的地区营建窑洞。靠近水源的地区主要有二：塬边缘和沟谷内。在塬边缘建窑洞，靠近水源、耕地，自然条件比沟谷好。而沟谷内窑洞因其对岸狭窄，有可避风沙、形成舒适小气候的优势。同时，沟底多有水源，水气具有调节小气候的功效，使冬季相对较温暖、湿润。沿沟地区地形曲折，聚居的窑洞群规模较小，与自然环境结合得更为密切。

（三）气候特征

黄土地貌的特殊性，一方面和地理位置、地质构造有关，另一方面更和这一地区的气候有密切关系，从黄土形成的第四纪来看，黄土高原地区气候发生过很大的变化，如形成古土壤时的那种气候就很特殊，但到了形成典型黄土时的气候条件，则同现代黄土地区的气候环境相似。要研究黄土地区窑洞民居的形式，则必须了解其气候特征。

黄土高原地域辽阔，地貌多样，气候环境因地理位置与地貌的不同而呈现多种类型。主要包括三种：暖温带半湿润气候、暖温带半湿润易旱地区、中温带干旱与半干旱气候。

（1）暖温带半湿润气候：年平均温度约为 13.5℃，年平均降水量 500～780mm，年平均光照 2000h 左右，农作物产量稳定，房屋院落比较集中，主要分布于河谷平原地区（关中平原和汾河盆地）（图 3-1-7）。

（2）暖温带半湿润易旱地区：这一地区年平均降水量在 557mm 左右，年平均温度约为 8.7℃，年平均光照约 2450h，地下水缺乏，容易发生干旱，旱地小麦优质高产，是国家北方旱作农业区粮食重要生产基地，主要分布于高原沟壑区（渭北台塬、陇东高原）（图 3-1-8）。

图 3-1-7　河谷平原地貌

图 3-1-8　高原沟壑区地貌（来源：艾克生摄）

（3）中温带干旱与半干旱气候：年平均降水量300～550mm，冬季寒冷，最低温度约为 -20℃，年平均气温约为 9.5℃，年日照时数为 2700h，窑洞建筑是这一地区的主要建筑类型，主要分布于丘陵沟壑区（晋西北、陕北、陇中、宁夏东南部和青海东部）（图 3-1-9）。

（四）物质资源

黄土高原窑洞分布不仅受地理环境的影响，在一定程度上也受当地物质条件的影响。中国窑洞民居主要分布于甘肃、山西、陕西、河南和宁夏等五省区，各省因其不同的物质资源条件，影响着窑洞的形成、发展与演变。

图 3-1-9　丘陵沟壑地貌

在陕北窑洞区内，由于山坡、河谷的基岩外露，采石方便，当地农民因地制宜、就地取材、利用石料，建造石拱窑洞。因其结构体系是砖拱或石拱承重，无需再靠山依崖，形成一种独立式窑洞。又因在石拱顶部和四周仍需掩土 1～1.5m，故而仍不失窑洞冬暖夏凉的特点。在绥德到榆林一带，采石困难，煤多，民居中砖拱窑洞则多。其形式类似石窑洞，在烧砖、采石困难的地区，也有大量的土坯窑洞。例如神木、定边一带农民利用川谷红柳枝条，造柳笆草泥筋窑洞（图 3-1-10）。

在晋中南（山西省太原市以南的吕梁山区）和晋西一带，黄土土质较好，就地取材建造土基窑洞，晋中、晋东南一些地区，煤炭资源丰富，地方烧制的青坯砖，形成当地的砖窑窑洞。在晋中、晋东阳泉市一带，有大量石材，易开采，硬度好，是建造石窑的良好材料，因此当地也存在大量的石窑。

图 3-1-10　柳笆草泥筋窑洞（来源：郭冰庐摄）

在陇东地区、宁夏同心县等地，主要是采用土坯拱窑，其建筑材料，同样取自到处都有的黄土，只需人工夯打便可获得。

二、社会文化因素

窑洞风俗是以黄土高原为中心地带的地理区域形成、衍生的居住民俗。它具有深厚的文化积淀，是形成民间标准化的行为经验的有效模式，体现了民间朴素的人文精神。如窑洞建造中讲究“风水”，选择于高燥向阳、视野开阔，又给人视觉美感的宅基。这样的做法反映了人们对环境与人的关系的认识和把握。窑洞施工过程中的“合龙口”讲究颇复杂，也带有神秘感，其隆重仪式表明修造乃家庭大事，反映了一种“乡情”伦理观念，并突出庆祝主题。由于黄土高原色彩单调，窑洞主人以“窗花”装饰窑洞，表达对生活的热烈向往。这些风俗传承了“窑洞记忆”，透出人类学的内涵，使人感受到窑洞风俗文化的深层积淀。

不同地区有着不同的民俗文化，受此影响窑洞形制也有所不同。例如，在河南地区，受传统中原文化影响，村民修建窑院前必请阴阳先生察看，根据宅基地的地势、面积，按易经八卦决定修建何种形式的院落。首先，按照方位确定建窑地址。其次，按照确定窑院方位和主窑朝向。地坑院根据易经八卦的方位，其布局与结构大致分为四种形制，每一种院落都有与之对应的营造模式，宅主人根据自己的生辰八字选择相应的宅院类型。而陕北地区属于游牧文化与中原文化的交融地区，不像河南地区一样对风水的要求很高，它的窑洞院落形式多根据自然环境而建，向阳开洞，沿等高线一字展开。

第二节　传统窑洞民居的空间特征

一、传统窑洞聚落的空间特征

千百年来黄土高原地区依据不同的地势，形成形态各异的窑洞村落，以下按照窑洞的类型研究聚落讲述其空间特征：

窑洞民居分布在西北黄土高原地区，由于地域差异，在不同的区域又呈现出不同的特点。在山西省的吕梁、晋中南地区，陕西关中、渭北部分地区，以血缘关系为纽带的聚落，其宗族体制和宗法礼制观念比较浓。这些聚落农业经济相对活跃，受中原传统文化影响较大，风水理念决定着院落空间布局。靠山窑洞与土木结构的房屋共同构成窑洞建筑四合院，空间序列井然。如陕西省米脂县刘家峁村姜耀祖宅院、陕西省米脂县的杨家沟村扶风古寨。

（一）靠山式窑洞聚落的空间特征

原始社会的穴居古遗迹多出现在土层深厚的断崖上，可以推测纵深的横穴是现今靠崖窑洞的雏形。因此说，靠崖式窑洞的历史是相当古老的，也是人们最熟悉的窑洞形式。靠崖式窑洞出现在山坡、土塬边缘地带以及沟壑之两侧面。靠崖式窑洞再细分为二：一是在山坡与塬边地带开挖的窑洞谓之"靠山式窑洞"；二是利用沟壑两侧崖壁开挖的窑洞叫"沿沟式窑洞"（图3-2-1）。

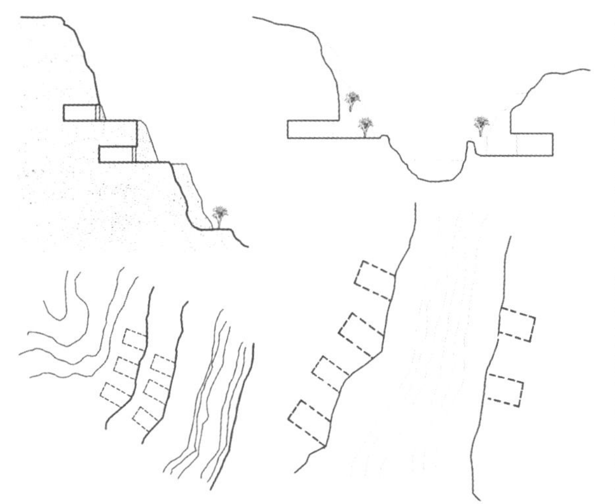

（a）靠山式

（b）沿沟式

图3-2-1 靠山式窑洞

靠山式窑洞是靠山坡形成的村落，沿山崖陡壁毗连布局，由于崖壁长窑洞也跟着延伸。有的崖壁较高或坡度较缓，则顺势开挖双层或数层台梯式窑洞群。沿沟式窑洞多是在沿沟、河谷两岸的断崖上布置村落，因为河道弯曲，窑洞群也随着弯曲而形成弯曲的布局类型（图 3-2-2、图 3-2-3）。

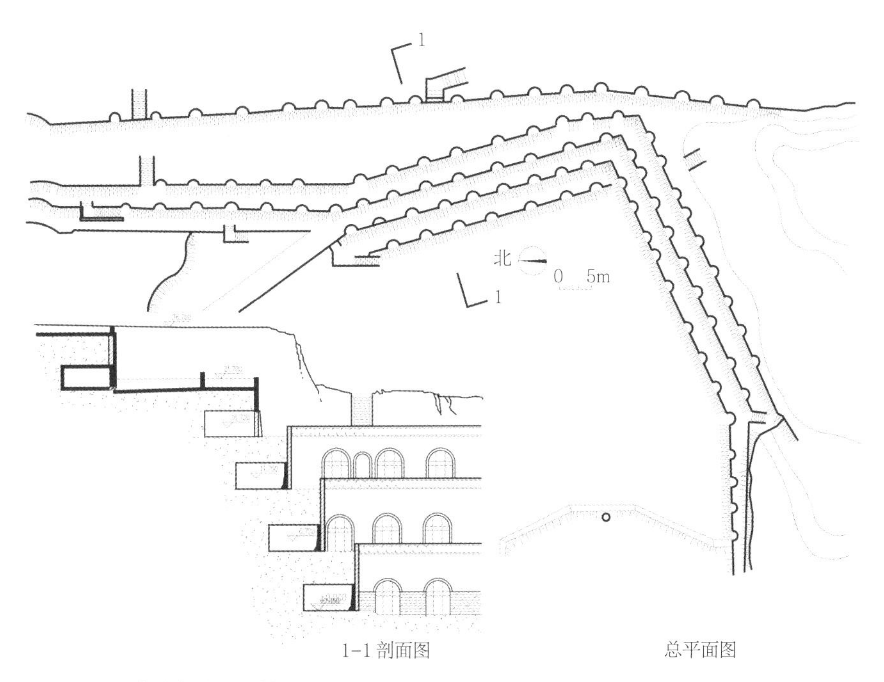

图 3-2-2 榆林农校平、剖面图

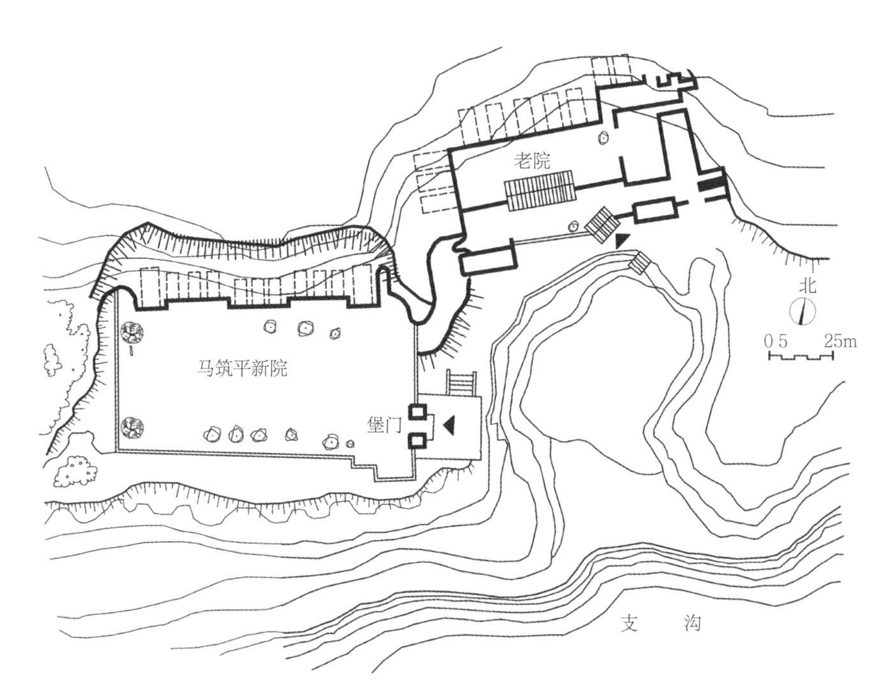

图 3-2-3 骥村古寨总平面图

（二）下沉式窑洞聚落的空间特征

黄土高原沟壑区地貌种类多样，既有沟壑也有大面积的平坦塬面。村落类型多样，除了上述丘陵沟壑区的窑洞村落外，最具特点的是潜掩于地下的窑洞聚落，即“见树不见村，进村不见房，闻声不见人”。

下沉式窑洞多在平坦的塬面上向下挖掘而成，在渭北高原、豫西、陇东及晋南一带多见。这种以下沉式四合院组成的村落，户与户之间须保持一定的距离，成排、成行或呈三点布局。这种村落在地面看不到房舍，走进村庄，方看到家家户户掩于地下，构成了黄土高原最为独特的地下村落，如陕西三原县柏社村、河南三门峡陕县多数村庄等。

下沉式窑洞天井院与窑洞共同占地面积比较大，用地多在1～2亩左右。两座地坑院之间的间隔大约为12～15m。整个村庄中地坑院的布局遵循纵横排列秩序，又因地形灵活布置（图3-2-4）。

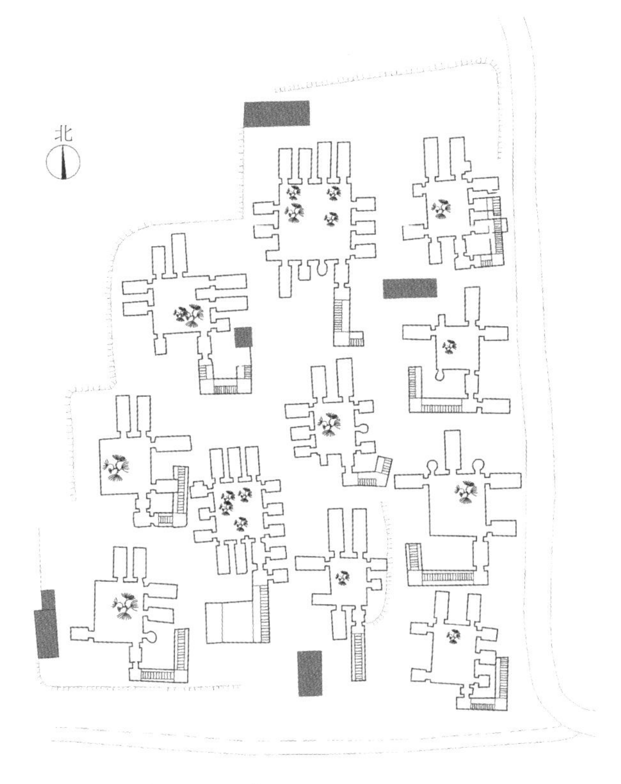

图3-2-4　洛阳冢头村总平面图

（三）独立式窑洞聚落的空间特征

独立式窑洞主要是砖、石窑洞，因其结构自身可以脱离崖面而独立，故其院落布置形式不受崖势、崖面数量的制约，也可依据地形与靠山式窑洞组合形成聚落。比如山西省师家沟村、陕西省绥德县贺一村等。

（四）窑洞聚落实例

1. 山西省师家沟村

山西省师家沟村就是典型的拱窑四合院村落，位于山西省汾西县僧念镇之北，东临汾河，西靠姑射山，属临汾盆地边缘残垣沟壑区，垣高沟深，自然交通极为不便。该区气候环境变化无常，降雨量少，风沙大，蒸发旺盛，空气干燥，平均温度在10～27℃之间，当地煤炭资源丰富，村中经济以采挖煤炭为主。

师家沟古村落的营建在选址上极具匠心。民国36年（1947年）《要族家谱》中讲师家选址：“始祖复禹亲游于东乡之师家沟村，观其村之向阳，山明水秀，景致幽雅，龙虎二脉累累相连，目观心思以为可久居之地焉……以其护卫区穴，不使风吹，环抱有情，不逼不压，不折不窜，故云青龙蜿蜒，白虎驯俯”（图3-2-5）。

师家沟北、东、西三面环山，南面临河，避风向阳，土地肥沃。非常符合我国古代风水理论中的藏风聚气的要求。整个村落位于负阴抱阳的山坡之上，村落南面有几座小山，在风水理论中，它们被称作朝山与罗成，如同屏风一样，将村落层层遮挡，使村子十分隐蔽，而又完全不影响村落的采光、日照（图3-2-6）。

在师家沟的整个地理环境中，村前的小河占有极

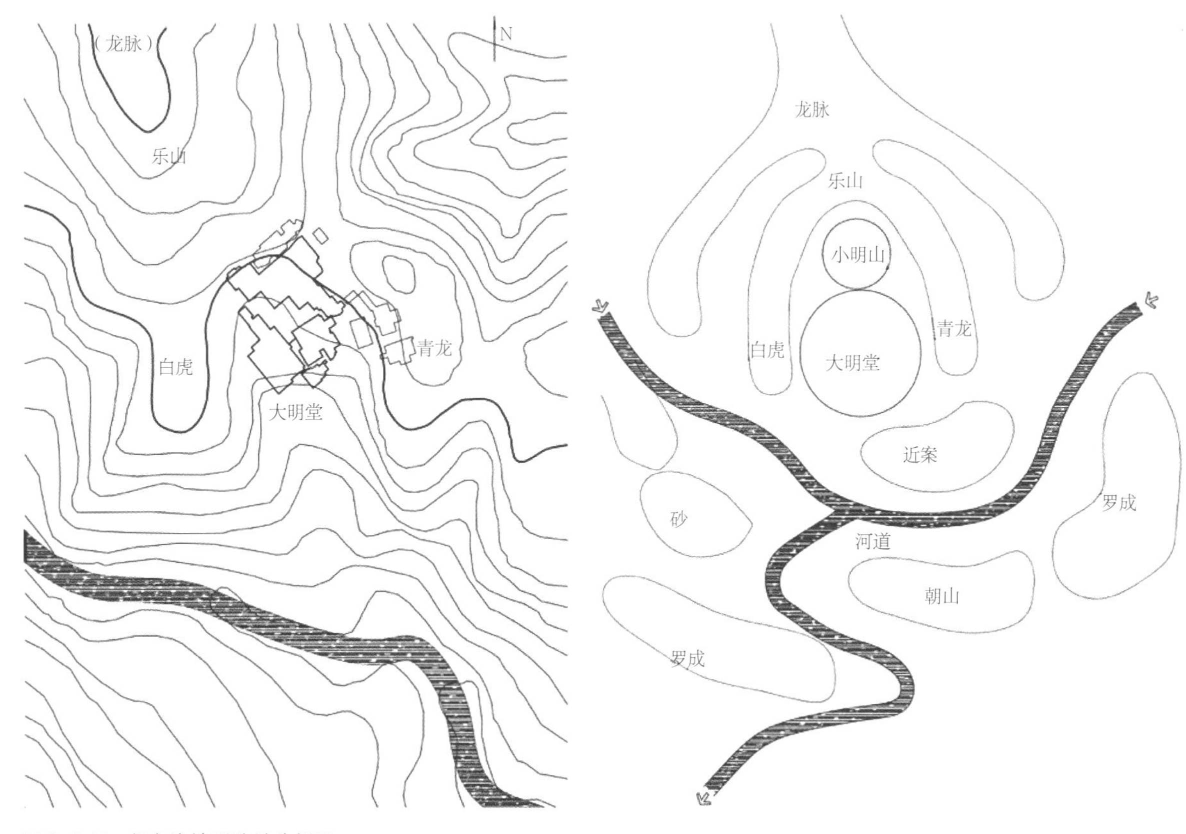

图 3-2-5　师家沟地形选址分析图

（a）师家沟周边环境

（b）师家沟俯视

图 3-2-6　师家沟村鸟瞰环境

重要的地位，它不仅是整个村庄的水源，而且是风水理论中至关重要的一环。村庄整体位于一个汇水挡风的山窝之中，左青龙山、右白虎山和龙脉乐山将寒冷的西北风遮挡，而南向则完全打开，充分接收日照，是一个标准的风水宝地。

师家沟民居具有北方民居的普遍特点，宅院采取中国传统的四合院形式，结合窑洞和木构架建筑的特点，形成了合院式居住体系。尽管各个院落规模、类型不一，但是它们的构成要素大致相同，主要有：院落、正房、厢房、倒座四个部分。正是通过这些基本元素的多样组合，产生了各具特色的合院类型（图3-2-7～图3-2-9）。

师家沟以窑洞建筑为主要的建筑形式，所有的正厅均为锢窑，而倒座、厢房多是砖房，这与窑洞的物

图3-2-7 师家沟鸟瞰图

图3-2-8 牌坊

图3-2-9 师家沟窑洞民居

理特性相关。窑洞冬暖夏凉，是自然的空调房间，比普通砖木要舒适得多，因此，在没有空调的时代，住装饰豪华的窑洞是陕西晋商富豪们的时尚追求，也是身份地位的象征（图 3-2-10）。

（a）师家沟院门

（b）师家沟聚落

图 3-2-10　师家沟窑洞

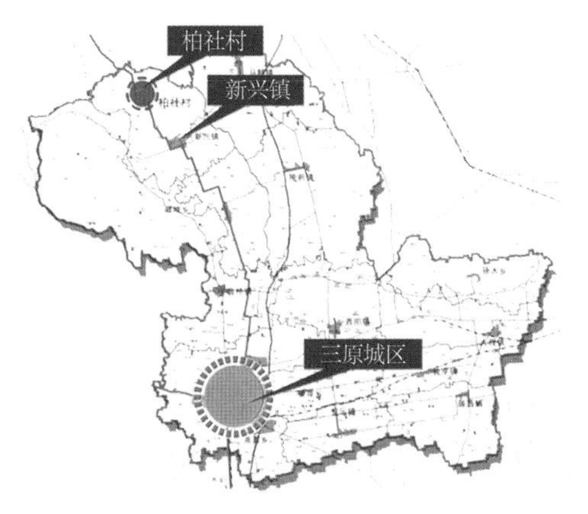

图 3-2-11　三原柏社村区位示意图

2. 陕西省三原县柏社村

柏社村地处关中北部黄土台塬区，居于县城最北端，与耀县接壤，隶属三原县新兴镇，距三原县城及耀县均约 25km（图 3-2-11）。村落周边为典型的关中北部台塬区田园自然景象，果树林木繁茂，地势北高南低。村落内部除北部有数条自然冲沟洼地嵌入，基本为平坦的塬地地形（图 3-2-12）。

（a）柏社村进村不见房

（b）柏社村村落景观

（c）柏社村下沉窑洞入口

图 3-2-12　三原县柏社村聚落环境

据有关记载，柏社距今已有 1600 多年的发展历史，蕴含有古老的人居文化基因，并曾成为地区商贸发达的历史古镇。晋代柏社村民居位于“老堡子沟”，前秦时期迁移至“胡同古道”。南北朝时，北魏在此建城堡，现存于村东北，城形依稀可辨。隋代在古堡西南建新城，今称南堡西城。唐朝经过贞观之治，南堡又添东城。宋代，柏社成为塬区商贸集镇。明代时期建立北堡，位于寿丰寺西临，成为盛极时的商贸集镇。现今，留有当年的商业街一条，民居街三条，明清古建民宅四院（图 3-2-13）。

村落核心区沿三新公路呈南北向展开，内部被一条东西街道划分，形成南北两个片区。其中，南部下沉式窑洞分布较为集中连片且居于村子中心地带；北部结合地形在胡同古道两侧有部分靠山式窑洞；中段东部主体为具有百年历史的明清古街区，村小学与其相邻。村子西南端为近年新建的村民住宅区。商业建筑主要分布于中心横向道路的两侧。

图 3-2-13　柏社村演进图

目前，柏社行政村内保留窑洞共约 780 院，居住人口约 3756 人。其中，核心区集中分布有 225 院下沉式窑洞四合院，无论从数量、密集程度还是保护的完整度及典型性等诸多方面都具有突出的优势，加之窑院类型的丰富性，堪称天下地窑第一村，无疑具有重大的保护和研究价值。

柏社村整体以下沉式窑洞为主，局部结合地形形成部分靠崖式窑洞，另有明清古建筑、古庙宇、胡同古道建筑等多样的建筑类型，特别是数量众多的下沉式窑洞建筑作为古老而特殊的人居方式，积淀了丰厚的建筑、历史、人文信息。总之，柏社村民的居舍包含了土洞、简易窑洞、规范的四合头窑院、厦房、明清古建及现代砖房等多种形式，保留了不同年代的不同民居形制，构成了一幅地方人居文化历史演进轨迹的现实图景。

3. 陕西省米脂县杨家沟扶风古寨马氏庄园

清道光年间，杨家沟村以马嘉乐为创始人的“马光裕堂”依靠地租、高利贷致富，同时又因在陕晋各地经商有道而聚敛了大批土地、财产，百余年内繁衍分支为 51 个大户。清同治六年（1867 年），马嘉乐的孙辈马国士为防备“回乱”，在杨家沟西山建扶风寨。后来就以扶风寨为中心，以“堂号”（户）为单位形成一组一组的庄院群落。这些院落依山就势，高低参差，款式多样。扶风古寨历经沧桑，如今虽已失去往昔的辉煌，但从建筑的总体布局上仍可以看出当时的宏伟规划（图 3-2-14）。

古寨的建筑群包括寨门、城墙、沿丘陵不同标高而建的层层窑洞院落，还有泉井窑洞、宗祖祠堂、老院、新院等，构成一座宏伟的窑洞庄园。古寨聚落建在沟壑交叉的峁山环抱中，寨门设在沟下，过寨门，

(a) 杨家沟聚落总平面图

(b) 杨家沟聚落环境

图 3-2-14　杨家沟聚落（来源：乔雄波摄）

钻涵道，经过曲折陡峭的磴道、泉井窑，再分南北两路步入各宅院，最后爬上一个陡坡才到达峁顶的祠堂。从祠堂向南俯视崖下。“老院”、“新院”尽收眼底（图 3-2-15～图 3-2-18）。

从总体的规划布局上可明显看出，古寨在选址、理水、削崖和巧妙地运用高低错落的丘陵沟壑地貌，争得良好窑洞院落的方位等方面，都处理得非常符合生态环境原则。在构图手法上善于运用对称轴线和主

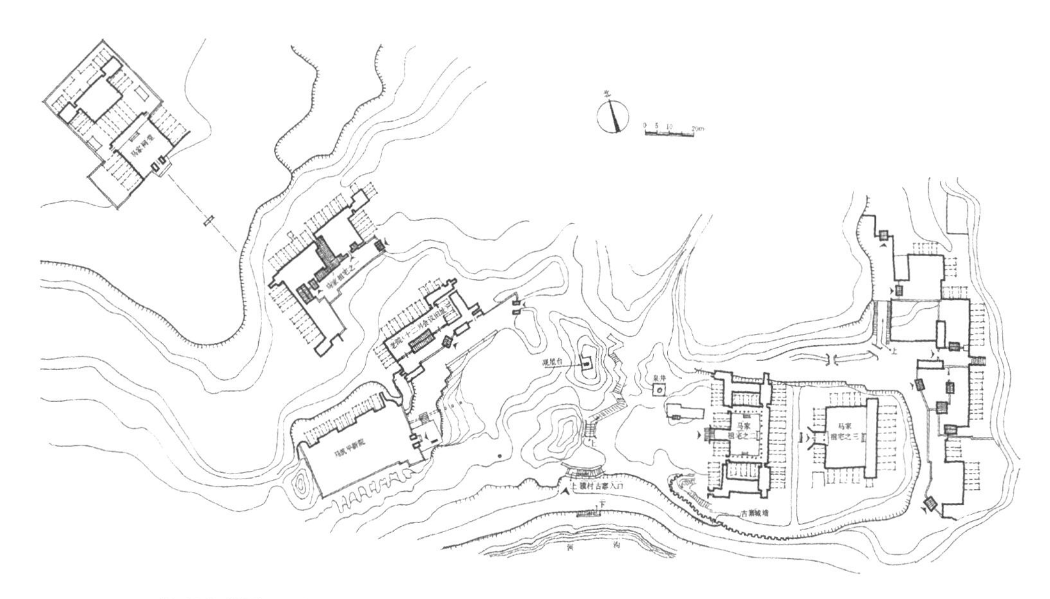

图 3-2-15　扶风寨总平面图

图 3-2-16　杨家沟新老院落俯视

图 3-2-17　马氏新院

图 3-2-18　马氏老院

景轴线的转换推移。不难看出，古代匠师在运用古典景园学理论中的“步移景异”、“峰回路转”的构图手法上非常出色。

古寨城堡墙垣内有几组多进窑洞四合院，其内外空间组织、体量之间的自然联系，布置得井然有序、尺度均衡，富有韵律感。

马祝平可谓我国最早的窑洞革新家，在窑洞建筑设计手法与艺术风格上卓有创造，不仅单体建筑，就连通达“新院”的道路环境设计也颇具匠心。欲达“新院”大门，须绕过叠石涵洞，经过老院大门户和蜿蜒的坡道，跨过明渠暗沟，爬上两段台阶，才能到达门前小广场。小广场另辟“观星台”，与院门呼应。观星台地处显要，在空间构图上起到了画龙点睛的艺术效果。在这里，中国古典园林中“隐露相兼”的构图手法运用得极为成功。步入堡门，宽阔舒展的庭院内，枣树摇曳、梨花飘香，橙黄色的窑洞粉墙上洒满了翠柏的光影，使这座“塞北怡苑”更显得生机盎然（图 3-2-19）。

二、传统窑洞院落的空间特征

（一）靠山式窑洞院落的空间特征

靠山式窑洞院落是在被沟谷深切的黄土崖或土坡

图 3-2-19 马氏庄园全景（来源：乔雄波摄）

上，经人工削坡后再开挖窑洞所形成的一面、两面或三面靠崖的半开敞式院落。靠山式窑洞院落的形式主要有单院、二合院、三合院等，这主要取决于窑洞崖面的平面形式。

靠山式窑洞的院落要依靠崖壁挖窑洞，必然随地貌特征而布置，常随崖势形状、所占的崖面数量而定，并且院落形式受配房和围垣位置的影响。其布置形式可归纳为：直线形、L形、U字形、折线形、凹弧形、凸弧形六种，各种类型所具备的特点，如表3-2-1、图3-2-20所示。

靠山式窑洞民居的院落布置示意　表3-2-1

形式	坡崖式窑洞崖面平面形式示意图
直线形	
「线形	
冂线形	
折线形	
凹弧形	
凸弧形	

(a) 直线形

(b) L形

图3-2-20　靠山式窑洞院落

（二）下沉式窑洞院落的空间特征

下沉式窑洞院落的面积大小视窑洞的数目和庭院所需要的面积大小而定。一座下沉式院落以9～12孔为多。庭院内可以栽种花草树木，并挖有渗井。特别是，必须挖一条坡道（斜坡通道窑）通向地表面，作为下沉院落的出入口。下沉式窑洞因其位于地下，就可形成一个封闭、内向、围合感强的空间（图3-2-21）。

下沉式窑洞院落的平面形式是多种多样的，主要有正方形、长方形，受地形限制也有椭圆形（或圆形）、三角形、曲尺形等（图3-2-22）。

（三）独立式窑洞院落的空间特征

独立式窑洞不受地形与山崖的约束，与建房一样，因此其院落空间与普通北方院落相似。独立

图 3-2-21　村内下沉式窑洞院落

式窑洞由于自身结构特点，可在窑洞顶上加建砖木房或窑洞，使之成为双层窑洞或窑上建房。使得此类院落建筑围合高低错落，主次分明，再结合沟壑坡地形，构成空间自由、多度的院落特征（图 3-2-23）。

独立式窑洞相比靠山、下沉式窑洞，其安全性、

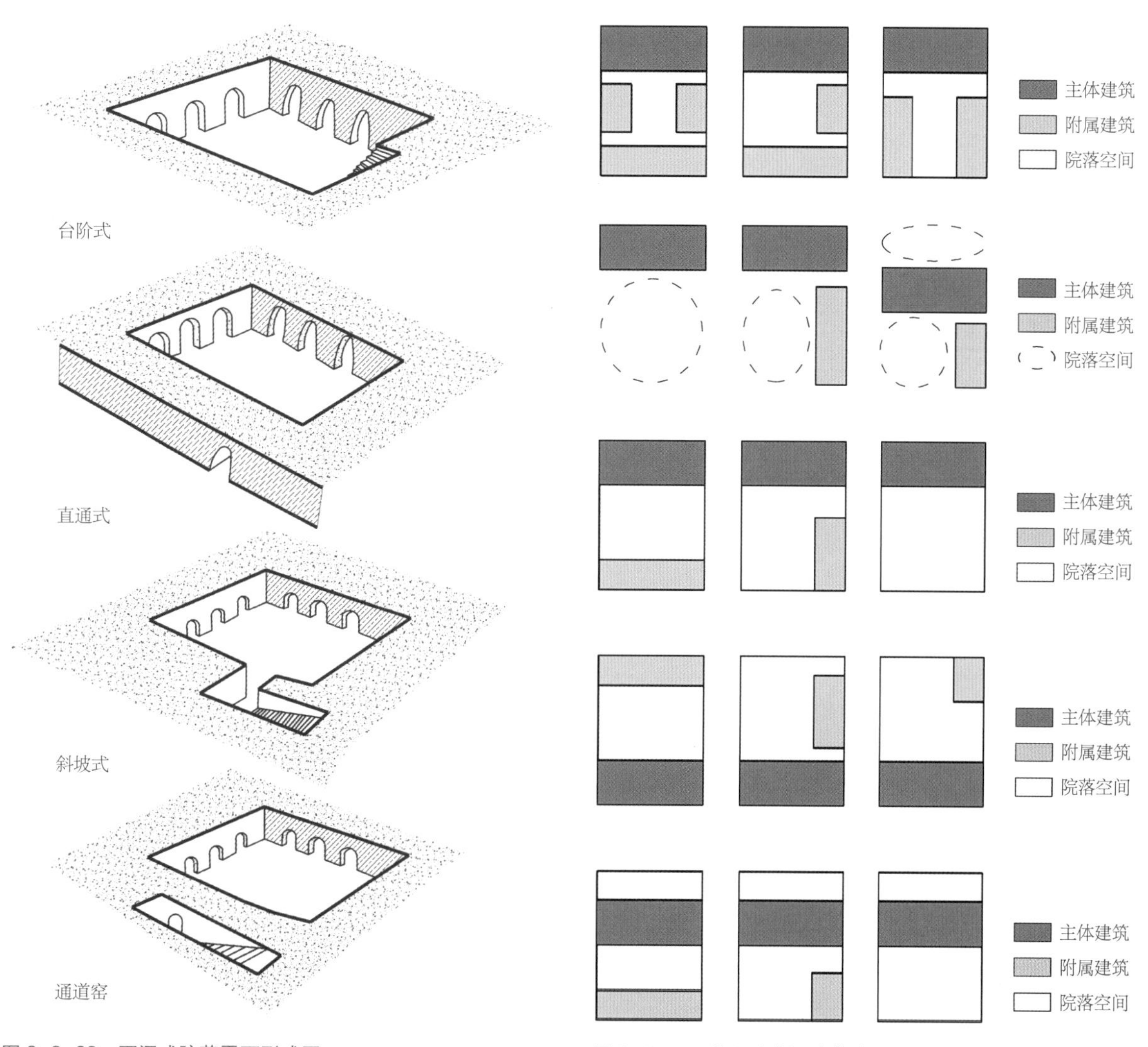

图 3-2-22　下沉式院落平面形式图

图 3-2-23　独立式窑洞院落分析图

舒适性有了较大提高。近年来，由于人民整体经济水平的提高，独立式窑洞受到青睐。

一般的农家窑洞多为一字形加围垣大门，院落内设置必要的生活辅助设施即可。较富裕的人家，则要布置成三合院、四合院或二进四合院。由于独立式窑洞布局选址较为自由，因此也多有富户在建造多进四合院时，从大门到尽端，以独立式窑洞、厢房为主，最后一进院落以靠山式窑洞作为主窑。例如，陕北米脂姜耀祖宅院、河南康百万庄园等。

（四）窑洞院落实例

1. 陕西省米脂县刘家峁村姜耀祖宅院

姜耀祖宅院是黄土高原特有的窑洞院落与北方四合院相结合的民居形式。它生长于黄土沟坡，又融归于大地，是中华民族传统智慧的结晶。宅院位于米脂县城东 16km 处刘家峁村的黄土梁上，由该村首富姜耀祖兴建于清同治十三年（1874 年）（图 3-2-24）。

整个宅院由山脚至山顶分三部分（图 3-2-25、图 3-2-26）。第一层是下院，院前以块石垒砌起高

（a）姜耀祖宅全景图（来源：侯继尧绘）

（b）姜耀祖宅鸟瞰（来源：艾克生摄）

图 3-2-24　姜耀祖宅院

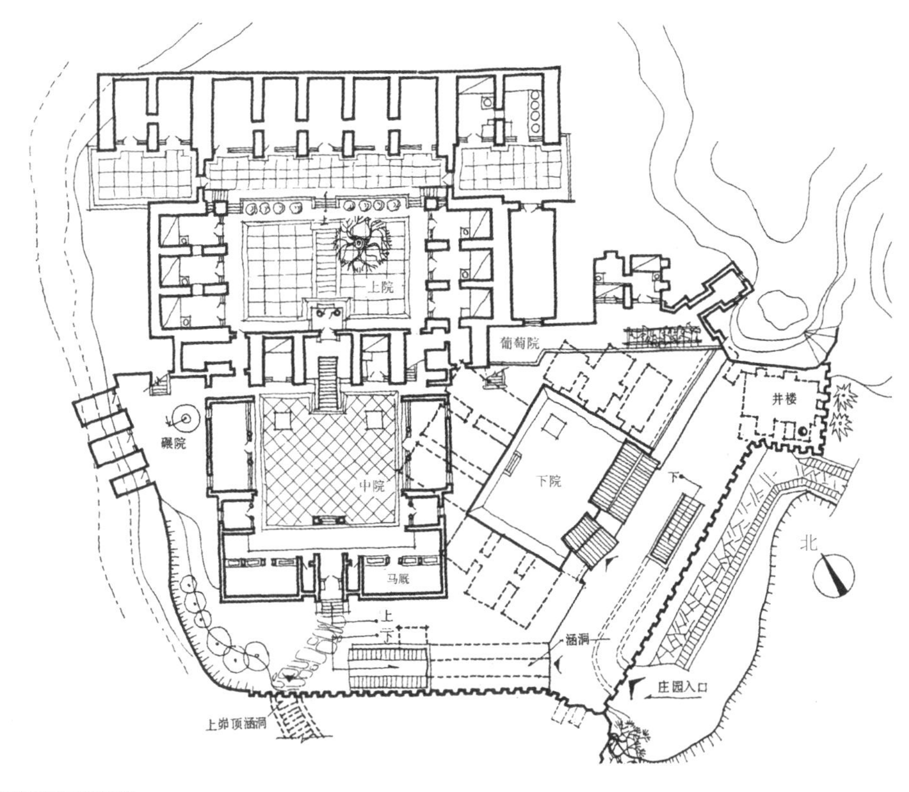

（a）姜耀祖庄园总平面图

（b）姜耀祖庄园入口剖面图

图 3-2-25　姜耀祖庄园

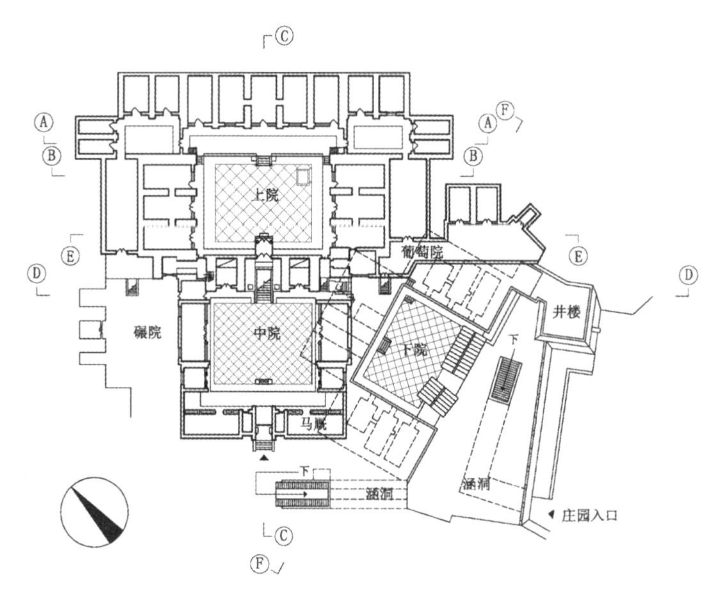

(*a*) 总平面剖切位置图

(*b*) 上院 A-A 剖面图

(*c*) 上院 B-B 剖面图

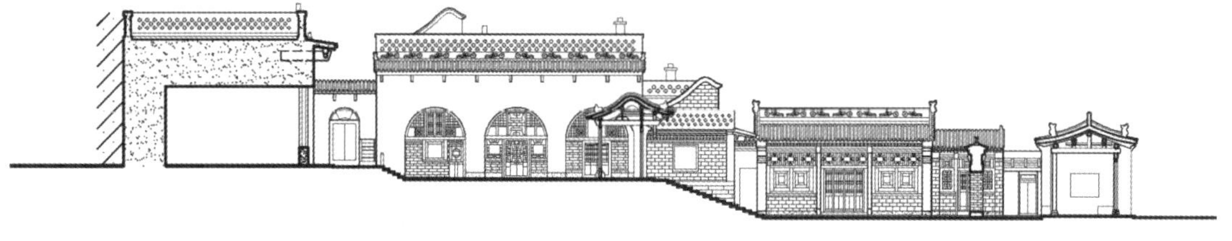

(*d*) 上院、中院 C-C 剖立面图

图 3-2-26　姜耀祖庄园 1

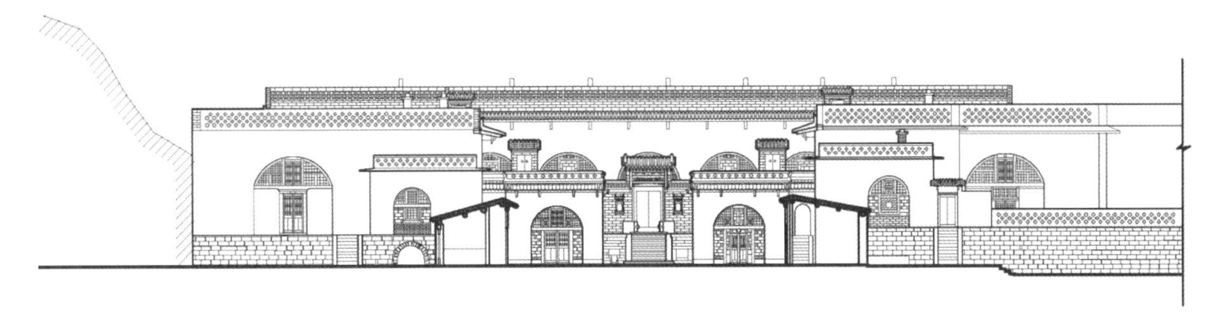

（e）中院 D-D 正立面图

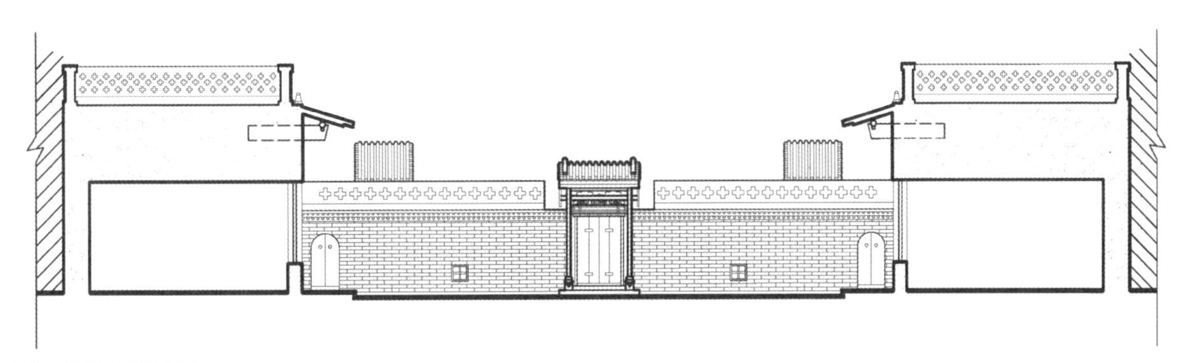

（f）上院 E-E 正立面图

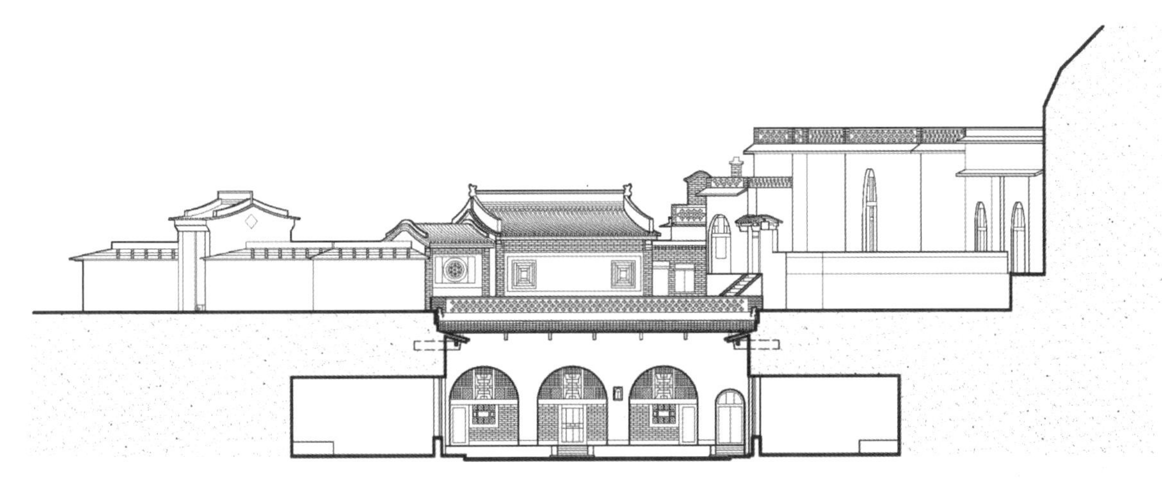

（g）下院 F-F 正立面图

图 3-2-26　姜耀祖庄园 2

达 9.5m 的挡土墙，上部筑女儿墙，外观犹若城垣（图 3-2-27）。道路从沟底部盘旋而上，路面宽 4 m，中以石片竖插，作为车马通道，又兼排洪、泄雨。道路两侧分置 1 m 宽的青石台阶直至寨门，门额嵌有“大岳屏藩”的石刻。穿寨门过涵洞可到下院（图 3-2-28、图 3-2-29）。下院当初是作为管家院使用的，其主建筑为三孔石拱窑，坐西北向东南，两厢各有三孔石窑，倒座是木屋架、石板铺顶的马厩（图 3-2-30）。大门青瓦硬山顶，门额题“大夫第”，门道两侧置抱鼓石（图 3-2-31）。正面窑洞北侧设通

图 3-2-27　庄园墙垣

（a）入口门额

（b）庄园入口道路 1

（c）庄园入口道路 2

图 3-2-28　庄园入口

图 3-2-29　入口涵洞

（a）下院院落

（b）下院俯视

图 3-2-30 下院院落

（a）下院大门

（b）下院大门抱鼓石

（c）下院大门门楣

图 3-2-31　下院大门

（a）井楼外观

（b）井楼漏窗

（c）井楼深井

图 3-2-32　井楼

往上院的隧道。

在下院东侧，寨墙的北端有“井楼”（实际上是一座石拱窑）。“井楼”内有一口从沟底向上砌的深井，安置手摇轱辘，不出寨门即可保证用水。寨墙上砌炮台，形若马面，用来扼守寨院，居高临下，从井楼的小窗口可直接射击攻打寨门者。这座黄土山坡上的宅院设计及防卫功能的匠心独运令人惊叹（图 3-2-32）。

沿第一层院侧边涵洞，穿洞门达二层，即中院（图 3-2-33、图 3-2-34）。正对中院门耸立着高 8m、长约 10 m 的寨墙（实际上是挡土墙），将庄院围绕，并留有通后山的门洞，上有“保障”二字的石刻。

中院坐东北向西南，正中是头门，为五脊六兽硬山顶（图 3-2-35）。头门内设青砖月洞影壁，水磨砖雕，精细典雅（图 3-2-36）。

中院东西两侧各有三间大厢房，附小耳房。厢房两架梁，硬山顶，木格扇门窗。耳房一架梁，卷棚顶，铺筒瓦（图 3-2-37）。值得一提的是东厢房比西厢房高 20cm，这一差别是遵中国古代宗法制度中

图 3-2-33　下院入口与中院涵道

图 3-2-34　下院到中院涵道

图 3-2-35　中院大门

图 3-2-36　中院月洞影壁

（a）中院院落俯视 1

（b）中院院落俯视 2

图 3-2-37　中院院落

的“昭穆之制”而产生的。古代以左为尊位，在方位上以东为上，在建房时东厢房高度略高于西厢房。微小的尺度变化并没有破坏建筑的对称，但从内涵上来说，它满足了人们心理上的某种追求。

中院与上院以中轴线上的垂花门分隔，沿石级踏步而上，穿过垂花门可到达第三层院（图 3-2-38）。

第三层院即上院，是整个建筑群的主宅，坐东北向西南，正面五孔石窑，称上窑，院子两侧各三孔厢窑（图 3-2-39）。在五孔上窑的两侧分置对称的双院，院内面向西南各有两孔窑，俗称暗四间，属靠山式窑洞（图 3-2-40）。上院布局即当地人称的“五明四暗六厢窑”，这在陕北属最高级的宅院（图 3-2-41）。

上院垂花门是整座宅院的精品，砖木结构，柱梁门框举架，双瓣驼峰托枋，小爪状雀替、木构件皆彩绘，卷棚顶。门扇镶黄铜铺首、云钩、泡钉，门礅处置石雕抱鼓，垂花门两侧设神龛、护墙浮雕（图 3-2-42）。

整个宅院后面设一道寨墙，其中有寨门可通后山。姜氏宅院设计精巧，施工精细，布局紧凑，与山势浑然一体，对外严于防患，院内互相通联，是陕北高原上的经典宅院（图 3-2-43）。

2. 河南省巩县南河渡薄宅

巩县南河渡薄宅属窑房结合的靠山式窑院，是巩

图 3-2-38　上院入口垂花门

图 3-2-39　上院五孔主窑

图 3-2-40　上院侧窑

图 3-2-41　上院院落空间布局

（a）垂花门北立面图

（b）垂花门剖面图

（c）垂花门南立面图

（d）垂花门北立面

图 3-2-42　上院垂花门

县较完整的典型靠山式窑洞民居之一。背靠邙岭，面临洛水，地形条件优越。狭窄的院落宽 3m 左右，中轴线上是较高大的主窑，两侧窑洞尺度略小，此种布局在当地最为多见（图 3-2-44）。

三、传统窑洞单体的空间特征

黄土窑洞所形成的建筑内部空间，同普通房屋的房间一样，能够满足居民生活的各种使用要求，可以进行多种多样的室内布置。

图 3-2-43　院落全景图（来源：艾克生摄）

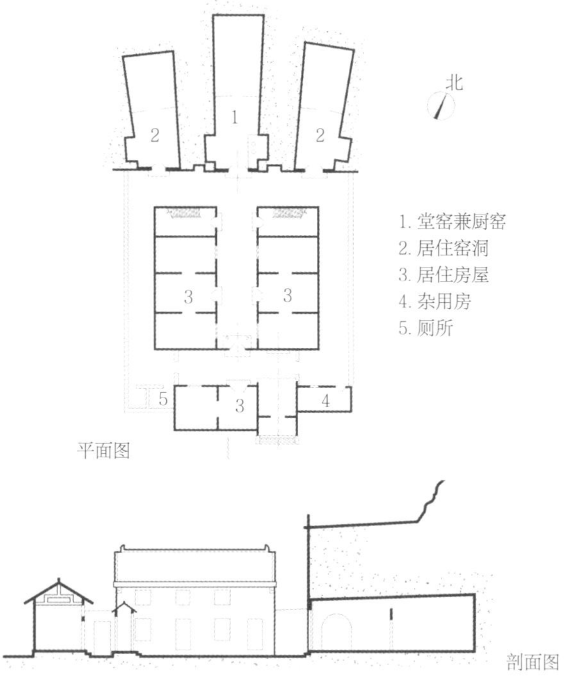

图 3-2-44　河南省巩县南河渡薄宅平、剖面图

（一）传统窑洞单体的平面特征

1. 靠山式窑洞单体的平面特征

由于单体窑洞要依山靠崖，还要考虑拱形结构的特点，其主要的平面布置是一字形。经过人们不断地实践，窑洞根据需要发展出多种多样的平面形式，包括单孔窑、套窑、一明两暗窑、转角窑等（图 3-2-45）。窑内布置有炕、灶以及家具（图 3-2-46）。

单孔直窑，在大宁县、蒲县、石楼一带以及太原、吕梁等地区比较多见，临汾、浮山、翼城几个县也有，但不普遍。拐窑，则是在窑洞的侧墙上砌一个小窑（耳室），主要用来堆放煤炭、柴火和杂物（图 3-2-47）。尾巴窑，就是在窑洞的后墙壁上砌一个小窑，主要用途是贮存粮食或放置什物，当贮藏间用。

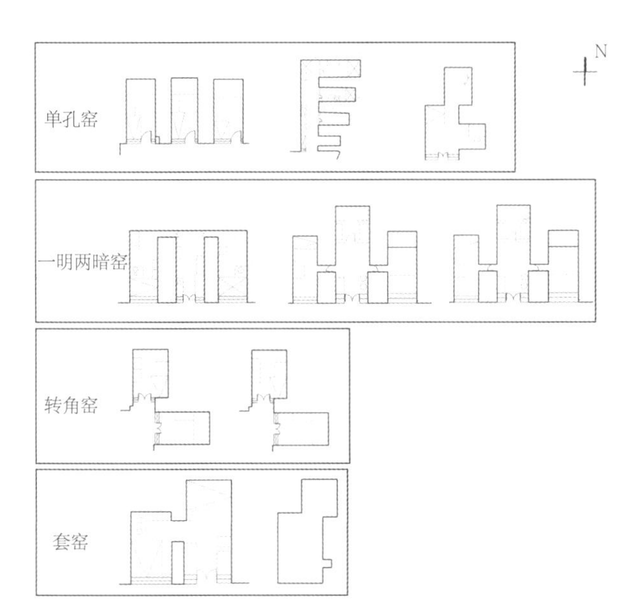

图 3-2-45　靠山窑单体平面形式图

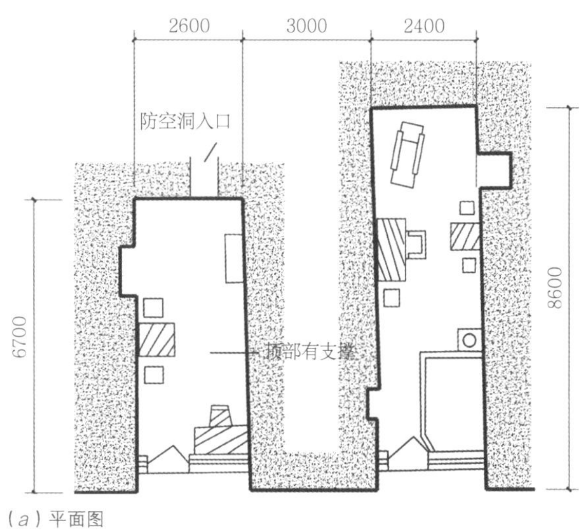

（*a*）平面图

（*b*）实景照片

图 3-2-47　陕西延安杨家岭朱德旧居

图 3-2-46　套窑室内

2. 下沉式窑洞单体的平面特征

下沉式窑洞院落的出入口，即斜坡通道窑，一般有平行式、垂直式和自由式三种平面形式（表 3-2-2）；有突出地面和不突出地面两种立面形式。在庆阳和平凉地区通道窑一般主要作为下沉院的出入口使用，有的院落在通道窑壁设有鸡窝和兔窝等，以充分利用空间。在陕西省渭北旱塬的下沉院中，往往在通道的下方部分，夏天用来作厨房，既是出入口，又是开敞式的厨房。渭北夏季很热，只有一个方向开口的窑洞厨房通风不良，而两个方向开口的通道窑厨房就会获得在做饭时比较凉快、舒适的效果。

3. 独立式窑洞单体的平面特征

独立式窑洞在平地上砌筑建成，不受山崖约束，因此在单体空间内开窗较为自由，根据需要四壁都可开窗或通风洞口，平面形式与立面造型也与其他窑洞不同。

单体窑洞的平面形式以一字形为主。室内布置分为炕在门口和在内室两种类型（图 3-2-48）。

下沉式窑院入口平面形式　　表 3-2-2

形式	下沉式窑洞院落出入口平面形式图示
平行式	北
垂直式	北
自由式	北

（二）传统窑洞单体的立面特征

单窑的立面形式，可分三类。以拱的形状分，有尖拱、抛物线拱、三心圆拱等；以门窗形式分，有独门无窗、一门一窗、一门两窗等；以层数分，则有一层式、两层式与错层式等形式（表 3-2-3）。以一层一门一窗形式为最多（图 3-2-49）。

（三）传统窑洞单体的剖面特征

单体窑洞的纵剖面，有前高后低和前后几乎一样高两种形式，以后者为最多。窑洞纵剖面以前口略高于后部为佳，这样的空间有利于空气流通，排烟畅快，利于排潮除湿，采光充分，并可减少窑内回音。另外，也有少量窑洞内带阁楼的剖面形式（表 3-2-4）。

在黄土高原的陕北、陇东、晋中一带，仍有人在

（a）山西汾西僧念镇窑洞室内

（b）山西汾西师家沟窑洞室内

图 3-2-48　窑洞单体布置

使用半拱（扶壁拱）形式的拱券结构。扶壁拱是在窑洞一侧建造半拱，使窑洞更为稳固（图 3-2-51、图 3-2-52）。

单窑立面形式　表 3-2-3

分类	常见的几种黄土窑洞的立面造型形式图示		
以拱分	尖拱	抛物线拱	圆弧拱
以门分	独门	一门一窗	一门两窗
以层分	一层	两层	错层

单窑剖面形式　表 3-2-4

剖面名称	实例	图示
无吊顶	有侧洞无吊顶者—庆阳南大街 86 号张宅大窑洞	1200　2500　无侧洞　有侧洞
退台式	甘肃庆阳毛寺村	
有吊顶	西峰专属巷 85 号纸吊顶　西峰西大街镇原巷范宅	
带阁楼	宁县庙咀子生产队王宅阁楼	2200　3100　阁楼　3000　15000

图 3-2-49　最常见的窑洞立面形式

图 3-2-50　陇东毛寺村顶部退台式窑洞

图 3-2-51　扶壁拱窑洞示意图

图 3-2-52　扶壁拱窑洞

窑洞的进深十分智慧。在十分寒冷的冬季，更小的入射角可以使阳光更深地射入室内，在温度降至零下的室外，屋内仍可保持约 12℃，加之火炕、火灶的热量，室内十分温暖。通过分析姜氏庄园的阳光入射情况，冬季阳光正好可射入窑洞内部尽头。而陕北地区由于纬度较高，夏季阳光强烈，十分炎热，室外温度可达 38℃。而相对较大的太阳入射角下，阳光只射入窑洞内部约 1m，窑洞室内温度约 27℃，十分阴凉（图 3-2-53）。

正因为冬季、夏季阳光射入室内的面积不同，更进一步形成了陕北地区窑洞冬暖夏凉的特点。这样的门脸豪放、大气、美观，除窗下为不透光的墙墩外，其上均为透光窗格。

在陕北以南的渭北地区分布着大量下沉式窑洞。由于渭北地区相比陕北地区纬度更低，阳光入射角更大，夏至日约 78°39′，冬至日约 31°47′，因此渭北地区室内太阳辐射面积更小。再加上渭北地区相比陕北地区较为温暖，所以渭北地区更为注重窑洞的保温功能，而较少考虑通过门窗所获得的大面积阳光，造成渭北地区相比陕北地区门窗面积较小，采用门窗分立、上部开气窗的做法。这种做法使窑洞室内获得较

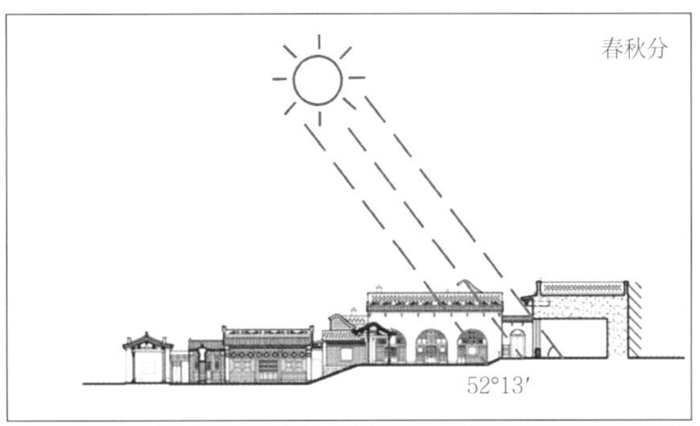

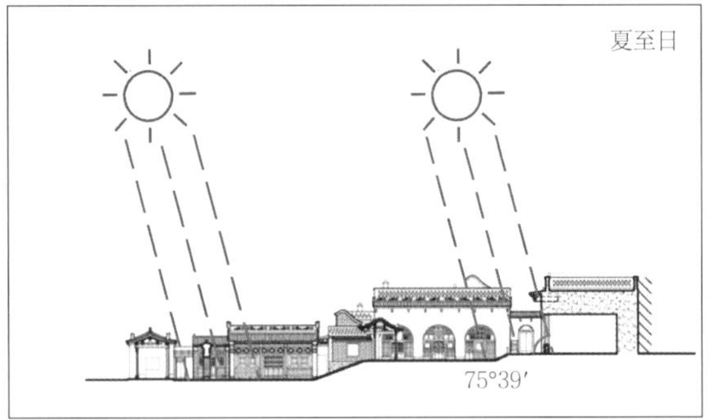

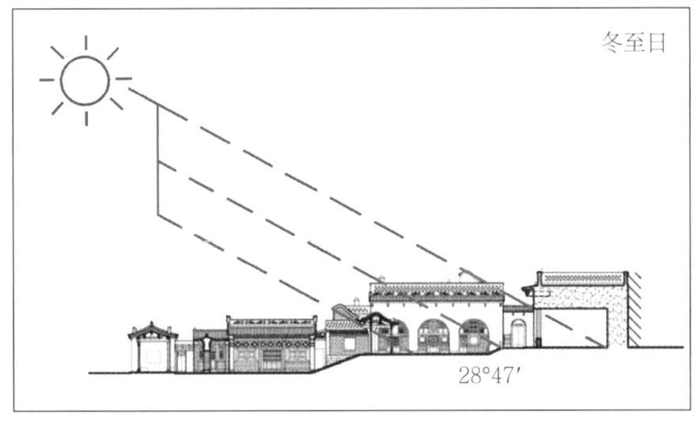

图 3-2-53　姜氏庄园冬至日、夏至日太阳入射示意图

少的阳光和较好的保温隔热功效，同样也是适应当地地理气候的最佳做法（图 3-2-54）。

通过对比陕北榆林地区窑洞和渭北地区窑洞冬至日的太阳入射情况（图 3-2-55），陕北地区冬至

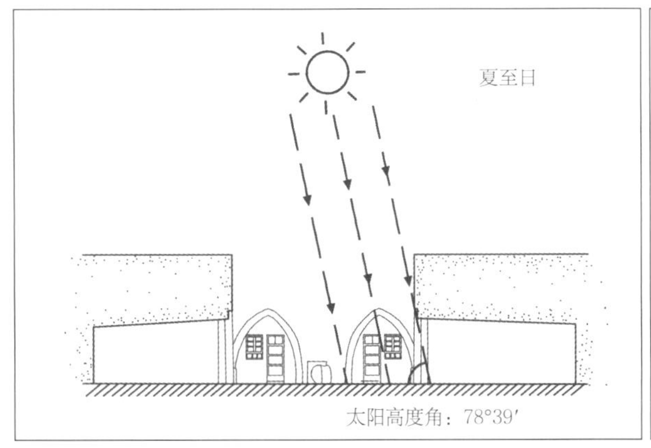

图 3-2-54　渭北地区冬至日、夏至日太阳入射示意图

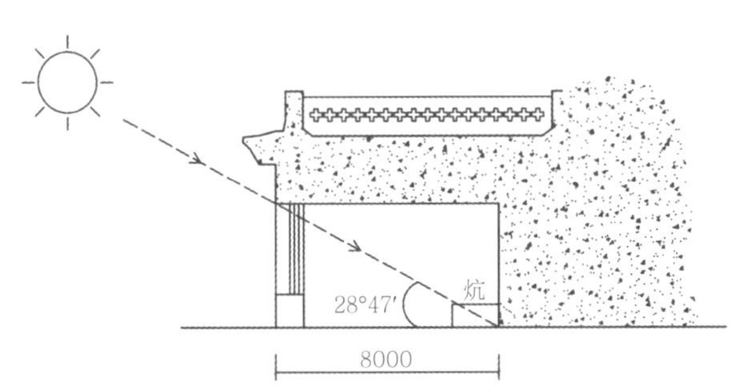

（a）陕北榆林地区冬季太阳入射角

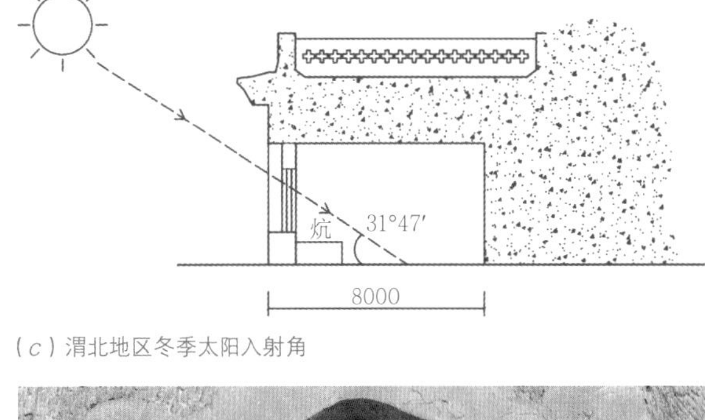

（c）渭北地区冬季太阳入射角

（b）陕北榆林地区窑脸形式

（d）渭北地区窑脸形式

图 3-2-55　冬至日太阳入射角示意图及窑脸形式

日阳光可以透过窗子射入窑洞 8m 左右，因此陕北地区多使用满堂窗形式窑脸，炕多布置在靠窑洞内部墙面，以便可以最大限度地利用阳光。而渭北地区冬至日阳光最多可射入窑内 6m 左右，窑脸形式以“一门一窗”、“一门两窗”形式为主，炕布置在靠近门窗一侧。

靠山式窑洞因其背靠黄土山体，人们多在窑洞内壁上挖一小窑，即俗语说的尾巴窑。尾巴窑有高于窑内地坪和与窑内地坪等高两种，便于人们使用（图 3-2-56）。

（四）传统窑洞单体的一般尺寸

黄土窑洞的尺寸及覆土厚度取决于洞体结构的安全需要。窑洞的跨度大多为 3～4m，不宜大于 4m；高度大多为 3～4m，一般为跨度的 0.71～1.15 倍；窑顶的覆土厚度以 3～5m 为宜。每户人家通常是几孔窑洞毗连设置，为了保持稳定土体的间壁宽度一般等于洞室的跨度，在土质干硬的情况下也可略小（表 3-2-5）。

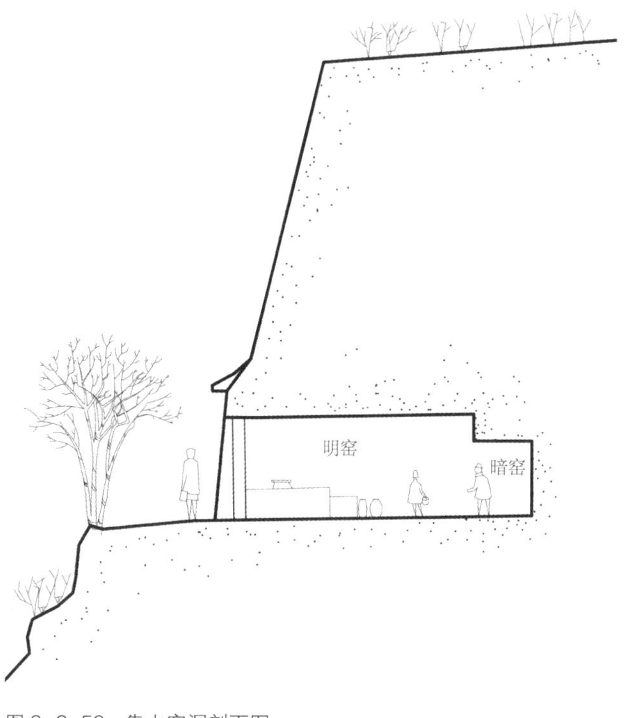

图 3-2-56 靠山窑洞剖面图

窑洞建造参数 表 3-2-5

地区名称		单体窑洞				窑洞组合			说明
		窑洞宽度 B（m）	窑洞深度 L（m）	窑洞高度 H_1（m）	高宽比（H_1/B）	覆土厚度 H_3（m）	窑腿宽度 S（m）	窑腿系数 K	
陇东窑洞	陇西地区	2.7～3.4	—	—	0.94～1.1	5～16	—	—	（1）陇西渭北与宝鸡地区纳入陇东窑洞的范畴，太原地区纳入晋南窑洞的范畴。（2）本表引用了“中国的黄土地层与窑洞结构”一文中的有关资料。（3）窑腿系数 $K=\frac{b_1+b_2}{B_1+B_2}$
	陇东地区	3～4	5～9	3～4	1.0～1.3	3～6	3	0.9	
	宝鸡地区	—	—	—	0.8～1.21	5	—	0.8～1.19	
陕北窑洞	延安地区	3～4	7.9～9.9	3～4.2	1.0～1.3	3	2.5～3	0.65～0.91	
	米脂地区	—	—	—	0.71～1.15	5～8	—	—	
晋南窑洞	太原地区	2.5～3.5	7～8	3～4	—	5～7	2.5～3	0.8～1.0	
	晋南地区	3～4	8～10	3.2～3.6	0.9～1.3	3～6	2.5～3	—	
豫西窑洞	洛阳地区	2.8～3.5	4～8	3.4～4	0.9～1.3	3	2～2.8	0.7～1.3	
	巩义地区	2.5～3.5	6～12	2.5～3.6	1.0～1.1	5	1.5～3.3	0.7～1.0	
	郑州地区	2.8～3	6～10	2.8～3.5	—	3	3	0.6～1.25	

第三节 传统窑洞民居的空间装饰特征

一、概述

中国窑洞民居历史悠久、丰富多样。不同地区的窑洞民居无论从整体艺术风格、还是窑洞立面各部位的细部装饰，都体现出了千差万别的个性。正是这些个性，造成了中国传统窑洞民居在同一厚重朴素的大基调下，形成了各地区浓郁的地域特色。

窑洞融于黄土大地，没有地面上房屋建筑多个立面与复杂的房屋形式，仅有一个正立面，但窑居者仍然在这简朴的造型上，结合各种建筑功能，创造出了丰富的装饰构件，形成了窑洞的独特风格。

窑洞立面装饰部位主要包括：窑脸、女儿墙、窑檐（檐廊）、券边、门窗、窗下墙、勒脚等（图 3-3-1）。

二、传统窑洞民居装饰要素分析

（一）窑脸

窑洞正立面俗称“窑脸”、“窑面”，以窑洞拱券曲线与门窗为构图重点。

1. 窑脸形式

窑洞立面是窑洞民居中装饰艺术集中展示的部位，都是由外墙、门窗、拱券、窑檐、女儿墙等部位组成。各地窑洞拱券曲线是当地土质受力特征的反映，处在老黄土下部（离石黄土下层）地带，土质坚硬，窑洞顶部拱券就可平缓。土质力学性能较差的地带，窑洞拱券尖耸。这是当地人们千百年来，从窑洞顶部坍落土块后所形成的自然形状中总结出的经验，后经各地工匠世代的精心营造，形成了今天各地风格不同的窑洞拱形曲线。各地窑洞拱形曲线各不相同，概括起来有三心圆拱、尖拱、半圆拱、双心圆拱、椭圆形拱、抛物线拱等。这唯一的窑洞立面形象元素，又真实地反映出拱形结构的受力逻辑以

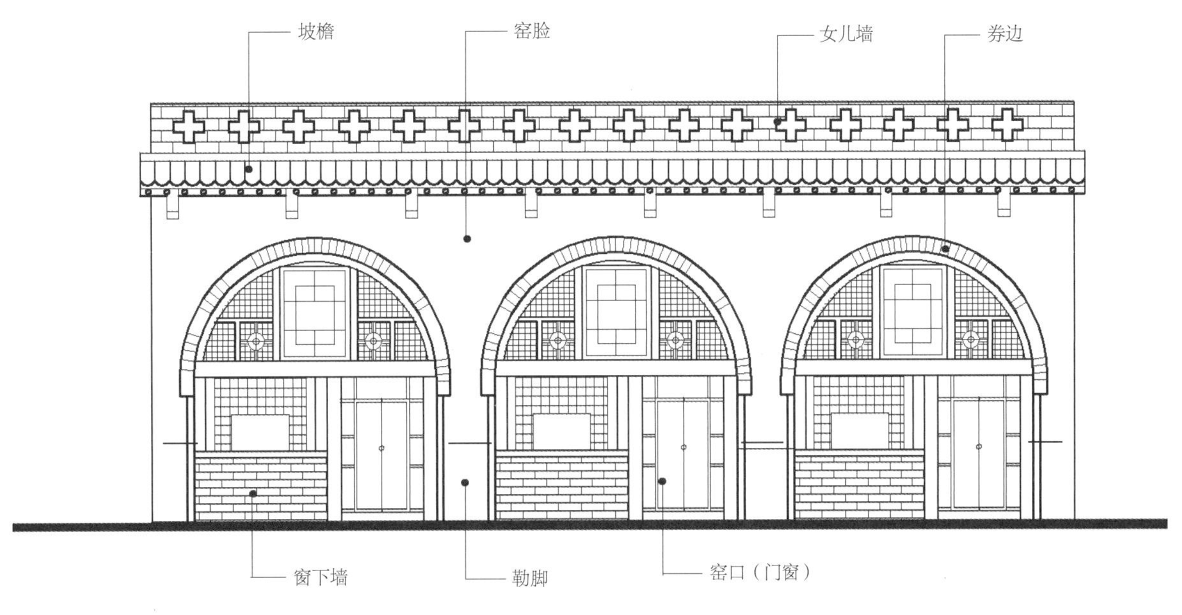

图 3-3-1 窑洞立面各个部位名称图

及门窗的装饰艺术。

由于地域文化和资源的差异，各地窑面各部位的形式具有明显的差异，而正是这种差异形成了各地窑洞浓郁的艺术风格。

陕北地区多见黄土窑洞及石窑，黄土窑洞浑厚质朴，石窑洞由于窑面砌筑块石处理的不同显现出或精致或粗犷的艺术风格。而山西窑洞的艺术风格是繁复和精美的，这从山西多个晋商大院窑洞立面精美的木雕构件中都可以看到。宁夏地区的窑洞主要集中在西海固地区。宁夏西海固地区干旱少雨，环境严酷，黄土层厚、分布广、取材方便，所以当地百姓多用生土建房，形成了独具特色的生土建筑体系，西海固地区窑洞空间格局单一简朴，不像陕西窑洞那样注重空间布局、装修精美，也没有山西窑洞的奢华与紧凑。但是即便受到地域资源和地方材料的限制，宁夏地区的窑洞修建也尽力体现出当地的艺术追求（图 3-3-2）。

2. 窑脸材料

窑脸材料的肌理效果，构成窑面装饰艺术的重要特征。而对不同地方材料的加工和砌筑方式，直接影响了窑面肌理。无论是在黄土崖面开挖的窑洞，还是用砖石砌筑的窑洞，地方材料的不同表达方式使得窑面肌理效果丰富多彩（表 3-3-1）。

1）黄土

黄土窑洞以生土为主要材料，最初的黄土窑洞仅仅满足基本的居住需求，窑面并无特殊处理，裸露的崖壁即为直立性黄土的本来面貌，雨水的冲刷和风化

（a）陕北地区

（b）豫西地区

（c）山西地区

（d）宁夏地区

（e）陇东地区

（f）渭北地区

图 3-3-2　各地区窑脸形式

窑脸装修的几种形式　　表 3-3-1

做法	窑脸装修图示及具体实例介绍
土窑脸	宁县城内生产队昔宅；庆阳卅里铺李家后湾李宅
草泥抹面	镇原县某宅
草泥底水泥抹面	庆阳华家洼李宅
砖窑脸	西峰专署巷 85 号院；西峰专署巷杨宅；庆阳卅里铺黄家洼黄宅
砖砌水泥抹面	庆阳田家城田宅

作用使得这种最原始的黄土崖壁肌理随时间呈现出一种动态的变化。随着经济水平的提高，人们开始有意在黄土窑面上进行装饰。人们利用镢头、双齿、四齿耙等工具在黄土窑面上凿挖出粗细不同的、排列规律的肌理，有斜纹、水波纹、菱形纹、锯齿纹等（图 3-3-3）。这样的窑面有一种粗犷、天然的肌理和优雅的韵律感。

抹灰面，是黄土窑面一种较细腻的肌理处理方式。最为光滑平整的窑面通常要抹三层。第一层用麦草泥抹面，第二层是麦糠泥，由黄泥和麦糠混合而

（a）自然斜纹

（b）锯齿纹

（c）弧形纹

（d）垂直纹

图 3-3-3　黄土材料的四种纹理

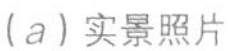

（a）实景照片　　（b）剖面图

图 3-3-4　抹灰面处理方式

成，在窑面上形成一种分布均匀的，极具质感的颗粒（图 3-3-4）。经济条件较好的家庭还会在麦糠泥外再抹一层石灰浆，这样的窑面光滑平整，配合窑券边的线脚，更突出了窑券与崖壁的对比效果。

2）石材

以石材为主要营建材料的窑洞以陕北地区最具代表性。陕北石窑根据对面石不同的处理方式又分为“硬锤子石窑”、“皮条錾石窑”和“流水细錾石窑”。无论哪种加工处理方式，都是对原始的石材进行艺术加工，肌理细腻程度决定了陕北石窑洞呈现粗犷还是精致的艺术风格。

3）砖材

山西省煤炭资源丰富，宋元时就成为了我国煤炭的主要产区，明清时期，煤炭已经广泛运用于烧制砖、瓦、陶瓷等建筑材料。这使得山西省的窑洞以砖窑为主。砖由于材料尺寸较小，砌筑方式更为细致和多样，形成的窑洞表面肌理细腻、平整干净，这使得山西地区的砖窑呈现出了与陕北石窑不同的艺术风格。

但是由于砌筑工艺的不同，砖窑面有多种的砌筑方式，常见的有错缝叠砌、丁砌法。渭北地区长武县十里铺村窑洞的砖窑面砌筑格外有特色，砌筑时将红砖切角，组成菱形图案，在下部 1.5m 的地方拼贴其他图案作为墙裙以示区分。这样的砌筑方式使得窑面显得精致且富有变化（图 3-3-5）。

由于自然及人文条件的差异，不同地区的窑脸在装饰材料应用上各具特色。窑脸装饰用材与现代建筑差别较大，所用材料及施工工艺各不相同，在不同的环境演变中，形成了各自的外观形式及表面肌理。如窑脸中的砖墙、石墙、土坯墙、抹面墙与现代建筑中的玻璃幕墙、陶瓷贴面等有着本质的区别，这些与众不同的地方材料在劳动人民的长期应用和选择中均体现出了鲜明的装饰特性和美学特性，使得各地窑洞民居呈现出浓郁的艺术特色和地方风格。

值得一提的是，在下沉式窑洞院落，四角窑洞的窑脸并不全敞向院落，而只露“半边脸”，这种处理方法大大地节省了院落开挖的土方量（图 3-3-6）。但同时，这样的做法必然损失窑脸的受光面积，为了解决这一问题，当地人将窑脸向窑身回缩尺寸增大，

(a) 陕北流水细錾石窑石材肌理

(b) 陕北皮条錾石窑石材肌理

(c) 山西师家沟砖窑窑面

(d) 渭北长武县十里铺村砖窑窑面

图 3-3-5　石窑、砖窑处理方式

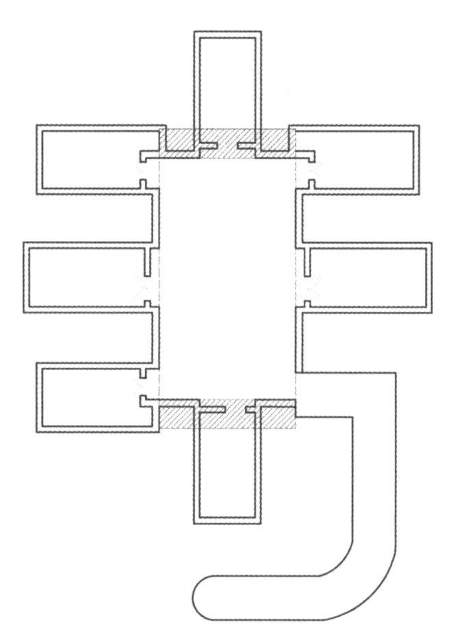

图 3-3-6　阴影处为减少开挖面积

将窑脸处理成“L”形（图 3-3-7）。

（二）女儿墙

窑洞的女儿墙是防止窑顶人畜跌落的围护构件，民间的构造做法多用土坯或砖砌花墙，也有用碎石嵌砌的。除满足功能外很注重美化与装饰，用砖则必砌成各式花墙，用碎石、礓石则与青砖嵌镶成各种图案，装饰窑面，于简朴中蕴含灵秀之美（图 3-3-8）。

（三）窑檐

窑洞立面为防止雨水侵蚀，通常在立面上部设置挑檐，既有实用功能也极具装饰效果。

陕北地区窑檐部分主要为挑石托木挑檐，称为“穿廊抱厦”。在陕北榆林的部分地区，可见在窑洞外部搭建木结构的檐廊，作为室内外空间的过渡，称

图 3-3-7 三门峡半边脸窑洞

为“明柱抱厦”。

窑洞屋面上的女儿墙、砖挑檐，也是窑洞立面装饰的主要部位，通常用砖通过不同的砌筑方式组成各式图案，通过变化取得古朴典雅、韵律感极强的装饰效果。在陕北米脂古城的窑洞民居中，可以看到各种各样、形式丰富的砖花女儿墙。杨家沟马家庄园的窑

（a）豫西下沉式窑洞女儿墙

（b）陕北米脂姜氏庄园女儿墙

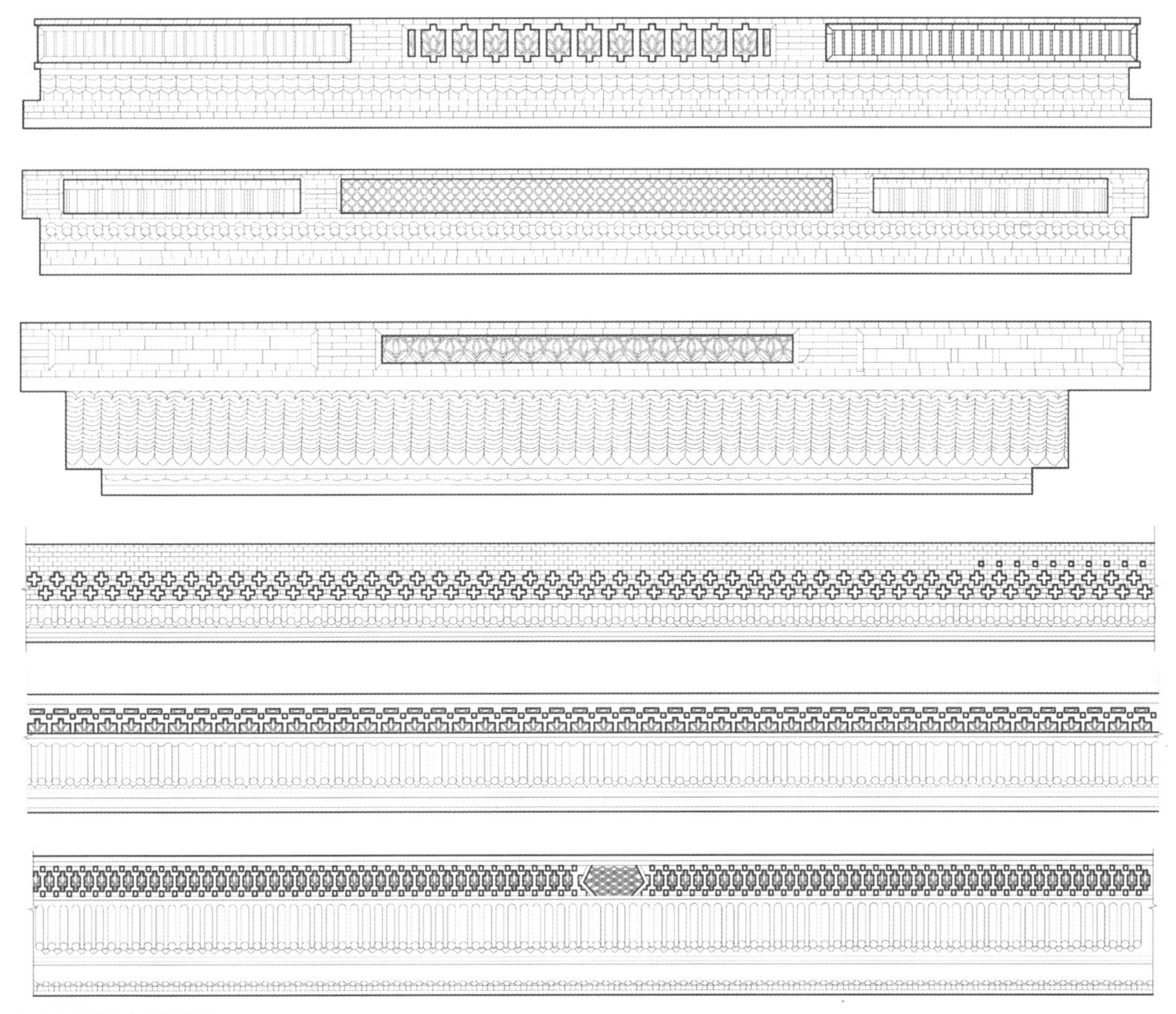
（c）多种砖砌女儿墙样式

图 3-3-8 女儿墙

洞挑檐在石挑梁上浮雕龙形图案，是窑洞民居装饰中的珍品（图 3-3-9）。

山西晋中、晋西地区都可以见到木结构檐廊式的窑檐。在这些木结构上随处可见精美的木雕，即使是条石托木挑檐，挑石上也会有精美的雕刻。在碛口西湾村民居院落，还有双层雕刻的挑石，这些精美的雕刻艺术共同构成了山西窑洞华丽而严谨的外表，体现了传统窑洞民居的最高艺术成就。

宁夏西海固地区，窑洞的窑檐部分通常不作处理，也没有砖花女儿墙。部分窑洞仅在窑檐的位置凿出一条线脚，以体现窑洞立面的构图收束。同时也显示了宁夏窑洞适应降雨量少，且经济朴实的艺术特征（图 3-3-10）。

图 3-3-9　杨家沟马氏庄园护崖檐

（四）檐廊

窑洞居民中，在砖石拱窑前做檐廊的属高档次的窑洞建筑。檐廊同时构成庭院与窑洞的过渡性空间，在立面上增加了一些空间层次，从而产生丰富的光影变化。檐廊也承载了更多的装饰元素。

这类带檐廊的窑洞有砖砌檐廊，如河南张伯英府邸；有山西晋中一带砖拱窑前加木构架檐廊，如灵石王家大院、平遥民居以及陕北杨家沟古村落等。这类有檐廊的窑洞民居多数为富裕人家，在檐廊上极尽装饰，有木雕雀替、挂落，再加上匾额、楹联，构成黄土高原上窑洞的豪华外表（图 3-3-11）。

（五）拱券及门窗

窑洞立面拱形曲线大部分与窑洞主体结构拱券吻合，只有近代在山西与甘肃庆阳地区有少量建造的窑洞，其立面与内部结构不相吻合，体现出另类的风格（图 3-3-12）。

窑洞拱券是窑洞的建筑主体结构。在窑洞立面上，又称券洞、法券，它除了竖向荷重时具有良好的承重特性外，还起着装饰美化的作用。

在中国窑洞民居中，门窗与拱券的拱形曲线共同构成窑面的视觉中心，也是窑面装饰艺术的集中体现。从拱顶曲线的形式来说，普遍体现的是圆滑的弧形，但是各地的拱顶弧线也呈现出了不同的变形，这也是窑洞地域特色的体现。按照拱形曲线的形状，可划分为双心拱、三心拱、半圆拱、三心平头拱和抛物线拱。不同的拱形，拱顶的高度与窑面宽度所形成的比例不同，称为“矢跨比（B/H）”。矢跨比直接影响着拱形曲线的形态及最终体现出来的艺术风格（图 3-3-13）。

陕北地区窑面的拱形曲线以双心拱和半圆拱为主，弧形饱满。窑洞开大窗，占满了整个拱形，以便充分接纳阳光，被称为满堂窗。

（a）陕北穿廊抱厦窑檐

（b）陕北明柱抱厦窑檐

（c）陕北砖花窑檐

（d）山西木结构檐廊式窑檐

（e）山西双层石刻挑石

（f）宁夏窑洞窑檐

图 3-3-10　各地窑檐

山西地区窑面在拱形曲线的选择上，多见圆，这是由于圆拱的施工工艺较为简单。门窗的形状跟随拱形的形态发生变化，如山西汾县师家沟村，正房的窑洞门窗布满整个拱形曲线，而两侧厢窑或者附属窑洞的门窗与拱形分离，体现出主次有别的伦理秩序理念。

宁夏西海固地区窑面的拱形曲线多见抛物线形，顶部弧线较为饱满、圆滑，窑面自下而上收分很大，形成倾斜立面。券边内收，形成棱角分明的线脚，使

（a）灵石王家大院木构架檐廊

（b）河南张伯英府邸砖砌檐廊

图 3-3-11　檐廊

（a）

（b）

（c）

（d）

（e）

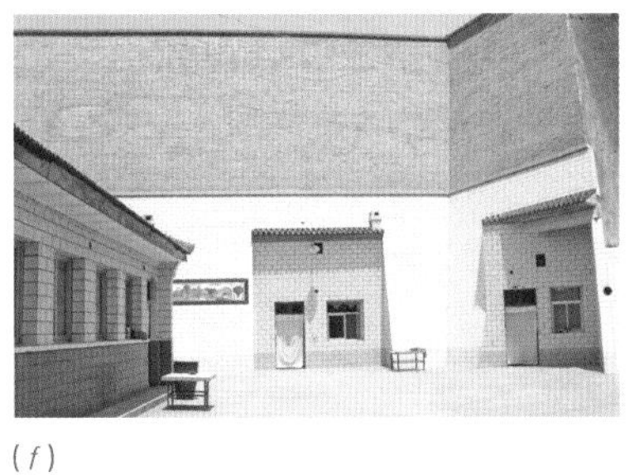

（f）

图 3-3-12　各地区拱券和门窗

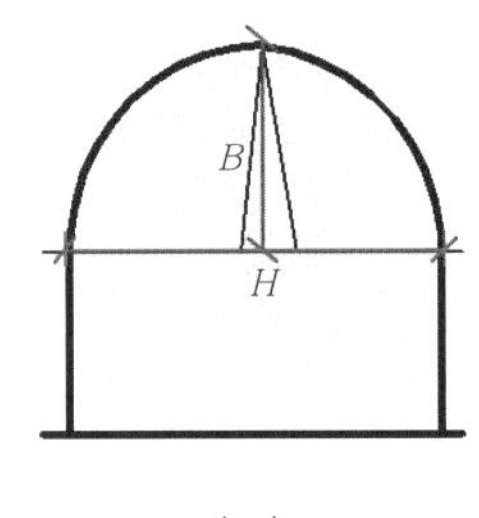

（a）
B/H=5：9
双心拱

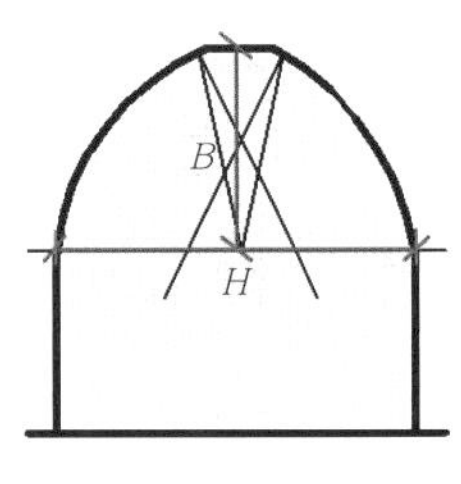

（b）
B/H=5：9
三心拱

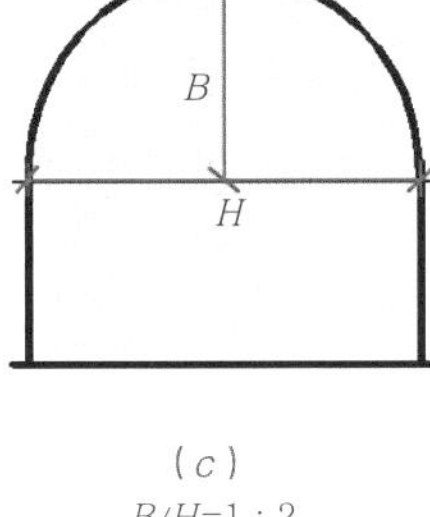

（c）
B/H=1：2
半圆拱

（d）
B/H=1：3
三心平头拱

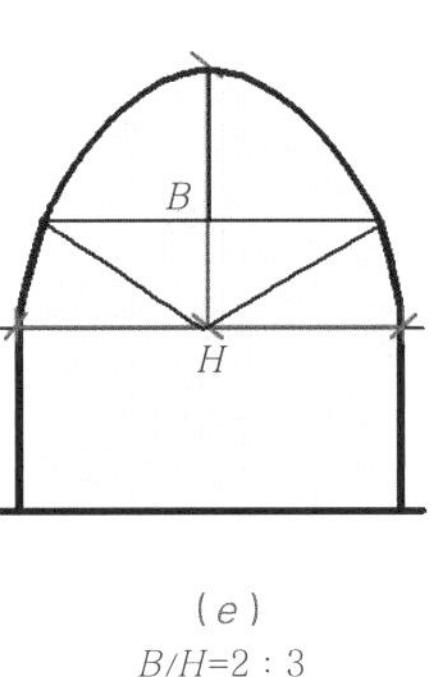

（e）
B/H=2：3
抛物线尖拱

图 3-3-13　拱券类型

拱券的线条富有层次感，更为讲究的用红砖砌筑券边。宁夏窑洞的门窗墙面与地面垂直，通常退后窑洞立面，顶部通常退 0.6～1m 与拱形线分离，门窗成矩形，上部有通风高窗。窗格图案较为简单，呈现出一种经济、简朴的乡土风格。

陇东地区窑洞由于土质较为疏松，拱券常常形成尖券，这样的形态力学性能最好，同时也具有浓郁的陇东地域特色（图 3-3-14）。

窑洞的门窗是窑洞的构图中心。在陕北，山西晋中地区，窑洞满开大窗，充分接纳阳光，门窗外形依“拱”的形状和大小而变化。门窗通常做成木棂花格，早期因使用窗纸，窗格密而空隙小，到了清朝末年，在山西一些富商宅内，窑洞窗已用上了雕花玻璃，从而使木棂花格摆脱糊纸的约束，完成了装饰构件。如灵石县王家大院的窗格已发展成为花鸟装饰木雕。黄土高原流行的剪纸窗花，即在窗格纸上贴大红剪纸，使门窗更富有乡土情趣。

陕西渭北高原、甘肃庆阳环县等地，窑洞的门窗

（a）陕北地区满堂窗

（b）宁夏窑洞拱形曲线

（c）山西地区满堂窗

（d）陇东地区窑洞立面

图 3-3-14　各地区门窗立面

与拱形分离，沿袭门窗分立、上部开气窗的传统做法，窑洞内光线远不如陕北窑洞明亮（图 3-3-15）。

（六）门楼

窑洞院落的宅门、门楼一直是传统民居中重点装饰的部位。在窑洞民居中，随地区、窑洞等级的不同，门楼形式也各不相同。在传统民居建筑中，“宅门”可表现房主的社会地位、财富和权势等。中国风水理论中，门的安置关系到主人的生活，因此在确定宅门的定位和尺寸时煞费苦心。“宅门”是人进出和宅院内外连接的地方，所以出现民间流传最广且最具有感情色彩的形式——贴门神。由贴门神的风俗演化为后来的年画、楹联以及吉祥物，意在图个吉利。

最简朴的宅门是就地挖洞（下沉式窑洞院落），其次是土坯门柱搭草皮顶；进一步是青瓦顶；讲究点的是砖砌门拱，上卧青瓦顶；富有人家则是磨砖对缝、砖墙门楼，顶部是硬山五脊六兽顶，砖雕、木雕装饰精致，做工考究。如陕北姜耀祖宅院门、山西灵石县王家大院宅门等（图 3-3-16～图 3-3-18）。

（七）砖雕、木雕

在山西、陕北一些较富裕的人家，都会使用砖雕、木雕、石雕来装饰窑洞。陕北姜氏庄园、马氏庄园、党氏庄园，山西师家沟、平遥等窑洞院落中都有非常精美的雕刻（图 3-3-19～图 3-3-22）。

（a）独立式门窗 1

（b）整体式门窗 1

（c）独立式门窗 2

（d）整体式门窗 2

图 3-3-15 门窗

(*a*) 黄土窑洞宅门

(*b*) 黄土窑洞门

(*c*) 西峰窑洞门楼 1

(*d*) 西峰窑洞门楼 2

(*e*) 姜耀祖窑洞门楼

(*f*) 杨家沟窑洞门楼

图 3-3-16 窑洞院落宅门

（a）姜氏庄园中院大门

（b）姜氏庄园中院月洞影壁正立面图

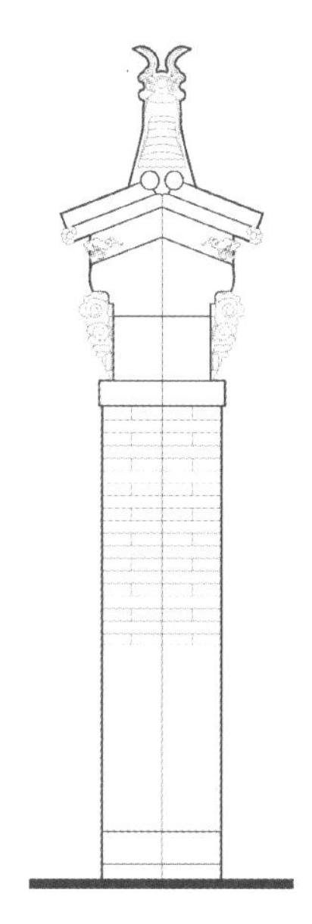

（c）姜氏庄园中院月洞影壁侧立面图

图 3-3-17　窑洞院落宅门

图 3-3-18　下沉式窑洞宅院入口 1

图 3-3-18　下沉式窑洞宅院入口 2

图 3-3-19　姜氏庄园下院大门墀头砖雕

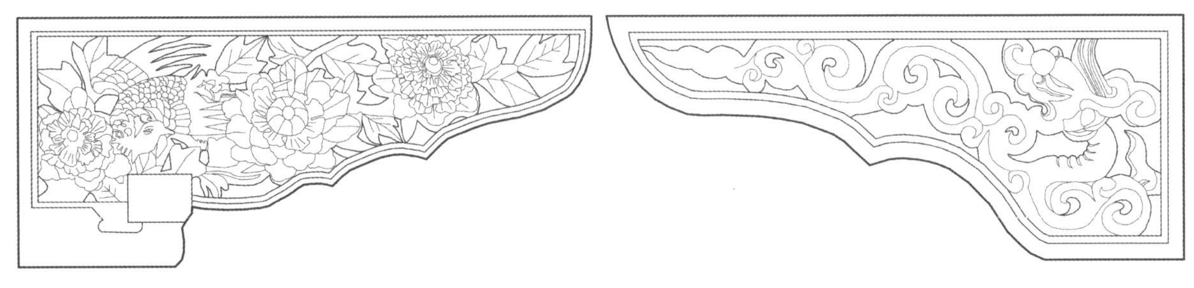

图 3-3-20 姜氏庄园下院大门雀替木雕

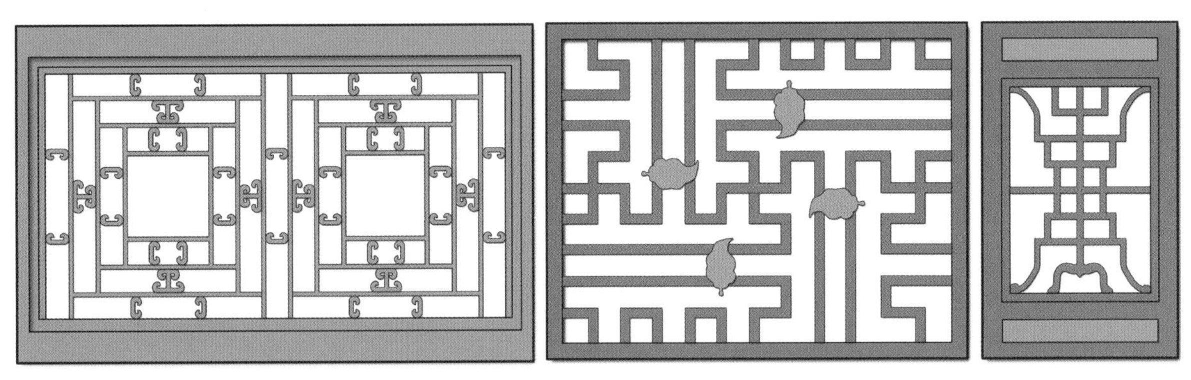

图 3-3-21 姜氏庄园中院东厢房窗棂木雕

图 3-3-22 姜氏庄园中的石雕构件

第四节　小结

中国西部的广大地区幅员辽阔，历史悠久，每种地域都有其鲜明的地域文化，并形成了各地独有的价值观、道德观和审美取向。对于这些观念内涵的提炼和概况，构成了陕北、山西、豫西、陇东四地区地域文化的精髓。

陕北地区和陇东地区是农耕文明和放牧文明的交界地，长期的戍边历史和艰苦的生产环境造就了陕北人热情豪放、坚忍不拔的品质，这使得陕北窑洞的总体风貌呈现出一种粗犷、古朴的艺术风格，和大自然融为一体的生态内涵。

山西地区受到儒家思想的影响浓郁，窑洞建筑呈现一种内向封闭型的特点。庭院深深的窑洞院落，是山西地区封建伦理和等级制度的象征。结合晋商文化的繁荣，山西窑洞在窑面的装饰上极尽奢华，展现出了一种严谨、精致、繁琐的艺术风格。

豫西地区，是我国农耕文明的发祥地，长期的小农经济和自给自足的生活模式，使得这些地区每家都有自己的小院，窑洞的艺术风格较为精致。

本章通过分析黄土高原地区地理人文环境，系统地分析了窑洞聚落、院落、单体的空间特征及其装饰特征。正是不同的地域环境影响了窑洞民居的布局、空间特征，形成了各地不同的地域文化特征。

第四章

中国传统窑洞民居的技术要素

中国传统窑洞民居作为黄土地区典型的乡土建筑类型之一，是地域资源约束与传统文化交织的产物，而其建造技术则是黄土地区人们营建智慧的集中体现。一种建筑类型建造技术的形成包括了人类工程实践所总结的各种经验以及人类对自然界探索、改造过程中所涉及的多种技术手段，各种工程技术构成整体系统的“营建”要素，是体系赖以成立并转化为物质实体的手段。[①] 传统窑洞民居建造的基本技术要素组成也不例外，包括作为转化为物化建筑的各项技术本身以及依托工匠存在的非物化匠作技术两大部分。本章节将窑洞民居建造的技术要素类别进一步划分，主要从材料技术、结构技术、营造技术与匠作技术等四部分展开，重点理清物化本体技术要素从“材料—构造—结构”的体系组成关系，继而研讨窑洞民居建造技术的原型模式，再者对于形成物化建筑实体的关键要素——匠作部分进行总概性的叙述。

>>

① 周若祁等．绿色建筑体系与黄土高原基本聚居模式 [M]. 北京：中国建筑工业出版社，2007：9.

第一节　材料技术

中国传统黄土窑洞民居主要分布在黄河中游一带，这个地区深居内陆，黄土层深厚致密，但是由于气候干燥，自然环境恶劣，植被稀少，缺少建造房舍的木料及燃料，因此窑洞民居作为基本的住居形式被广泛采用，并延续至今。梁思成先生在《中国建筑史》中写道："建筑之始，产生于实际需要，受制于自然物理，非着意创制形式，更无所谓派别。其结构之系统及形制之派别，乃其材料环境所形成。"传统窑洞民居将这一要点体现得淋漓尽致，以黄土窑洞为例，其在黄土地区的各区域之间所应用的拱券结构是由黄土材料本身的性能所决定的。因此，黄土地区所提供的建筑材料成为窑洞民居建造的第一技术要素。并且这种选择囿于自然资源的地域约束，建筑在营造之初首先是看这个地区有什么建筑材料可以建房，取材方便、因地制宜一直是传统乡土建筑的典型营造特征。人类从营造实践之中逐步了解了各种建筑材料的性能，这样就掌握了最为原始的材料力学。然后知道在什么位置上使用多大或多小的材料，怎样去处理材料之间构造形成的适宜关系，掌握最为简单的土木工程学。[①] 从远古时期黄河流域的穴居开始一直到今天的窑洞民居的发展演变可见一斑，黄土地区为窑洞民居提供了这样的材料选择，这里的先民利用天然的黄土材料获得了生存空间。黄土材料既是围护结构又是承重结构，加之人们对于黄土保温隔热性能的有效利用，促使窑洞民居形成了冬暖夏凉较为舒适的建筑环境。随着材料技术的不断提升，黄土材料又以土坯技术、夯土技术等多种技术进行呈现与不断发展完善。根据地域经济以及科技发展情况之间的差异，建筑材料技术又拓展到砖与石的技术等。

一、黄土材料

（一）黄土的地层构成与窑洞的关系

中国黄土区是世界上分布最广、厚度最大的黄土区。根据黄土地层生成年代的久远程度，把黄土划分为四个类别：早更新世的午城黄土（古黄土）、中更新世的离石黄土（老黄土）、晚更新世的马兰黄土及全新世的次生黄土。

午城黄土一般构成黄土高原、丘陵的中下部，开挖窑洞困难；离石黄土的土层质地密实，力学性能好，是挖掘黄土窑洞的理想层；马兰黄土层土质均匀，呈垂直节理、大孔发育，有一定的湿陷性，马兰黄土层较厚的地区可以进行窑洞建造，高原区的下沉式窑洞多分布于此层中；次生黄土抗压强度低，湿陷性强烈，不宜挖掘无衬砌的纯黄土窑洞。

由以上分析可知，黄土窑洞民居大多建造在马兰黄土层和离石黄土层上，主要利用黄土本身所具有的受力特性。这里特别需要指出的是：当土层内含水量小于 10% 时，黄土具有较高的承载能力，当然这也与土层内的化学成分如钙、镁和有机质的含量有关；当土层内的含水量在 20% 以上时，其承载能力急剧下降，乃至丧失承载能力。[②]

黄土中的古土壤是在漫长的黄土堆积过程中，由于气候条件变化，改变了黄土性质而发育形成，并以埋藏的形式出现。这种古土壤以棕红色条带及钙质结核层出现在黄土剖面中，在古土壤下含薄层钙质结核层，俗称"料姜石层"。古土壤层有自己完整的发育剖面，聚集大量碳酸钙并胶结成大小不等、形态多样的钙质结核层（俗称"姜石棚"），古土壤层的存在

① 梁思成．梁思成谈建筑 [M]. 北京：当代世界出版社，2006：3.
② 童丽萍，韩翠萍．黄土材料和黄土窑洞构造 [J]. 施工技术，2008（2）：107-108.

改善了黄土层的力学性质，为黄土窑洞的生成和发展创造了有利条件[①]（表 4-1-1）。在河南省三门峡庙上村的调研中发现，当地黄土层中夹杂着 60cm 厚的钙质结核层，该层能承受较大压力，在这样的古土壤带上开挖窑洞，是最理想的窑址选择。在当地，有的窑洞甚至就修建在公路的下面，洞顶有各种车辆经过，而土拱仍不会被破坏。相反，古土壤层易受侵蚀破坏，若分布于窑腿或窑脸顶部时，受风化侵蚀作用易发生剥落。

（二）黄土的物理性能与窑洞的关系

黄土的矿物成分有 60 多种，以石英（SiO_2）构成的粉砂为主，占总重量的 50% 左右，因而黄土地层质地均匀，抗压与抗剪强度较好，可视为富有潜力的结构整体，在挖掘窑洞之后，仍能保持土体自身的稳定。由于黄河中游黄土地层自西北至东南不同黄土带颗粒细度、矿物成分、各个地质时代的黄土厚度以及温度、湿度、雨量等气候条件差异，从而造成各地的黄土的物理性质也各不相同，因此，将黄土的物理性能与黄土窑洞的关系总结如下：

（1）黄土的生成历史愈久远，则愈加密实，强度愈高。选择开挖窑洞地点时对不同地质时代的黄土层位应慎重考虑，选在离石黄土层位挖窑洞最为有利。

（2）黄土堆积自上而下愈深，孔隙度愈小，干密度愈大，愈密实，强度愈高。开挖窑洞应按不同地区黄土的土质状况，选在合适的深度上。例如，在陕北、晋中南的许多靠山式窑洞均建在山腰和山脚下就是这个道理。

（3）古土壤的物理特性对窑洞有利，它的抗压、抗剪强度较之黄土母质层为高。所以，将窑洞的拱顶部位选在姜石层下部，会大大提高窑顶的坚固性，从而可以增大窑洞的跨度。民间许多大跨度的古老窑洞之所以能长期稳定均出于此因。

（4）接近西北荒漠的砂黄土，如长城内外的榆林地区，颗粒粗、相对孔隙度较大、黏度低、黏聚力差，抗剪强度相对较低。东南部的黏黄土（第二带、第三带），颗粒较细、相对孔隙度小、土质黏度高、黏聚力较强，抗剪强度较高，主要是马兰黄土和离石黄土的特性。黄土的抗剪强度与其生成的地质年代和堆积深度的关系更为密切。黄土层愈古老，堆积愈深，黏聚力随之增长，内摩擦角增大。古土壤更是如此。窑洞的安全性主要是由土拱肩剪力控制的，因而在不同地区的不同黄土层位上挖掘窑洞，除了须按黄土力学性质的变化规律处理窑洞的各部尺寸外，更重要的还是要遵循民间长期实践的经验。

（5）黄土结构是以粗颗粒作为骨架，其间充填了粒径小于 0.01mm 的细颗粒聚集体，并以较多的孔隙为特征。黄土的颗粒矿物质，由于理化性质稳定，遇水极少变化，在土体内起支撑作用，称为土体的骨架。而其中的细颗粒在干燥时对土体起着团聚作用，但细颗粒矿物质一旦遇水极易分解或形成分散体，使黄土强度显著降低。这是黄土湿陷的最初过程。黄土又被称为大孔性土，在同样的压力下，黄土浸水后会被压缩，体积迅减，出现空隙，造成塌陷。随着水的渗流，细颗粒以孔隙作为通道流失，孔隙不断扩大成为洞穴，称为潜蚀。上述作用虽不完全相同，但遇暴雨季节往往是交织发生的。沿垂直节理更易产生陷穴和洞穴，引起黄土地层各种形式的破坏，所以黄土对水的侵蚀极为敏感。而在一些地面排水流畅和地下水活动很少的地段，黄土的直立性使陡崖和孤立的黄土

① 侯继尧，王军．中国窑洞 [M]. 郑州：河南科学技术出版社，1999：6.

黄土地层的主要地质特征及力学性能简表

表 4-1-1

黄土名称	地质时代	地层名称	颜色	结构	姜石（钙质结核）	湿陷性	干密度（g/cm^3）	凝聚力（kg/cm^3）	内摩擦角（°）	无侧限抗压强度（kg/cm^2）	开挖情况	各地俗名对照（参考）	古土壤
现代黄土	全新世 Q_4	—	灰黄、浅褐、黑灰	多虫孔，最大直径0.5~2cm，孔壁有虫屎，有植物根，结构松软，似蜂窝状	无姜石，偶有坡积姜石	强烈	1.10~1.25	—	—	—	铁锨挖容易，属一级土	淤泥土、卧土、面砂土、白山土、五花土	无
新黄土	上更新世 Q_3	马兰黄土	浅黄、灰黄、黄褐	土质软。均匀，大孔发育，具垂直节理。稍密至中密	无	强烈~一般	1.16~1.36	0.21~0.27	26.7~31.5	0.1~1.6	铁镐开挖不困难，属一级土	白土、立土、鸡粪土、白子土	偶有埋葬土
老黄土上部	中更新世上部 Q_2^2	离石黄土上层	深黄、褐类	大孔退化，仅有少量大孔，较紧密，有柱状节理	姜石小而少，零星分布，在古土壤下有薄层分布	轻微~无	1.34~1.59	0.35~0.85	22.8~31.6	1.3~2.3	锨镐开挖费劲，属二级土	黄土、立土、油光土	有古土壤4~5层，间距3~5m
老黄土下部	中更新世下部 Q_2^1	离石黄土下层	深棕、微红	少孔或无孔。土质紧密，有柱状节理	姜石大而多，粒径10~20cm，古土壤下层分布	无	1.45~1.66	0.49~1.60	24.8~33.4	2.7~6.5	镐开挖费劲，属三级土	黄土、红子土、料姜土	可有十余层，顶部有时连续分布，深红色
古黄土	下更新世 Q_1	午城黄土	微红、深棕、棕红	不具大孔，土质紧密、坚硬，柱状节理发育，不见层理	多呈钙质胶结层分布	无	1.50~1.70	—	—	—	镐开挖很困难，属四级土	红土、红胶土、红色黄土（卧土）	古土壤层密集但界限不清晰，呈棕红色

资料来源：侯继尧等.《窑洞民居》中国建筑工业出版社，1989。

柱能够屹立上百年而不坠倒。所以，围护窑洞安全稳定，必须严格防止水浸、渗漏，此点极为关键。

（6）挖掘窑洞须选择发育稳定的黄土层。要避开已有水侵蚀裂痕，可能引起断裂的地带与滑坡和崩塌严重的山梁。不应在地下水位高的地方挖窑洞。次生黄土和马兰黄土上层皆不宜挖掘黄土窑洞。山体滑坡侵埋窑洞的例子屡见不鲜，例如1984年7月陕北子洲县的一次滑坡，就有数十户窑洞受灾。

（三）黄土的地貌特征与窑洞的关系①

黄河中游可分为黄土高原和山间黄土盆地两大地貌区。黄土高原主要分布在甘肃省中部、东部，宁夏回族自治区南部，陕西省北部，山西省西部；黄土盆地主要分布在晋中南，陕西关中以及其他一些较大的河谷盆地中。在这些地区沟壑密布，地形连绵起伏，是风积土堆积覆盖了古地貌形成的连续广阔的黄土覆盖层。从已形成的黄土风貌上分，可分为三大类型：黄土塬、黄土梁与黄土峁。

1. 黄土塬

黄土塬是由平坦的古地面经黄土覆盖而形成，它是黄土高原经过现代沟谷分割后留下来的高原面，是侵蚀轻微而平坦的黄土平台，是高原面保留较完整的部分。黄土塬面平均坡度多在5°以内，边缘坡度较大，以破碎塬为主（图4-1-1、图4-1-2）。

2. 黄土梁

黄土梁是长条状分布的黄土岭，其长达数十公里，顶宽仅数十米至数百米，为狭长的平地，梁的两侧为深沟（图4-1-3）。在疏松的黄土上雨水汇集径流的切割作用，随着水土流失而形成切沟，出现完整的陡壁。切沟深可达10m以上，其发育初期沟断面呈箱状，后期发育下切沟深度增大，由于雨水沿黄土垂直节理下渗和地下水作用，往往在暴雨之后黄土沟壁失稳，崩塌或滑坡向两侧扩展形成大型冲沟，深达数十米至百米，沟谷宽阔，断面呈梯形（图4-1-4～图4-1-6）。

3. 黄土峁

黄土峁是弯凸形的黄土丘陵地形，面积大小不一，有圆形和椭圆形多种，多分布于陇西、陇东及陕西北部（图4-1-7、图4-1-8）。

图4-1-1　河南省陕县黄土塬（来源：《中国窑洞》）

图4-1-2　甘肃省镇原黄土塬（来源：《中国窑洞》）

① 侯继尧，王军. 中国窑洞[M]. 郑州：河南科学技术出版社，1999：8-9.

图 4-1-3　陕北安塞黄土梁（来源：艾克生摄）

图 4-1-4　发育初期冲沟（来源：《中国窑洞》）

图 4-1-5　发育中期冲沟（来源：《中国窑洞》）

图 4-1-6 发育晚期冲沟（来源：《中国窑洞》）

4. 黄土梁峁

若干连在一起的峁，称为峁梁，或峁成为梁顶的组成体，称为梁峁。通常梁和峁是联结的，也称黄土丘陵（图 4-1-9）。黄土高原形成过程中，承袭了千姿百态的古地貌。长期受到流水侵蚀、自身重力剥蚀、风力吹蚀、冻融等外力作用，使黄土地貌具有特殊的复杂性，称为黄土侵蚀地貌。黄土高原的水系格局，早在黄土堆积之前即已定形。

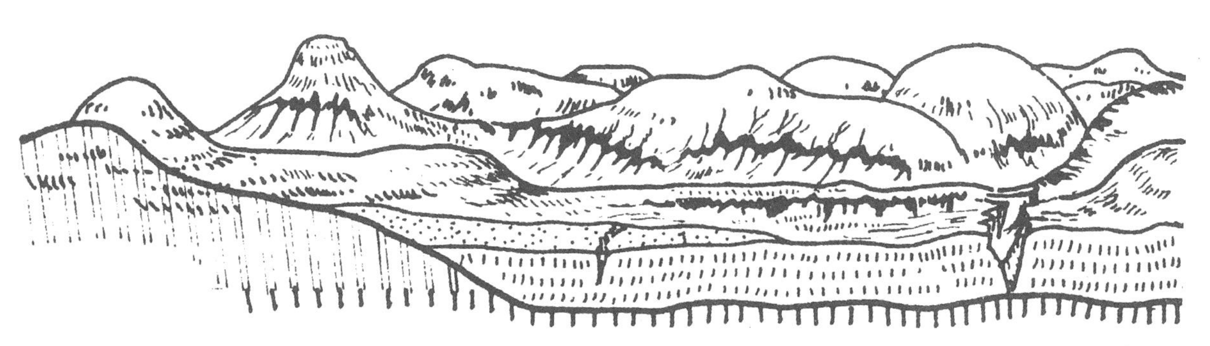

图 4-1-7 黄土峁（来源：《中国窑洞》）

图 4-1-8 陕西黄土峁（来源：艾克生摄）

黄土高原的水系格局中的主要河流（如黄河、渭河、泾河、洛河、汾河等）及这些河流的许多支流形成大型的侵蚀沟。河沟沟谷已切穿整个黄土层，沟层发育在下层基岩上，沟谷曲折宽阔，因此以河谷为主体，与冲沟、切沟形成树枝状、鱼骨状（图 4-1-10）等各种形式的沟谷体系，与黄土塬或梁峁交织穿插，将黄土高原分割侵蚀。早期发育的原间冲沟，水土流失轻微，原面平坦、完整，俗称“上山不见山”（图 4-1-11）。水土流失严重侵蚀的黄土塬形成丘陵形态。在这些冲沟之中可以见到黄土阶地，直立的天然黄土墙、柱和洞穴等，这就是黄河中游黄土高原千沟万壑、层峦叠嶂的风貌。

中国传统窑洞民居分布在呈现多种地貌类型的黄土地区。开阔的河沟阶地宽可达数千米，多有村镇、聚落散居其间。狭窄处陡壁直立、沟壑纵横，可伸延数十千米，在沟崖两侧如串珠般地密布着窑洞山村，

图 4-1-9　陕西延安黄土梁峁

图 4-1-10　陕西富县鱼骨状冲沟（来源：《中国窑洞》）

图 4-1-11　陕西洛川黄土塬（来源：《中国窑洞》）

形成最佳的生态聚落环境。由于人口不断增长和种种自然、社会因素的影响，传统窑洞民居建筑逐步向沟顶、塬边缘以及塬上扩展。在沿河谷阶地和冲沟两岸多辟为靠山式窑洞或靠崖的下沉式窑院（天井院），在塬边缘则开挖半敞式窑院，在平坦的丘陵、黄土塬无沟崖利用时则开挖成下沉式窑院。人们根据不同的地形地貌创建了不同的窑洞民居建筑类型，形成了今天黄土高原地区聚居的多种形态。

（四）黄土的建造方式与艺术表达

任何天然材料运用到建筑上，都必须经过捡选、加工、砌筑或贴饰，方能形成建筑实体。黄土地区中对黄土材料的利用方式可谓多元化，除了利用原状土的力学性能挖掘形成窑洞民居主体的建造方式外，主要还有以夯土、土坯砖等技术形式存在的建造方式（图 4-1-12）。

靠山式窑洞与下沉式窑洞因为是在黄土中直接挖掘而成，不需要基础。所以，其三面墙体均为密实性的原状土，只有窑脸部分为人工砌筑而成。然而，独立式窑洞则是在地势较平坦的川、坝、原、台等地发券砌筑而成。除窑脸部分之外，还有后墙和侧墙两个部分裸露在外，有夯土夯筑的，也有用土坯进行砌筑的。

黄土作为窑洞民居最主要的建筑材料，其外表就是材料的真实艺术表现。然而，真正面向室外的材料，除了极少数的土窑洞在外墙面直接暴露了原状土、土坯砖以及夯土的基本肌理之外都进行了处理，

（*a*）宁夏土坯砖墙

（*b*）宁夏夯土窑洞

（*c*）独立式土坯窑断面

（*d*）土坯砖

图 4-1-12　传统窑洞民居的黄土材料建构方式

大多数采用生土材料的墙面抹灰。并且一般在实际的建造之中，为了增强抹灰面的整体性和耐久性（主要是由于土墙面长期暴露在外，受风吹雨淋，土体松散，容易剥落。生土抹面可以减少雨水冲刷对窑脸部位的剥蚀损害），传统工艺是将麦荑、秸秆等植物纤维或碎石、砂子、生石灰等材料与生土材料混合使用（这里的生土即指“黄土”）（图 4-1-13）。这种抹面工艺也成为了黄土窑洞墙面后期装饰处理的主要方式，不仅可以填补缝隙或孔洞，有利于防水，而且形成了平整、统一的外表面效果，尤其是一些辅助材料的加入，又使得其在细节上肌理富于变化。

综上所述，传统窑洞民居黄土材料的建构基本分为原状土表面、土坯砌筑表面、夯土墙表面及有生土抹面的装饰性表面。尤其是原状土与绿色植物的搭配表面可以说是完全生态环保的表皮肌理，无论是哪一种类型，都可以归结为黄土材料的建构与艺术表现范畴，而其共同点是黄土的原色表现使得窑洞民居呈现出自然、浑厚的特征，使其最大限度地融入大自然的肌理之中，形成一种原生态的风格（图 4-1-14），无论是黄土的色感还是粗犷的材料肌理都深深地烙下了黄土文化的印记。

二、石材

（一）石材的性能

1. 物理性能

（1）耐久性：石材具有极佳的耐久性，西方诸多宏伟的历史建筑皆为石材所造，中国现在留存的古老建筑多为砖石建筑，对此特性提供了有力的证明。

（2）耐火性：石材本身是非燃烧物质，既不会着火也不能传播火源，因此石材具有很好的耐火性。

（3）耐磨性、吸水率：石头建筑具有较好的耐磨性，吸水率低，这些性能在一定范围内都超过了窑洞建筑之中的黄土性能。

（4）抗冻性：石材具有极好的抗冻性，这是一般建筑材料所不可相提并论的特性。正因如此，石材不

（a）原状土表面

（b）麦秸泥抹面

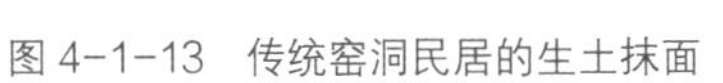

图 4-1-13　传统窑洞民居的生土抹面

图 4-1-14 传统窑洞民居的原生态风貌

会因为气候冷暖交替而轻易改变材料特性，更不会因为寒冻而丧失其优良品质。

2. 化学性能

化学稳定性、大气稳定性：石头建筑具有较好的化学稳定性、大气稳定性。

3. 力学性能

（1）抗压强度：石材具有极高的抗压强度，要远远优于土体的抗压强度，这是其用来建造建筑的根本特性。

（2）抗拉强度：石材的抗拉强度很低，同时由于加工工艺的要求，故常需要利用其叠砌的方式方法（使用其抗压强度高的优点）。

（3）抗震性：砂浆和石块间的粘结力薄弱，尤其是竖向砂浆灰缝更为突出，导致石头建筑抗拉、抗弯、抗剪强度很低，从而严重地影响了石建筑的抗震性能。[①]

（二）石材在窑洞民居中的使用部位

在传统窑洞民居的建造实践之中，随着人们对于自然材料了解的不断增加，发现天然石材之中的一些优点可以弥补黄土材料本身存在的一些弊端。石材在一些地区取材方便、价格低廉，其质地坚硬厚重、色泽纹理丰富美观。石材作为建筑材料，其美学效果不会随着时间的推移而消失，反而会在保留原有特色的基础上增添历史的韵味，这是多数建筑材料所不可比拟的。因此，在一些地区将石材逐步应用在传统窑洞

① 刘杰民．石材的建造诗学 [D]. 济南：山东建筑大学，2011：13-14.

民居的营建之中，随着建造技术的提升，石材也成为营建窑洞民居的主要材料之一。

黄土地区石材分布的多寡直接影响到窑洞民居的建造模式以及其使用部位。从现状分布来看，以石材作为主要营建材料的窑洞主要分布于陕北地区和晋西、晋东、晋东南地区。这些地区土质疏松、岩石外露，采石方便，所以石窑居多（图 4-1-15）。但是，在石材匮乏的地区运输和建造的成本相对较高，因此只将石材应用到一些勒脚、台基等防水要求较高的部位（表 4-1-2）。与黄土材料的性能不同，石材还可以雕刻成各种形态，并且不受规格的限制，因此，常被雕刻成凸显地方文化内涵的装饰构件。

石材窑洞民居中可能使用石材的部位　　表 4-1-2

类型	基础	窑腿	拱身	窑顶	窑脸	拱壁	女儿墙
靠崖式窑洞	○	○	○	○	●	●	○
下沉式窑洞	○	●	○	○	○	○	○
独立式窑洞	●	●	●	●	●	○	○

（●：有；○：无）

图 4-1-15　陕北地区石窑

如在晋西碛口湫水河以及陕北米脂无定河沿岸，山石裸露，易于开采，且由于当地的石材坚固耐用，使得这两地的窑洞广泛使用石材。石材经过挑选、打磨加工后可用于窑脸券边、挑檐下部条石、房屋台基、铺地、楼梯台阶、院内石磨、饮马槽、柱础以及门前抱鼓石、石狮、影壁等装饰构件[①]（图 4-1-16）。

（三）石材的建造方式与艺术表现

由于石材本身的力学特性，抗压性优于抗拉性，不同形态的石材在窑洞民居之中的建造方式基本以砌筑为主。而体现石材艺术特性的因素则包括石材的形态、质感以及砌筑方式。

从使用石材的形态上可以分为两类：块石和片石。这些石材根据使用要求与经济情况的不同，有些进行加工磨制，有些则可以直接使用。

从石材砌筑是否使用胶粘剂的角度可以分为两类：干砌和浆砌。干砌是不用任何粘结物质的砌筑方式，仅依靠材料本身的堆叠完成，这种砌筑方式对于石匠的技艺要求更高，主要考虑石材之间的搭接关系。浆砌一般是使用泥土作为胶粘剂，也有一些地区是比较讲究的，如山西太原店头村的石窑洞民居一般采用石灰砂浆加糯米汁灌注。据清道光年间的太原县志记载，风峪“出石炭石灰”，因此店头村的石砌工艺与历史文献记载是相吻合的。[②]

而从石材堆砌的形态可以分为毛石干砌、自由砌、规则层状砌、不规则层状砌、琢石砌、人字砌、叠涩等种类（图 4-1-17）。山西太原店头村古石窑洞的砌筑方式变化较多，有自由砌、不规则层状砌、规则层状砌、人字砌等多种形式。店头村石窑洞大部分是直接用不规则层状砌的方式来砌成券拱形顶，石砌墙体上券拱形门洞，有时用规格基本一致的圆环状

① 任芳．晋西、陕北窑洞民居比较研究 [D]. 太原：太原理工大学，2011：77.
② 王崇恩，朱向东．山西店头村古代石窑洞群营造技术探析 [J]. 古建园林技术，2010（2）：43-45.

图 4-1-16　石质装饰构件

石块起券，有时用规格不一的不规则长条石块起一个弧度较大的券，顶部先三七灰土后覆土即可。[①]

天然石材所砌筑的窑洞民居给人的整体感觉是粗犷、自然，这些材料通过不同的砌筑方式进行堆叠式的外立面呈现。部分应用石材的窑洞民居，给人以稳固、安全的感受；大面积应用石材的窑洞民居不仅给人以安全、沉稳的感受，其多样的建造方式给人更加灵动的感觉。如山西店头村所使用的不同颜色的河刨石，主要颜色有灰、灰白、青灰和褐色等，不同色泽

（a）石窑立面

（c）石窑建造过程

（b）石窑内部

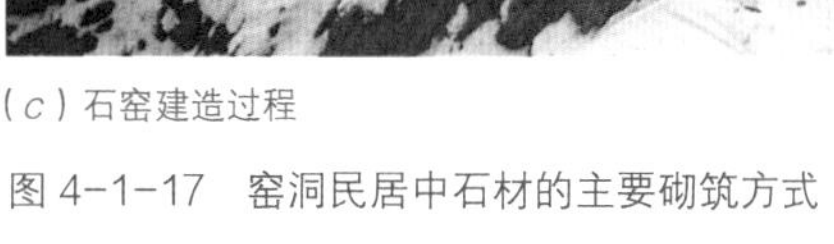

图 4-1-17　窑洞民居中石材的主要砌筑方式

① 王崇恩，朱向东．山西店头村古代石窑洞群营造技术探析 [J]. 古建园林技术，2010（2）：43-45.

的石材在叠砌的完整界面之中显得陆离斑驳、在沉稳的石窑之中又多了一些灵动的质感。

三、砖材

（一）砖的性能

窑洞民居中采用的砖材，主要为天然黏土经过处理、成型、干燥和焙烧而成，分为青砖与红砖两类。在传统窑洞民居之中，青砖使用得更多，其表面色泽均匀、平整，呈黝黑色。整体而言，砖材作为一种高效的人工建筑材料，凝结了人类多年从事生产获得的经验和智慧。制砖的材料一般都可以就地取材，方便、经济。对传统建材是很好的补充，不仅弥补了石材沉重而取材不易的缺点，而且弥补了木材使用寿命短、保温性能差的缺点，从而在窑洞民居之中得到广泛的应用。

1. 物理性能

（1）可塑性：砖具有一定的可塑性，可以方便地对形态进行加工，对表面进行雕刻，满足不同的使用需求。

（2）耐久性：砖一般是烧制而成，耐火性能好，有较好的化学稳定性，不易被腐蚀，经久耐用。

（3）保温和隔热性能：砖还具有良好的保温和隔热性能，这一性能比天然石材要好。

2. 力学性能

强度：青砖与红砖相比，在强度和硬度方面与其相当，但抗氧化性、水化和抵御大气侵蚀的能力比红砖优越很多。此外，青砖还具有密度大、抵抗变形能力强、不变色等优点。

（二）砖材在窑洞民居中的使用部位

砖材在性能方面与石材相仿，砖石砌筑的独立式窑洞比土坯和夯土建造的纯黄土窑洞更加坚固，但防寒与防潮条件较差。因此，一般在经济条件允许的情况下，可在黄土窑洞的外立面以及窑洞内壁砌筑砖材，发挥材料的综合效用。由于砖是标准化砌体，在施工作业方面比不规则的石材更加容易，因此以砖材为主进行发券的砖窑分布更广，各地皆有，尤其在平原地区最为普遍、最为典型。因为平原地区石材难得，又缺少石匠，但是黄土材料却极为易得，所以烧砖箍窑便成为这些地区的普遍建房现象。砖窑在继承了土基窑洞整体特点的基础上又改善了其防水性差的缺点，在结构上也更加稳固，为窑上窑和窑上房等组合建筑模式的修建提供了基础，并且逐渐成为建造窑洞的主要材料之一。

砖窑在山西主要分布在晋西、晋中、晋东南地区；在陕西，主要分布在渭北平原；在河南，主要分布在豫西一带。在山西碛口地区以独立式窑洞为主，主体结构是以砖为主要材料平地起窑，在靠山式以及下沉式窑洞的院落，有的在窑洞内墙壁抹一层白灰，或加砌砖券；有的是在窑洞之外沿着土壁砌砖墙。在豫西地区，砖主要使用在靠崖窑和下沉式窑的门脸立面部位，这是由当地的自然条件决定的。此外，窑洞民居的很多部位都会用到砖，砖砌窑脸以及外墙是使用面积最大的部位，其他部位主要是：窗台、女儿墙、室内外铺地、土炕与土灶外皮等（表4-1-3）。砖的主要作用是不仅可以尽量避免窑洞民居不受水的侵蚀，而且可以增加窑洞民居的舒适度，还可以让窑洞民居的室内外达到清洁、干净的效果。另外，砖材

砖材在窑洞民居中的使用部位 表4-1-3

类型	基础	窑腿	拱身	窑顶	窑脸	拱壁	女儿墙
靠崖式窑洞	○	○	○	○	●	○	○
下沉式窑洞	○	●	○	●	●	○	●
独立式窑洞	●	●	●	●	●	●	●

（●：有；○：无）

作为装饰构件的主要材料之一，窑洞民居合院前的照壁、大门、檐廊以及墀头等部位都会有精美的砖雕装饰（图 4-1-18）。

（三）砖的建造方式与艺术表现

砖块是简单长方体形态，表面规整，制造工艺简单，表面烧制粗犷又整体统一协调。我国采用的标准砖尺寸为 240mm × 115mm × 53mm，也是以单手能够抓取为原则确定的一个长方体形态。长方体的特点是可以根据长、宽、高的不同组合，形成三对不同的几何平面，传统上把这三组面分别称为陡板、长身和丁头。砖之间的组合关系取决于这些面之间接触的方式，考虑到粘结层的厚度，在砖之间预留 10mm 左右的空间。这样砌筑完以后，砖块各个向度上的长度比为 4 : 2 : 1。基于这样的模数，砖块就可以严密地组合在一起，形成规整的建筑实体，方便地进行砌筑。按照砖摆放的六种方式分别称为顺砖、丁砖、侧顺砖、陡砖、侧立砖和立砖等。

图 4-1-18 窑洞民居的砖雕装饰

不同砖块之间的砌筑方式呈现出来的对比成为砖在视觉上表达的重点。从现有的窑洞民居中砖墙砌筑的方式来看，主要有顺砌、侧砌、卧砌、一顺一丁、三顺一丁、每皮一顺一丁砌法（又称梅花丁砌法）等（图 4-1-19）。窑洞民居墙身的大面积砖墙砌筑根据实际的需要选择以上不同的砌筑方式，除此之外，窑顶挑檐以及女儿墙也大多采用砖材砌筑，为整个立面空间增加了层次感。挑檐部分主要是以抽象的方式来模仿木构斗栱的制式，以三层砖的砌筑来体现檐下攒档的效果；而女儿墙的砌筑则更加多元化，采用镂空花墙的砌筑方法形成虚实对比的建筑意匠（图 4-1-20），再加上窑脸部分砖砌的发券弧形

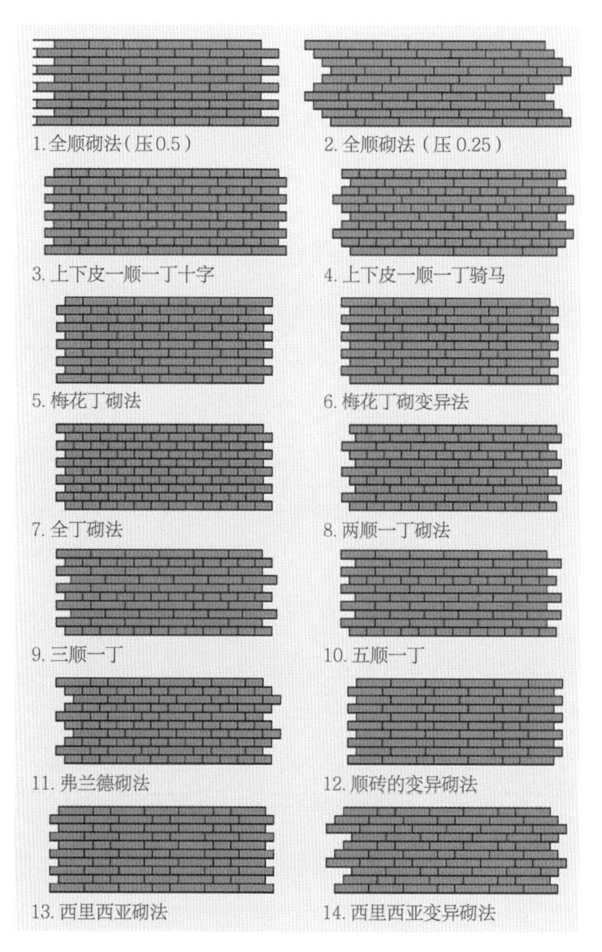

图 4-1-19 窑洞民居中砖材的主要砌筑方式

制式，在一个平面内对于一种材料的使用可谓达到了极致。

四、其他建筑材料

传统窑洞民居除了使用黄土、石材、砖材等主要建筑材料之外，还会用到如瓦、木、麦秸、料姜石、鹅卵石等其他附属建筑材料。从这个角度来看，窑洞民居与中国以木构架为主的建筑体系显得截然不同。

（一）木材

黄土地区最主要的建筑材料即为黄土，还有以黏土为原料烧结的黏土砖，相对而言，木材在窑洞民居之中的使用较少。一是因为该地区并不盛产木材，森林覆盖率很低；二是因为窑洞民居是以拱券结构为主体的，更适宜使用砖石材料来完成。因此，在窑洞民居之中，木材一般只用于窑脸的门窗以及檐廊下的檐柱、雀替、斗栱、额枋等装饰构件之中（图4-1-21）。

（二）青瓦

瓦整体为青灰色，排放整齐，形成强烈的韵律感。青瓦有筒瓦和板瓦两种类型，在窑洞民居院落内，多见于正、厢窑挑檐、厢房屋顶以及大门、仪门上，作为覆盖材料。而筒瓦和板瓦通过不同的组合，可构成以下两种屋面类型：①筒板瓦屋面：以弧形板瓦作为底瓦，半圆形筒瓦作为盖瓦，多用于大中型民居院落（图4-1-22）。②仰瓦屋面：是板瓦凹面向上排列组合形成的屋面，多用于中、小型窑洞民居院落（图4-1-23）。底瓦在檐口处设置滴水收头，筒

图4-1-20　女儿墙的花墙砌筑

瓦用勾头。滴水勾头均烧有各式花纹，作为装饰。

（三）料姜石、鹅卵石

黄土层中含有钙质结核，形似食用生姜，俗称“料姜石”。这种乡土气息浓厚的石料在窑洞民居之中一般可用于铺设地面、入口走道两侧墙壁、窑脸装饰等（图 4-1-24）。

（四）麦秸、麦萸

麦秸、麦萸（麦壳）作为建筑材料使用是农业社会的一种创造，一般在和麦秸泥时掺入使用，起骨料拉结以及保温与美观作用（图 4-1-25）。

（五）纸

窑洞民居中采用大量的麻纸裱糊在窗上，既可防风又可透光，这是传统民居一直采用的做法，随着经济的发展，玻璃逐渐代替了麻纸。除此之外，很多农家在炕围上部的墙上贴上年画等纸张，既美观又避免墙壁上的土掉落在炕上（图 4-1-26）。

图 4-1-21 木材在窑洞中的使用部位

图 4-1-22 窑洞民居中的筒板瓦屋面

图 4-1-23 窑洞民居中的仰瓦屋面

图 4-1-24 窑洞民居中乡土石料的使用

图 4-1-25　麦秸泥在窑洞民居之中的使用

图 4-1-26　各式窗户纸的使用

（六）金属

窑洞民居中的金属材料多运用在门窗的铺首、铰链与锁扣等部位。

李允鉌先生认为：“‘五材并举’是中国古代对于建筑材料选择所确立的一个基本观点，换句话说对材料的使用实在是无所偏重的”。“五材并举”明确表明，在中国古典建筑中，只要是合适的材料都可以使用，不同的材料各展所长，分担不同的功能。[①] 这在传统窑洞民居的材料使用当中体现得淋漓尽致：黄土可以用来形成最基本的窑洞空间；砖石用来砌台基、墙面与窑脸；木材是主要的门窗结构构件；杂石可以用来铺地和作围护墙；瓦用于屋面排水；麦秸、麦荚等被用作胶粘剂辅料。典型的中国窑洞民居建筑就是一个多元材料的有机混合体，它们各司其职，又协同作用。由于主要的建筑材料都为当地产的黄土、石材、砖瓦、木料、麻纸，因而窑洞民居形成了原生态的建筑气质；同时大多建筑都不施额外色彩，完全暴露建造材料的本色，这样窑洞民居总体呈现出一种与黄土高原相协调的独特风景。

第二节　结构技术

传统窑洞民居建筑，由于自然地貌、资源约束、气候条件等多种因素的影响而最终选择了以黄土、砖石为主要的建筑材料，形成了黄土地区独特的建筑类型。之所以说传统窑洞民居独特也是与中国典型的传统建筑类型相比而言的，必定会在建造的结构技术方面有所不同。中国传统建筑结构技术体系一直以木构架结构体系为主流，而窑洞民居则是以原土、或是以土坯砖、砖石砌筑的拱结构为建筑主体结构，充分阐释了“中国不只木建筑”的多元建筑结构体系

① 郑小东．建构语境下当代中国建筑中传统材料的使用策略研究 [D]. 北京：清华大学，2012：26.

的组成。如果将黄土地区所提供的建筑材料视为第一技术要素（其决定该地区选择什么材料来营造建筑），那么这些建筑材料连接形成的结构则是第二要素（人们要以适宜的结构来对待选择的材料）。一般将传统窑洞的结构技术要素分为主体结构、围护结构以及附属结构。每一种结构又包括不同的结构部位，并且根据地区的不同，各结构部位的叫法也不尽相同。

以独立式窑洞为例，在建窑之前要先打地基，称之为“基础”；相邻两孔窑洞间从基础到发券位置之间的墙体叫做“窑腿”，窑腿位于两窑洞中间的称为“中桩”，位于尽端部位的称为“边桩”；窑腿以上整个起拱发券的空间结构叫做“拱身”；窑洞顶部的覆土部分称为“窑顶”；一般窑顶周围起防护作用的构筑物称为“女儿墙”；窑口的前部垂直崖面称“窑脸”；沿窑口边缘外侧所砌的一圈砖券或抹的一层麦秸泥称“券边”（表 4-2-1）。

一、主体结构

传统窑洞民居的主体结构部分主要包括基础、窑腿、拱身、窑顶的整个结构支撑体系（图 4-2-1）。

（一）基础

窑洞民居中，由于靠山式窑洞与下沉式窑洞都是在土中直接挖出窑洞，因而一般只有独立式窑洞才会营建基础，在规划好的窑洞窑腿的位置以下挖出 1～2m 深的土沟，随后在挖出的土沟中建造基础。基础深度跟窑洞层数以及结构有关，为保证受力合理，宽度一般比设计窑腿略宽，这个差值叫作“踏步差”，这一做法与当前的独立式基础的基本构造十分类似。

传统窑洞民居的基础构造一般按照使用主体材料分为三种：第一种是用石头填满地基，用三七灰土（30%白灰，70%黄土）粘结或者先干摆石块，再向下灌注灰土（图 4-2-2）；第二种是以黏土砖代替石头进行砌筑；第三种是不使用石头或者黏土砖打地基，直接用三七灰土夯实，每 30cm 左右夯实一次，直至地面标高（图 4-2-3）。

（二）窑腿

传统窑洞民居之中，窑腿是支撑拱身结构的关键结构，负责将拱身的荷载传递到基础。窑腿宽度适宜与否，是保证窑洞稳定性的重要因素。不同地区的窑腿所使用的材料也不同，有的是由夯筑或者土坯砖砌成，有的则在土体外面再包砌砖石加以装饰。一般靠山式窑洞以及下沉式窑洞的窑腿是原状土体预留出来的，为了保证原状土体本身力学性能的支撑，需要窑腿有较宽的尺寸。根据地域的不同又有些许差异，比如在陇东地区有“窑宽一丈，窑深二丈，窑高一丈，窑腿九尺”之说，即窑腿宽度通常为 3m 左右；陕西、山西地区，窑腿宽度以 2.5～3m 者居多；而河南洛阳地区窑腿宽度以 2～2.8m 者居多。

窑洞各结构部位常用尺寸　　表 4-2-1

类型	基础深度	基础宽度	窑脸宽度	窑脸高度	窑腿高度	边桩宽度	中桩宽度	窑顶厚度
靠崖式窑洞	0	0	3～3.5m	3.3m	0～2m	大于 2.5m	1.2～3m	大于 1.5m
下沉式窑洞	0	0	2.8～3.3m	3～3.6m	1.5m	1.5～2m（或无边桩，为 0）	1.5～2m	2.5～6.5m
独立式窑洞	1～2m	—	3～4m	3～4m	1.3～2m	1～2m	0.8～1.5m	大于 0.6m

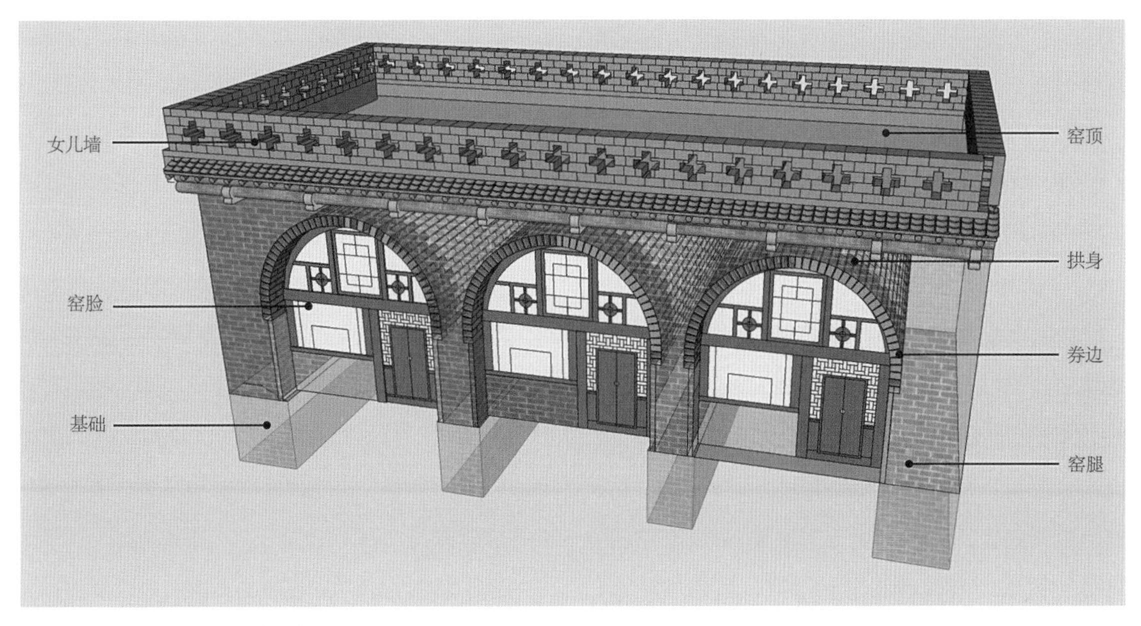

图 4-2-1　窑洞民居的主体结构

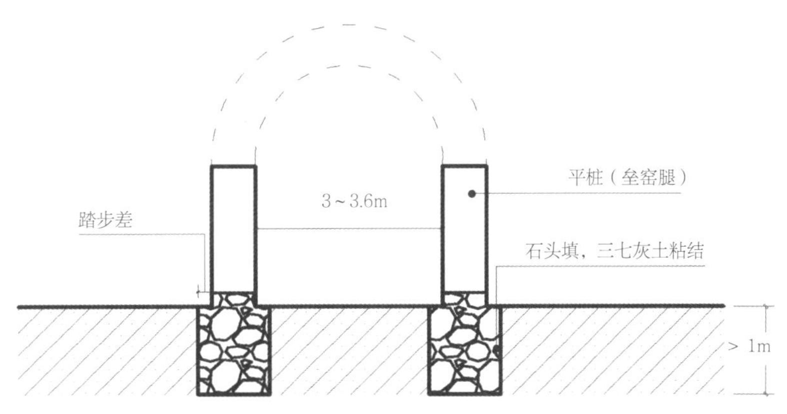

图 4-2-2　石材基础构造做法

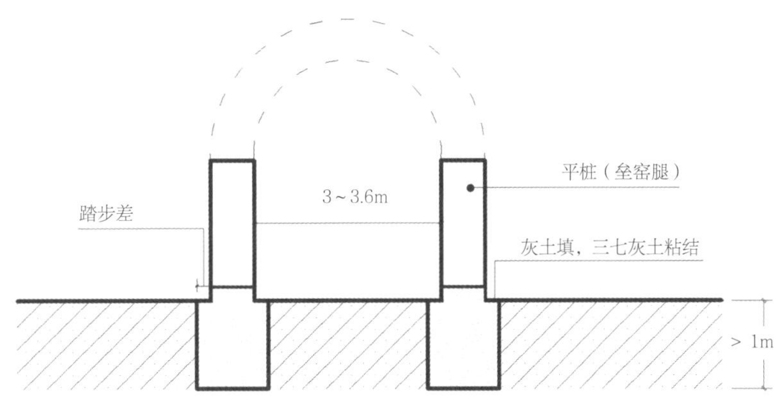

图 4-2-3　灰土夯实基础构造做法

独立式窑洞的窑腿是用夯土外包砌砖石或全用砖石砌筑而成，宽度较其他类型窑洞要小，一般为0.8～3m之间，窑洞间的中桩较窄，一般为90cm左右。例如山西省西湾村的竹苞松茂院，尽端的边桩较宽，1～3m不等（图4-2-4）。

（三）拱身

拱身主要是将窑顶的荷载经窑腿传递给基础或者地基部分的结构，其又形成了窑洞区别于其他建筑的室内外空间形态。不同窑洞类型的拱身也不同，靠山式窑洞与下沉式窑洞是根据不同地区的土体特性进行挖掘成型，具有一定的局限性；而独立式窑洞则是使用土坯砖、砖石发券形成，自由度较大。其现存的发券形态可以体现该地区的乡土建筑的地区性原则，体现了当地人们对于发券类型的喜好与传承轨迹。其主要难点在于其在窑腿以上发券的高度以及跨度的不同。

黄土窑洞的拱身使用的材料主要是黄土，仅与室内相邻的拱壁材料由于地域性和经济因素会有差别，主要有土坯、砖、石三种材料。砖、石窑的拱券有单心圆弧、双心圆弧、三心圆弧：单心圆弧就是拱身立面为一圆弧；双心圆弧就是拱身立面由两个同半径不同圆心的圆弧相交组成，这样形成的拱身受力更合理，稳定性更高；三心圆弧是由同半径不同圆心的两个1/4圆弧相交，再内切小圆而成。圆心距俗称“交口”，“交口”长，则拱券提高，“交口”短，则拱券降低，拱顶平缓。此外，还有抛物线拱、落地抛物线拱等拱形曲线（表4-2-2）。

起拱曲线的选择主要取决于自然地质条件所导致的施工难易程度。最为传统的黄土窑洞的拱线形态完全依靠所在区域土体本身的力学性能，随着砌筑技术的发展，拱线形态的变化更加科学化、技术化。常见的拱线形态如下：单心圆拱的曲线易于成型，侧墙较

图4-2-4 窑腿建造

传统窑洞民居的拱券类型与分布区域 表 4-2-2

类型	半圆拱	双心拱	三心拱	平头三心拱	抛物线拱	其他
类型图示				D		—
靠崖式窑洞	陕北	晋西、豫西	—	—	陇东	—
下沉式窑洞	山西、关中	—	—	—	陇东	河南（落地抛物线拱）
独立式窑洞	陕北、渭北、山西	陕北、山西、陇东	—	—	山西、陕北	—

低，施工方便，应用较为广泛；双心圆拱、三心圆拱侧墙较低，曲线成型方便，宜用于土质松软的土层；抛物线拱曲线成型难，施工较难；落地抛物线拱是将拱与侧墙合为一体，由于侧墙是曲面，使用很不方便，故现存窑居较为少见。

拱身的构造，各地也有异同，包括土拱身、砖拱身与石拱身。以砖拱身为例，在砌筑好窑腿后开始搭建模具，在模具上砌砖或者直接叠涩砌砖，从平装的位置开始工字形砌砖，一块砖一层三七灰土，利用三七灰土的不同厚度抬高砖块贴紧拱形（石头则用外大内小的石块），为防止受力不均匀发生倾覆，这个步骤前后左右都要同时进行，近龙口部分干摆砖块，白灰加泥灌缝（石块用合口石插缝）。

（四）窑顶

窑顶，即为窑洞民居的屋顶。一般窑洞的窑顶除了起到屋顶围护的作用之外，还提供了开阔、平整的场地，作为住户的院落或打麦的场所。靠山式窑洞以及下沉式窑洞的窑顶是利用天然的土体，独立式窑洞的窑顶一般是在拱身修筑完成之后开始在拱身上覆土形成窑顶，覆土厚度决定窑洞的热工性能，覆土厚度各地不同。窑洞的使用年限短的十年左右，长的几十年甚至上百年之久，这跟日常围护有很大关系，一户窑洞如果无人居住，很快就会坍塌，相反如果长期有人居住，围护得当的情况下，窑洞的使用寿命就会延长。

目前，大部分窑洞受水患影响最为严重，黄土窑洞的破坏事故，有 80% 是由水害所致。由于黄土本身为多孔材料，部分窑顶上的黄土暴露于空气中，常年的风化作用加剧了孔隙的增大，一旦降雨，若不及时排走雨水土壤层中的含水量便会急剧增加，当土层中含水量达 20% 以上时，窑顶的抗剪性能便大大降低，甚至丧失承载力，从而造成屋顶坍塌的危害，因此做好窑顶的排水处理是提高窑洞民居耐久性能的最主要因素之一。

传统窑洞民居窑顶的典型建造经验有以下几个方面：首先，窑顶不耕种，不种植大树，一般种植浅根灌木（如千头柏、迎春花、酸枣等），这些植物的根不但可以加固窑顶土壤以免水土流失，而且可以吸收土壤水分使土壤干燥。其次，窑顶不准设置厕所，堆放粪便，放牧牛、羊、猪等。再者，将窑顶碾平压光，做成坡度和排水沟，坡度约为 2%～5%，在屋檐处设置排水管，一般排水口要超出屋檐 40～50cm，预留足够的距离以保证雨水自由下落不会溅湿窑洞墙壁，其形状、样式也不等，有尖头形和圆筒形等（图 4-2-5）。

二、围护结构

传统窑洞民居的围护结构，除了侧墙与后墙部分，最主要的要素就是窑洞前部外露的门脸，俗称“窑脸”。窑脸的营造方式多种多样，受地理与经济的限制较大。从最简朴的耙纹装饰、草泥抹面到砖石砌筑窑脸，再发展到木构架的檐廊装饰，历代工匠都将心血倾注在窑洞的这唯一立面上。窑脸的大多数部位都有特定的名称，从围护结构的主体来看，窑脸是由窑壁、窑间子、窑檐等构成。有的窑脸可以看出拱形，有的看不出拱形（多用于砖砌窑脸的窑洞上），按砌筑材料来分窑脸主要有以下几种形式：黄土窑脸、土坯砖结合窑脸、砖窑脸、石窑脸等（表 4-2-3）。

在降雨量较多的地区多将黄土窑洞结口，起挡口，保护窑脸不被雨水冲刷剥蚀。同时，因为它又向窑深方向嵌入 1～3m，也加固了洞身，起到稳固的作用。当窑脸较高、坡度较陡时，可将窑脸（前崖）錾修成数个台阶，每层台阶铺上石板或瓦檐以利排水。[①]

（一）窑壁

窑脸上墙壁部分。不同的窑洞形式，由不同的墙壁组成，一般窑壁由崖壁、女儿墙、影壁和壁龛等组合而成（图 4-2-6）。

1. 崖壁

崖壁部分，占窑脸总面积比例最大，也是必不可少的部分。根据营造方式分为砌筑式、饰面式和修整式三种类型（表 4-2-4）。

图 4-2-5　陕北绥德地区窑洞

图 4-2-6　窑壁组成

① 侯继尧，任致远，周培南，李传泽 . 窑洞民居 [M]. 北京：中国建筑工业出版社，1989.

不同类型窑脸的做法　　表 4-2-3

窑脸类型	类型特征	基本做法流程	注意事项
黄土窑脸	简单、经济	· 刻画出基本的形状； · 上胶泥，即麦秸泥，麦秸泥的厚度一般为 1～2cm	
土坯砖窑脸	施工较为方便，且干燥较快	· 预留出门窗洞口的位置； · 刻画出基本形状； · 开始砌土坯； · 抹上胶泥，抹平	砌筑土坯要点：自拱形曲线的最低点开始砌，到顶部中间位置留出一块土坯大小，再从另一端曲线的最低点开始砌。到中间刚好填进去一个完整的土坯
土、砖结合窑脸	用砖少，且比黄土窑脸美观	· 预留出门窗洞口的位置； · 刻画出基本形状； · 对应砖部分挖进崖面 10cm 左右，然后泥好崖面与土部分； · 对应地在砖部分上一层胶泥，将砖塞进挖好的凹槽内，抹平胶泥； · 用白灰勾缝	塞砖要点：从自曲线的最低点开始，到曲线最高点留空，再转为另一侧，到中间根据留下的空隙再把整砖砍成合适大小填入
砖窑脸	施工方便，窑脸整齐、美观	· 预留出门窗洞口的位置； · 刻画出基本形状； · 砌砖； · 勾缝处理	以豫西的三部分墙体为例，砌筑要点：自第一部分最低点起砌，临近中间留空，然后转砌另一端曲线最低点，到中间位置根据留下的空隙把砖砍成合适大小填入。然后按照相同的方式砌第二部分。第三部分的砌筑要先挖进崖面 6cm 左右，在挖进去的凹槽上边缘上一层胶泥，之后将砖按照第一部分的步骤塞进凹槽。一边砌砖一边抹平胶泥使砖与崖面之间自然地过渡
石窑脸	坚固，窑脸质朴	· 预留出门窗洞口的位置； · 处理面石（切割，凿出表面纹理）； · 砌石； · 勾缝处理	石窑脸的面石需要经过处理，石材应加工成大小一致的长方体，工艺讲究的还会在石材表面凿出纹理，这样的窑脸四棱精准，整齐美观。也有面石不做处理的，这样的石窑脸外观看起来略显凌乱

崖壁的营造方式　　表 4-2-4

<table>
<tr><td rowspan="7">窑洞民居的崖壁类型</td><td rowspan="3">砌筑式崖壁</td><td>砖砌筑崖壁</td><td>—</td></tr>
<tr><td>石砌筑崖壁</td><td>—</td></tr>
<tr><td>砖石混合砌筑崖壁</td><td>—</td></tr>
<tr><td rowspan="3">饰面式窑壁</td><td rowspan="2">抹面式崖壁</td><td>半抹</td></tr>
<tr><td>全抹</td></tr>
<tr><td>贴面式崖壁</td><td>—</td></tr>
<tr><td>修整式崖壁</td><td>抹面、帖面修整</td><td>—</td></tr>
</table>

2. 女儿墙

女儿墙是防止窑顶人畜跌落的围护结构，传统的构造做法多用土坯、砖砌花墙、碎石嵌砌等。除满足其功能以外还注重美化与装饰。用砖则必砌成各式花墙，用碎石块、礓石则与青砖、青瓦嵌镶成各种图案，装饰窑面，不仅可以节省建筑材料，还可以于简朴中蕴涵灵秀之美，也使得窑院的乡土气息更加浓重（图 4-2-7）。

3. 影壁

窑脸上的影壁，多数是由砖、白灰等砌筑而成，与传统意义上的影壁并无太多差异。没有纷繁纤细的纹样和雕刻，却有着简洁而又意义深远的砖砌拼贴图案，如龟背纹、X 纹、十字纹、多边形等纹样。

图 4-2-7 窑洞女儿墙

（二）窑间子

隔开窑洞室内和室外，并对窑口起封闭作用的部分。窑口拱券以内的门、窗及槛墙统称为窑间子（图 4-2-8）。陕西、山西的窑间子多为一门一窑、一门两窗式。河南一带除以上两种，还有只做门不做窗的窑间子（俗称“一炷香”），这种“一炷香”式的窑间子完全是受经济因素的限制，开挖窑洞的时候只在窑脸的位置掏出足够手推车进去作业的门洞即可，窑洞完成后窑脸上留下的孔洞即为门的位置，节省建窑成本，这种窑通风条件差，采光差，大多数已被淘汰。[①] 在窑间子当中，尤以门窗部分的营造较为复杂。因而，门窗也就成为窑洞民居立面造型的重要组成部分。受到当地自然环境、风俗文化、价值取向和审美演变等因素的作用，门窗在构造技术和造型艺术上存在不同的差异，有些门与窗彼此独立，有些则将门与窗组合在一起，共同构成美观的窑脸，表现出门窗造型由简而繁，门窗材料由笨拙到精巧的变化趋势。[②]

1. 独立式门窗

这种门窗造型较为简单。一般窑脸做好以后规划出门窗位置，窑洞前的窗下槛墙建起后，安装门窗抱框、门槛、中槛等，然后安装门和窗，类似这种做法十分丰富，地方特色很明显（图 4-2-9）。

2. 整体式门窗

又称满堂窗，门窗组合设置在一些大的窑洞中，工匠将门与窗组合在一起设置，共同构成美观、大方的窑脸。以晋中地区为例，这样的门窗构件主要由顶窗、脑窗、大耳节窗、斗窗、小耳节窗、天窗、坐窗组成[③]（图 4-2-10）。

图 4-2-8 窑洞窑间子

图 4-2-9 独立式门窗

① 李秋香．窑洞民居的类型布局及建造 [J]. 建筑史论文集，2000（2）：149-157，230.
② 李媛昕．太原店头古村石碹窑洞民居营造技术分析 [D]. 太原：太原理工大学，2014：58.
③ 韩亮．陕北窑洞门窗装饰纹样的观念研究及应用探索 [D]. 西安：西安美术学院，2009：13.

图 4-2-10 整体式门窗组合

图 4-2-11 通风窗

3. 通风窗

传统窑洞民居之中，有的在窑脸上除了采光窗之外还有通风窗，由于一些窑洞类型只有一个外立面，故采光与通风对窑洞内的居住环境特别重要（图 4-2-11）。用来解决通风问题的窗户叫通风窗，当然它也可以采光，但主要用途是为保证室内环境干燥舒适，通风窗相比于采光窗，面积要小很多，通常不设窗扇，只安装两扇小板门，春、夏季一直开启，秋、冬季偶尔关闭。通风窗面积与窑洞使用面积之比，一般为 1∶10，一孔窑洞有这样一个通风窗已经基本满足了窑内通气与换气的要求。除此之外，在通风窗的上部，再做一个换气孔，一般为 20cm×20cm，以备在夜间，一切门窗关闭后，作为通风换气的设施，这些都是为了解决窑洞通风换气所设计的。

在选材上，门窗所用材料要求宽厚、材质均匀、细密，纹理顺而枝节少。门有单扇也有双扇，有实板门，有上部为透空的窗格式的门，门窗造型多种多样，装修不求奢侈，形式繁简得当，朴素中表现出一定的艺术性。窗框通常为原木色，以普通方格组成简洁的骨架，在骨架内以水平线、垂直线、对角线或弧形曲线等对窗格进行严谨的几何分割，造型以抽象的方格纹、交差斜纹为主，打造强烈的秩序感，在平衡、稳定中透出一股生动与活泼。此外，传统窑洞窗户都不装玻璃，而是用麻纸或纱布粘贴密糊严实，其上贴有民俗剪纸装饰。之所以这样做是因为在寒冷季节里，窑洞室内外温差较大，会导致玻璃表面雾化结冰，融化后的水滴到木头上易使木质窗框变形开裂，缩短其使用寿命，而麻纸和纱布则比较透气，不会出现这种问题。[①]

（三）窑檐

窑檐是为了防止雨水冲刷窑面而在女儿墙下做的瓦檐，做法有一叠和数叠的，在窑顶预埋木挑梁或石材挑梁，上铺小青瓦而成。具体分为叠砖砌石挑檐、条石托木挑檐、木结构挑檐、木结构檐廊式、特殊窑檐形式等几种。

檐廊式的出现，可以看做普通窑檐功能的扩大，在立面上增加了一进空间层次，形成了庭院与窑洞之间的过渡性空间。在实际的做法之中，大多出现在砖石拱窑前。砖砌的檐廊，如河南张伯英府邸；木构架的檐廊，如山西晋中灵石县王家大院、平遥民居等。

① 井晓娟．有关窑洞的结构和建造 [J]. 内江科技，2012（2）：42，64.

这类檐廊多是院落建筑装饰的重点表现之处，往往雕有雀替、挂落，再加上牌匾、楹联等（图 4-2-12）。

图 4-2-12 檐廊式窑檐

三、附属结构

（一）火炕

传统窑洞民居用火炕采暖防潮，大多数是将锅灶砌在居窑内，与火炕连通，在火炕内部盘烟道，利用做饭的余热取暖。因此，火炕的布置影响到烟囱和锅灶的位置，最常见的布置形式有两种：

其一是临近窗户布置火炕，靠近窑脸部位砌筑附垛式烟道并伸出窑顶（图 4-2-13）。这样的布局考虑一方面是因为窑洞内部进深较大的地方潮湿寒冷，不适宜布置掌炕，而窑脸一般设有侧窗和天窗，炕的位置靠着窗户布置不仅可以使炕上的采光充足，院内阳光直接照射到炕上的被褥，从而减少了被褥需要晾晒的次数；而且也为妇女在暖炕上做针线活、亲朋好友聚会、孩子们学习都提供了良好的光线，这一点十分重要。另一方面，靠着窗户布置火炕还有利于室内烟尘的及时排出。总体而言，这种方法使得烟道的设置变得更加简便而直接。

其二是依靠在窑洞的后壁布置火炕，垂直烟道靠近后壁并伸出窑顶（图 4-2-14）。这种布置方式的

图 4-2-13 临近窗户布置火炕

图 4-2-14 依靠后壁布置火炕

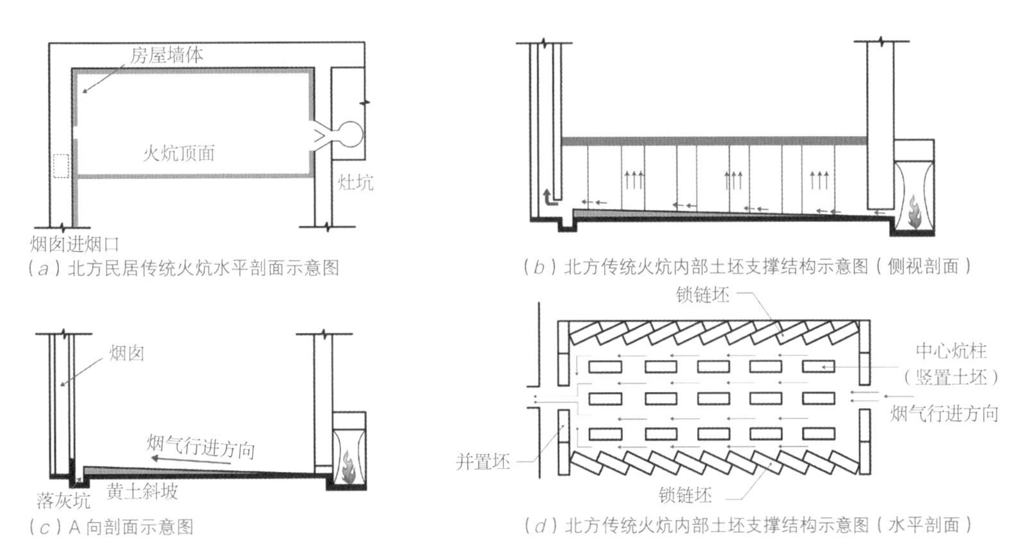

（a）北方民居传统火炕水平剖面示意图

（b）北方传统火炕内部土坯支撑结构示意图（侧视剖面）

（c）A 向剖面示意图

（d）北方传统火炕内部土坯支撑结构示意图（水平剖面）

图 4-2-15　火炕布置构造示意图（来源：根据任新宇、关惠元．论北方传统火坑设计及演进中的整体生态意识．改绘）

优点是火炕较为隐蔽，并可充分利用窑室前部空间和窗口位置布置家具。缺点是烟道位于窑洞的后侧，要求冲出窑洞顶部山体，施工难度较大。

火炕作为窑洞内部的必备附属设施，其砌筑方式各地也不尽相同，一般的构造做法是：首先在炕的最下部铺垫五砖厚的黄土以减少热量流失，其次在中间一层竖起砖垒砌的烟道，烟道的一端与灶台连接，烟道不到一砖宽，需要注意的是烟道上面先铺设一层土坯砖再铺一层烧结砖。窑腿内的烟道下面是灰道，上面是烟道（图 4-2-15）。一般灶的高度是 11 层砖厚，炕 12 层砖厚。

（二）灶台

窑洞灶台的制作多种多样，一种是黄土夯打捶成锅台，然后镟大小锅口、灶坑和灶门，安上炉齿；另一种是砖石砌成，由石匠事先用寸许厚的石板砌成灶面。另外还有水泥锅台、砖镶面锅台等。一般窑洞民居中都砌炕与灶台连接，炕灶结合有一炕一灶的，也有一炕双灶的。其原理就是夏季不需要热气在炕内环绕时能够直接排出室外。灶台还设有烟囱与之相连，使室内空气保持畅通（图 4-2-16）。[①]

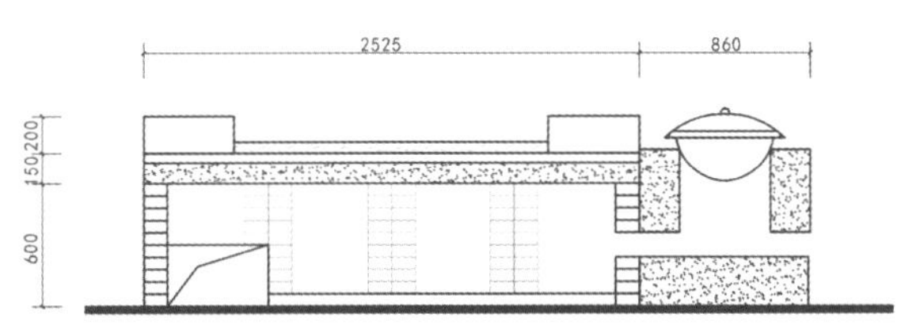

（a）土炕侧面内部构造

（b）窑洞内部炕灶实景照片

图 4-2-16　窑洞炕—灶—烟道系统示意图

① 李媛昕．太原店头古村石碹窑洞民居营造技术分析 [D]. 太原：太原理工大学，2014：68.

（三）烟道

烟道的位置是根据炕的位置设置的，炕靠近门窗时烟道位于窑洞前部，炕靠近窑掌位置时则烟道位于窑洞后部。独立式窑洞烟道与靠山式窑洞又是两种不同的构造形式，独立式窑洞的烟道一般是砌筑时在窑腿内预留的，而靠山式窑洞的烟道营造过程相对复杂一些，分自下向上和自上而下开挖两种，前者是窑洞在挖好以后在窑腿位置先挖出足够一人蹲下的洞，然后用小铲子向上掏烟洞，直至掏到窑顶为止，在顶部用砖砌出高出窑顶 50cm 左右，烟洞不用的时候在顶上用石板盖住，烟洞开挖完成以后开始砌炕。另外一种开挖形式就是从窑顶窑腿所在位置开始向下挖烟洞。

（四）通气口

窑洞民居之中，通气口是用来与室内空气流通的孔洞，它与通风窗结合用于改善室内空间内的空气质量。通气孔通常设在窑身的最后部，穿过覆土后直通崖顶，直径大约 10cm。

一般通气孔需站在窑洞内掏挖，其主要挖掘工具是洛阳铲。由于土石会从高处落下，因此人员必须做好防护措施，直至挖通到地面。由于通气孔是位于地面上，因此在其周围会用砖石、泥土砌筑加高加以保护，如遇到下雨、下雪的天气，为了避免雨雪水、泥土落入屋内，会用石头、铁盆等将其盖上。由于窑洞是靠窑洞口进风和通气孔出气来进行自然通风换气的，窑洞口与通气孔的标高差越大，自然风压力也就越大（图 4-2-17）。因此，建造窑洞时，应充分利用地形，加大窑门和通风孔的高差。

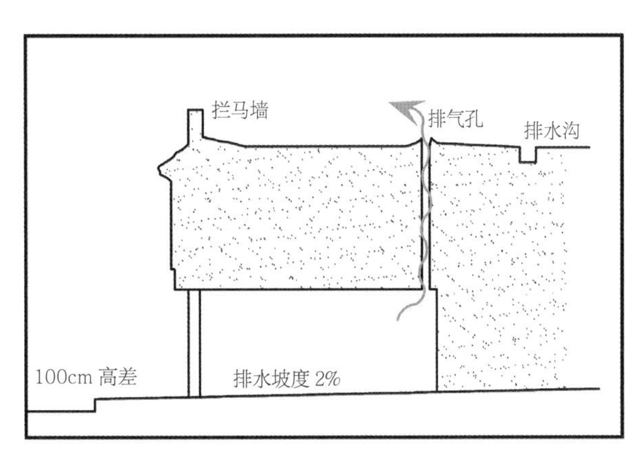

图 4-2-17 窑洞内部自然通风换气示意图

第三节 营造技术

一、建造模式

（一）减法模式

“减法成型”又称“挖土成型”，即在土体之中做减法，在崖壁或平地上开挖，形成符合人们生产生活所需的空间，是最为传统的建窑方式。根据不同的地理地貌特征分别进行横向或者垂直纵向开挖，主要形成靠山式窑洞与下沉式窑洞两种形式。靠山式窑洞是横向挖窑的典范，下沉式窑洞则是两种方法的结合。

但无论是上述哪一种类型，都需要有一个前提条件，适宜的黄土地貌基础以及良好的土质条件。靠山式窑洞出现在山坡、土塬边缘地区，这种结构的主要做法就是在崖壁上沿着窑脸放线位置水平向内开挖形成住居空间。因为要依山靠崖，随着等高线布置才更合理，所以窑洞呈曲线或折线形排列，形成以实体土为核心的窑洞集群。

下沉式窑洞则出现在土层较厚的平原地区，这一种结构是在平地上向下开挖形成人工的崖面，之后再进行横向开挖形成的窑洞类型，俗称“地坑院”。它是受地形限制形成的窑洞形式，在黄土高原没有山坡、沟壑可利用，同时又缺少砖石材料的地区，人们巧妙地利用黄土直立边坡的稳定性，就地挖下一个方形地坑（竖穴），形成四壁闭合的地下四合院，然后再向四壁挖窑洞（横穴）。这种窑洞形式常见于渭北、豫西以及晋南一带。

（二）加法模式

在国内的一些地区，靠山靠崖的地貌有限，又缺少足够的土层厚度，当地人们逐渐摸索出一种平地起窑的建窑模式。与“减法成型”模式相比较，这种营造模式是在自然条件的基础上进行加法的操作，因此可以看做是“加法成型”模式。这种模式在黄土地区普遍出现在缺乏木材，无法用大量木材修建房屋的前提下，即利用拱券结构的整体性与稳定性形成窑洞框架，最后在结构上覆土的营造模式。这种加法成型所形成的窑洞相对减法成型形成的窑洞形式更加自由，按照功能需求窑洞民居中出现了筒形拱、十字拱、丁字拱、扶壁拱等丰富的结构类型。从而摆脱了地形的限制又延续了窑洞的传统优势，一般被称为“独立式窑洞”，也称“锢窑”、“箍窑”。

从营造模式的角度来说，传统的独立式窑洞民居与当下普遍的建造模式并无二致。其主要的特征是仍然以窑洞的建筑空间形态出现，所使用的主要建筑材料依然是土、砖、石三种。而与“减法模式”最主要的区别在于其拱券结构是人为设计完成，传统的“减法模式”窑洞内部空间的拱线形态则是人们在对于土体长时间的了解之后由其自身力学性能所决定的。可以说，“减法模式”的空间形态是由当地材料决定的，而“加法模式”是“减法模式”的一种进化模式。从发券所使用材料的不同又可以分为土坯拱、砖拱与石拱，也对应着形成了土窑、砖窑与石窑等不同类型的独立式窑洞。

由于土拱力学性能的局限，以及烧结黏土砖的普及与发展，在一些烧制砖比较方便的地区用砖作为拱券结构的材料占据了很大的比重，砖也是受压型材料，用砖作为起拱材料、用土作为填充材料可以有效地保持黄土窑洞的热工性能同时还能弥补土拱使用不便的缺点。

另外，在陕北等地区，由于山坡、河谷的基岩外露，采石方便，当地农民便因地制宜，就地取材，利用石料建造石拱窑洞。因为其结构体系是石拱承重，无须再靠山依崖，即能自身独立，形成一种独立式窑洞。

二、空间原型模式

无论任何一种窑洞民居的建筑类型，从整体环境到单体建筑，都是顺应自然生态环境以及社会经济状况的限定，根据营造过程之中的智慧，通过不断的实践在历史之中沉淀形成。千百年来，黄土地区的人们选择了以窑洞民居作为其生产与生活的主要居住场所不断发展。但是无论现今发展到什么样的阶段，其“原型”的存在使得窑洞民居能够保持对黄土高原特定的气候状况与匮乏的资源条件的适应，且具有趋利避害的调节作用。

无论是“减法模式”还是“加法模式”，其形成的建筑空间模式基本一致，视为“原型”（图4-3-1）。

这种“原型”在营造技术上具有如下共同点。

1. 五材并用、因材适用

黄土高原地区植被稀少，没有充足的木材用来建造房屋，然而大自然却提供了丰厚的黄土和山石资源。由于黄土具有质地均匀、抗压抗剪强度较高的物理特征和结构稳定性，适合于干旱少雨地区的开挖利用，因此，窑居以黄土、砖石作为主要的建造材料。黄土与石材皆取之于当地，可用于建窑、砌筑火炕或者挖土脱坯烧砖，而且一旦废弃，还原于环境，对生

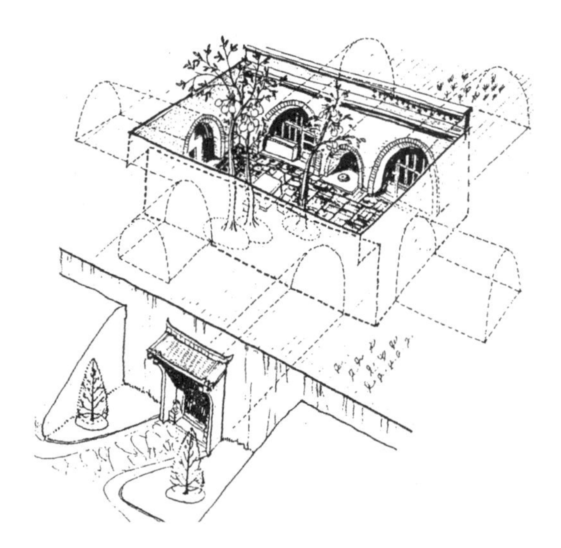

图 4-3-1 窑居居住模式示意图

态物质环境影响较小，符合生态系统的多级循环原则，可称为天然的环保型建材，并形成了相应的营建技术。

2. 厚重的覆土型结构

黄土地区的气候特征有明显的季节性，气温的年较差与日较差均较大。窑洞民居以黄土与砖石作为围护结构，通常在窑顶上多覆土 1.5m 以上，利用了其热稳定性能来调节窑洞民居内部的环境微气候。当室外变化剧烈时，黄土与覆土结构（图 4-3-2）间热传递减慢而产生了时间延迟。冬天白天，围护结构吸热储存，夜晚再向室内释放，室外温度波动对室内温度的影响极小，保证了室内较为舒适、稳定的热环境。

3. 封闭、规整的空间形态

窑洞民居空间布局形态简洁、规整，外表面无明显凹凸空间，接近长方形，且面宽窄，进深大，一般面宽为 3.6～4m，进深可达 9～10m。窑洞民居一般为多孔窑洞集中兴建，相互排列而组成窑洞群，巧妙地消除了窑腿上来自拱顶的横向侧推力。窑洞民居除了向阳面开窗，其余均为厚重墙体或者深深嵌入土体之中，因此其外露结构面积最小，有利于维持室内的热舒适性。

4. 能源的综合利用

窑洞民居主要是利用火炕进行冬季采暖。火炕与灶台相连，以柴草、煤炭作为燃料，一把火既烧饭又取暖，利用烧饭的余热和烟气在火炕烟道内转换成辐

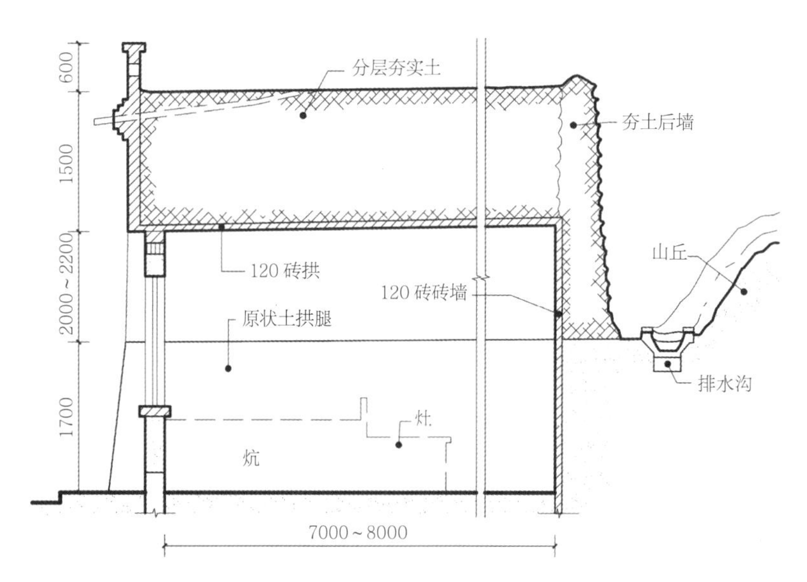

图 4-3-2 厚重型覆土结构

射热，并发挥土炕的蓄热性能，利用其表面向室内辐射热量。这样一组建筑附属设施的设置就巧妙地解决了窑洞民居冬季取暖的问题。经测试，在冬季室外温度达到零下20℃时，窑洞内部依靠墙体保温和烧饭的余热，仍可将室内温度维持在10℃左右，有效地节约了能源。

三、结构原型模式

窑洞民居营造的结构原型模式选择了拱券结构。窑洞民居为什么舍弃梁板结构、木框架结构而采用拱券结构，其在结构上的主要原因是梁是以受弯为主的构件，同样的外力作用下，梁的中心弯矩大，变形大，容易受拉破坏。而拱券在荷载作用下的应力是以压力为主，可以用脆性材料如砖石做拱，可以跨越比梁大很多的空间。路易斯·康曾经说过："砖，你需要什么？"砖："我需要一个拱。"这恰恰可以说明如砖石这种脆性材料，本身的力学性能所适宜的结构模式，这也是窑洞民居充分利用材料性能特征的体现。拱与梁的区别不仅在于杆件轴线的曲直，更重要的是在竖向荷载作用下有无水平推力存在，虽然杆件为曲线，但在竖向荷载作用下并无水平推力，故称为曲梁而不是拱。在竖向荷载作用下会产生水平推力，因而称为拱。可见，水平推力的存在与否是区别拱与梁的重要标志。由于有水平推力，拱的弯矩要比跨度、荷载相同的梁（即相应的简支梁）的弯矩小得多，并且主要是承受压力，各截面的应力分布比较均匀。因此，拱比梁可节省用料，自重更轻，能够跨越较大的空间，同时，可以利用抗拉性能较差而抗压性能较好的砖、石、混凝土等材料来建造，这就是拱结构模式的主要优点。拱的支座主要承受水平推力和竖向荷载，因此需要有较坚固的基础或支承物，这也是要求窑洞的窑腿部位要抵抗水平推力的原因。

那么，可以将窑洞结构形式简化为结构原型模式——单跨拱力学简图，工程中常用的单跨拱有无铰拱、两铰拱和三铰拱，前两种为超静定拱，三铰拱是静定拱。一般情况下，根据受力特性将靠山式与下沉式等向内挖掘的窑洞简化成无铰拱。靠山窑则是在原状土体中进行开挖而成，其受力仍依靠于黄土自身。图4-3-3所示为开挖洞后围岩压力的分布图，Ⅰ为松动区，基本不受力；Ⅱ为压力拱区，该部分承担自重与外部土体荷载；Ⅲ为原岩应力区，属于初始应力区。

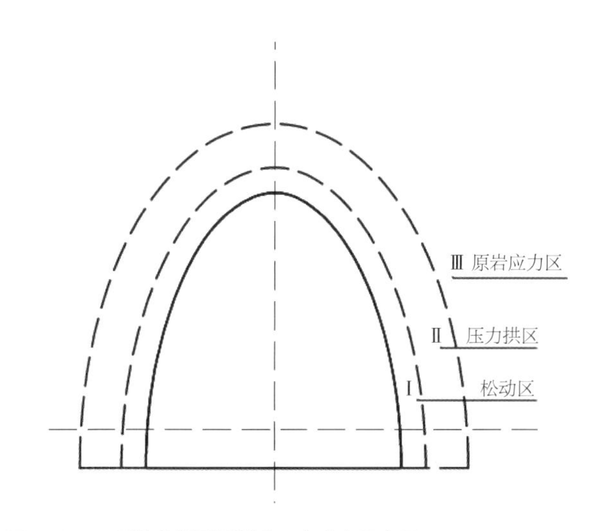

图4-3-3　开挖窑洞后围岩的压力分布示意图

独立式窑洞中拱形曲线为同心圆的窑洞简化成两铰拱，拱形曲线为非同心圆的简化为三铰拱。以三铰拱为例，即独立式窑洞中拱形曲线为非同心圆的情况下的力学简图（图4-3-4）。三铰拱在竖向荷载作用下，各截面将有弯矩、剪力和轴力，轴力一般为压力，拱截面处于偏心受压状态，材料得不到充分利用。然而，尽管三铰拱的反力与各铰之间的拱轴线形状无关，但内力却与拱轴线的形状有关，若能使所设计的拱轴线所有截面的弯矩处为零，而

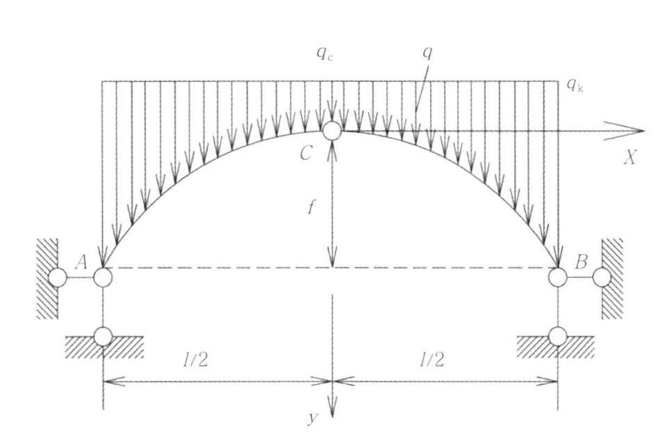

图 4-3-4　三铰拱的力学简图

只有轴力，这样各截面都将处于均匀受压，材料将得以充分利用，相应的拱截面尺寸也将是最小的，因而也是经济、合理的，这样的拱轴线称为合理拱轴线。设计合理拱轴线的依据就是拱中弯矩处处为零。

四、安全模式

传统窑洞民居虽然类型多样，但在窑洞的全生命周期之中都会注意识土选址、构造处理以及施工维修等三个主要营造流程方面的事项，这是窑洞民居安全性的有力保障。

（一）识土与选址

识土与选址对窑洞建筑的安全、耐久有着决定性的作用。这是营造窑洞民居的第一步工作，但是若选址有误，往往会造成不可弥补的严重后果。

1. 识土

先从宏观上正确地判别土壤的成因、地质构造、地质年代、层次及裂隙节理，再从微观上查清土壤的物理、化学性质。一般在晚更新世马兰黄土的下部可开挖小跨度的土窑洞，在中更新世离石黄土的上部与下部可开挖较大跨度的窑洞。这种离石黄土也是我国风成黄土的主体，并且现存大量的窑洞也分布在这个土层。

民间一般所谓的“立土”与“卧土”，各地的命名含义差异较大。其主要是为了区分原状土层或经扰动的非原状土层。而经扰动的非原状土层，由于土壤结构破坏，裂隙增加，稳定性差，所以对于要利用黄土层进行建造窑洞的靠山式与下沉式窑洞是不适宜的。民间还有“头顶石板牢，爷挖儿孙住”的谚语。其含义是针对黄土层中的钙结合层（石板层）而言，在离石黄土中有若干层红色埋藏土壤层，在其下部必有一钙质结合层，若窑顶即为此层，则洞身必位于黄土层主体中，这样处理，一是钙结合层胶结性好，力学物理性能好，宜作窑顶，二是窑身避免埋藏在土壤层中，因埋藏土壤层易于风化剥蚀，遇水易于软化，这对窑腿来说至关重要。

2. 选址

对于窑洞民居和其他建筑物相同的选址原则，不再赘述。由于窑洞民居特殊的建造类型与依托环境背景，特从地形地貌、地质构造、防洪排水等方面进行阐释。

无论是靠山式还是下沉式窑洞，第一，要求前崖要有足够的高度，以便能够形成自然卸载拱，安全才会得到保障。第二，要求挖运土方量少，弃土不埋没良田，堵塞自然排水沟谷，达到好的经济效果。第三，要求朝向好、日照足，利于防潮，使窑洞内部保持干燥。

一般情况下，如坍方、滑坡、断层、褶皱等破坏了土壤原有的结构层次，降低了土壤的整体性与稳定性，使土壤变得松散、软弱，从而降低了黄土的直立性能与承载力，因而在这些地方是不能够开挖窑洞的。溶沟、陷穴常和地面不易发现的暗沟串通，一来破坏土壤结构，二来导引雨水下渗，常常造成较大的隐患，所以这些地段及其附近，也不宜开挖窑洞。

民间常将靠山式窑洞布置于梁侧、梁头、峁前、塬边、丘陵阶地等地段的分水岭外。而将下沉式窑洞布置在塬区的凸起部分，目的是利于雨水排除，避开雨水汇集的地段。在有泉水、冒眼、间层水、上层滞水等地段，以及土壤含水量过高地段，也不宜开挖窑洞。因在挖掘过程中极易发生安全事故，或者会在挖好后易产生大量体缩干裂（俗称“风炸”）。另外，窑洞内的防潮问题也不好解决。

（二）构造处理

传统窑洞的营造，从构造上认真地进行处理，是保证土窑洞安全、耐久的主要途径。构造处理包括窑顶排水、前崖錾修、拱顶曲线选型、洞身几何尺寸确定等。

1. 窑顶排水

窑洞的破坏事故，尤其是以土为主的有80%是由于水害所致。因此，要求窑顶的雨水能畅通排泄，不渗不漏、不冲刷，以保洞身安全。也不允许窑顶雨水直接从前崖流下，以保前崖稳定。根据不同的地形情况，可采用下述措施：

位于塬边、阶地边的崖窑或者塬中的地窑，一般结合前崖錾修，将部分多余土运至窑顶，分层整实，錾成一向后倾斜的坡面，在该坡面的尾部，挖整一明沟。雨水顺坡面流入明沟，再从窑洞的两侧或一侧排砂。

位于较陡山下的崖窑，可在崖势上挖一条或数条明沟，将雨水截引，再从窑洞的两侧或一侧排泄。

窑顶可作院落或打麦场等用，或种植浅根小树（如千头柏，这种植物的根，不但可以加固窑顶土壤，以免水土流失，而且可以经光合作用，吸收土壤水分，使土壤干燥）。窑顶不能作耕地用，不能种植深根大树，不准设置厕所、堆放粪便、牧放牛羊猪等。

2. 前崖錾修

前崖暴露在大气之中，经常受风吹日晒、雨淋冻融、热胀冷缩、虫鸟啄洞，剥蚀较快。因而，对前崖的处理，主要是解决稳定和剥蚀之间的矛盾。前崖向后倾斜较大时，稳定性好，但剥蚀快，前崖后倾小时，剥蚀慢，但稳定性差。

（三）施工与围护

传统窑洞民居确有“千里大堤、溃于一孔”之势。它的坍塌事故，从发生的预兆、时间、部位等方面看，都有一定的客观规律可循。掌握这些规律，采用正确的施工方法，进行经常的维修加固，就能防患于未然，保障安全。

从事故发生的时间看，有三个重点期，即施工期、大雨期及冻融期。从发生的部位看，有三个重点，即前崖失稳坍塌、窑顶及窑腿开裂破坏。

坍塌的预兆如下：粉刷层出现大量脱落，并且出现大量新的裂缝，或原有裂缝加长加宽。从裂缝中往下掉土，土粒愈来愈大，且愈加频繁。雨季窑内突然非常潮湿，或有漏水现象。当窑内用柳木弓或木架梁加固时，木料则发出响声等。

1. 施工

刚开挖的新窑洞，由于土壤的应力重分配和固结过程尚未完成，土壤较湿、压缩性较大、承载力较低，此时若缺乏施工经验或急于求成，大面积开挖，不注意观察和采取必要的安全措施，常常会发生工程工伤事故。

为了使黄土的直立性能充分发挥，确保前崖稳定，可在錾修前崖后等一个时期，使前崖部分的土壤，有一定的时间来进行应力重分配和固结作用，然后再挖掘洞身，或采用分段分期的施工方案。

为了保证施工过程中的窑腿强度，施工时可在窑腿部分留一土墩，起临时补强作用，等前崖及洞身干燥、变形停止后，再将此土墩挖除。

为保证窑顶的安全，施工时可先挖一导洞，直达需要深度，观察洞内土质、土层分布、节理发育情况后逐步扩宽，挖窑速度也不宜太快。

2. 围护

（1）窑顶围护：在每年的初春或雨季之前，细心地检查和平整窑顶排水坡面。填实鼠洞虫眼，砍去自生小树，清除浮土、草皮（注意不伤草根），再碾压整实。疏通排水沟道，做到“天晴修窑顶，下雨不担心”。

（2）洗崖：隔若干年后，可将前崖錾去0.5~1.0m的厚度，剔除剥蚀层，挖去松动土体。或重新作前崖的粉刷层，使前崖永保稳定。

（3）洗窑：当窑顶开裂或掉土，窑腿坍剥时，可将此有隐患部分铲除或加固，重新粉刷，以确保洞身安全。

（4）裂缝处理：

窑洞在使用过程中可能会出现和窑脸平行方向（垂直于进深方向）的裂缝，它使土体有向院内倒塌的倾向，可能堵塞出口，因而危险性较大。采用类似于基坑支护的方法来约束土体的移动，限制裂缝的发展，用若干短槽钢焊接在一长槽钢两侧，分别在窑洞前面拱顶土层的中间部位以及窑洞后部的相应位置开槽，再用钻打洞，穿入钢筋，钢筋两端过丝，一端和槽钢相连，另一端和窑洞后部埋入土体中的锚固构件相连，拧紧螺栓使土体夹紧，同时给土体施加预应力，再对开槽、洞位置作相应的技术处理即可。[①]

第四节 匠作技术

传统窑洞民居的营建涉及土工、泥工、瓦工、木工等行当，还有堪舆师的参与。完全由业主自行组织人员实施，技术全部来自当地民间人士，不需要借助外来资源。所用建筑材料和使用工具依靠本地出产。因此，中国传统窑洞民居也被国外学者称为“没有建筑师的建筑”的范例。各种匠人在窑匠的统筹下，整个营建过程和传承方式显得非常独特。[②]

一、工匠类别

（一）风水师

在窑洞民居的营造之中，乡村风水师是一个不可或缺的门类。在窑洞民居的选址、规划、建设、迁移、改造等一系列营建活动中都严格依据流程。窑洞不仅反映了正统的体系，而且还蕴含了很多散落在民间的口诀、歌谣。择吉动土、数理规划、禁忌、厌胜等一系列方俗，具有一套自身的理论体系。[③]比如民居院落的正房朝向用罗盘确定，并在罗盘上系上红线来表示选定的方向。确定房屋朝向后，在基地的中心定桩，由户主与匠人从中心点开始根据房屋的尺寸进行放线，定出房屋平面矩形的四边中点。[④]

（二）窑匠

在传统窑洞民居的营造之中，窑匠可以与中国木构体系的大木匠相提并论了。在进行建造初始，

① 童丽萍，张晓萍．濒于失传的生土窑居营造技术探微[J]. 施工技术，2007（11）：90-92.
② 李红光，张东，刘宇清．河南陕县地坑院民居及其营造技艺[J]. 四川建筑科学研究，2013（1）：225-228.
③ 撒小虎．窑洞：孕育陕北文化的摇篮——陕北窑洞建造技艺[J]. 文化月刊，2014（5）：88-91.
④ 潘曦，朱宗周．平定传统锢窑营造技艺调查[J]. 建筑史，2016（37）：160-174.

窑匠要对帮工进行整体分工，对建造的整个流程需要掌控。他是实实在在的窑洞建造者，也是最关键技术的掌握者与施行者。无论是哪一种窑洞民居类型，从修建窑洞的整体流程来看，挖界沟、整窑脸、画窑券、挖窑、修窑等主要步骤都少不了窑匠的指挥与操作。尤其是对于窑洞拱券的划定，对于拱线轮廓的把握。减法模式需要从外壁划定，而加法模式如果有后墙可利用则在后墙划定，现在多利用工具提前做好窑楦子。划定券形之后，减法模式的窑匠先挖进去 10cm 左右，然后交由业主或者小工继续挖，在这个过程之中，窑匠起到监督的作用。待挖到快要结束的时候，窑匠要进行整窑、修窑的工作。加法模式则是在起券的关键节点，由窑匠亲自操作。以土坯砖（胡墼）起券为例，窑匠用泥壁抄上泥，在后墙上拍上泥巴，用泥壁上下使劲抹匀抹平，提起一块胡墼，长方形立起，将其稳稳地粘在墙上。这第一块胡墼贴上，意味着箍窑将紧张地开始，泥匠以及小工也将忙碌起来。窑匠提起另一块胡墼，将一头放在架板上，一头用左手抬起，拿起瓦刀或铲子，将放在架板上那头边角略微砍砍（为了使窑走圆），越往高越砍得重些，到了窑顶合槎的那块，基本两边被砍成梯形，在刚贴上的那块胡墼上沿探上泥，对准里边用力贴上去，并迅速在上沿与后墙上探上泥以便紧密粘合。箍到窑肩上，倾斜度大了，胡墼上沿容易往下掉，窑匠用力将胡墼贴上，就让下手赶快把早准备好的键递过来，他用手握着不紧不松地顶在胡墼上，以防下滑，掉出下线，这样可以保持其稳固性。

（三）泥匠

泥匠主要是进行砌筑与墁泥的一些工作，和泥有时可交由小工进行。

墁泥工作一般所持的工具有两把泥壁（抹泥刀），一把长尺许、宽四五寸的铁泥壁，一把宽六七寸、长一尺三四寸的木泥壁。泥倒上，先用木泥壁把泥抹开，再用铁泥壁用力把泥墁平。有墁得不平之处，就用铁泥壁尖挑上一点泥，探到低的地方，再斜着头用靠近窑面的一只眼睛看着前后墁平。

擀靠工作也是泥匠的一个难点。如果泥上得薄，天气好阳光强烈，泥一会就会沁住，就要赶快擀靠，不然泥干了擀不瓷实就会被雨水几次冲光。因此，上窑的关键是擀靠。前边上过的泥，看着表皮水分稍微渗下，就赶快用擦得光亮的铁泥壁使劲擀靠，使泥密实，不要等着一口气上完，前边上的够不着擀靠，窑泥就会虚，容易渗水。窑顶墁完，感觉能踩住脚，就站到窑渠里，用劲快速前后擀靠一遍；若踩不住脚就找块木板或旧糖放上踩上擀靠。泥皮基本沁住，等到踩在上边不打滑踩不出泥坑了，就拿一把老扫帚，从后往前齐齐使劲拍打，让泥吃紧窑上。拍打完了，感觉还不密实，再用平木板或者烂鞋底子拍打，用光脚片子踩踏。

上窑最需技术的不是墁窑顶，而是窑檐，窑檐墁不好，窑的式样既变形又难看。因此，整个窑上出来，擀靠出来，就要很细心地墁窑檐，窑檐顶部要与整个窑顶保持一样圆一样平整，同时窑的边沿要平光而直直棱棱，这里也能充分表现泥匠的技术和功夫。[①]

① 尤屹峰 . 箍窑 [J]. 飞天，2016（5）：72-76.

二、营建工具

在窑洞民居的营造过程之中会使用到一些营建工具，这些工具多为日常生产生活的器具，所以使用起来非常普遍，这也充分地体现了黄土地区的农耕特性。这些工具按使用阶段介绍如下。[①]

（一）定向放线工具

定向放线工具包括：罗盘、线绳、木桩（木撅子，用于基地放线时的定点工具）、斧子、方条盘（或青砖，用于规定直角）、土工尺子、铁锹、木棒、白灰（图 4-4-1）。

（二）挖土、运土工具

挖土、运土工具包括：铁锹、镢头、镐（尖洋镐）、锄头、箩筐、辘轳（和箩筐配合使用，用于土的垂直运输）、扁担（用于土的水平运输，或沿坡道运输）、板车（架子车，用于大量土的远距离水平运输和沿坡道运输）（图 4-4-2）。

（a）量尺　（b）门窗尺　（c）水平仪　（d）方尺

图 4-4-1　定向放线工具

（a）镢头　（b）铁锹　（c）洋镐

图 4-4-2　挖土工具

① 李红光，张东，刘宇清．河南陕县地坑院民居及其营造技艺 [J]. 四川建筑科学研究，2013（1）：225-229.

（三）砌筑工具

砌筑工具包括：铁锹、锄头（可用于和泥）、二齿耙（用于和麦秸泥时将麦秸和匀）、泥兜子、泥盒、瓦刀（用于铲泥、轻敲砖或胡墼使其与泥结合、勾缝，也可用于砍砖）、线坠（图 4-4-3）。

（四）粉墙工具

粉墙工具包括：泥板（用于平托起少量泥，便于涂抹施工，一般也在往墙上涂抹前用泥抹子在泥板上再和一次，使其和易性更好，保证涂抹质量）、泥壁子（也称抹泥刀，用于往墙上涂抹麦秸泥或白灰）（图 4-4-4）。

（五）木工工具

木工工具包括：刨子、锯、斧子、墨斗等（图 4-4-5）。

（六）碾压、砸实工具

碾压、砸实工具包括：石磙子（用于加固窑顶地面，特别是下雨后碾压地面，使其更为密实、光滑）、夯捶（用于砸实地面）（图 4-4-6）。

（七）窑面处理工具（图 4-4-7）

刷窑面的工具包括：三爪耙，用于剔刮、刷洗崖面、窑面。

（a）托泥板

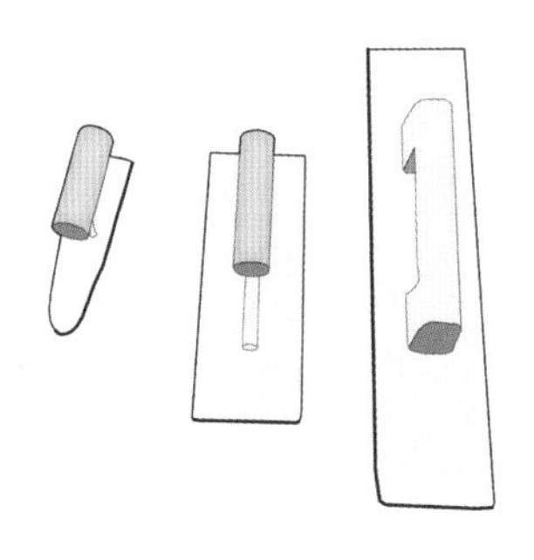

（b）抹泥刀

图 4-4-4 粉墙工具

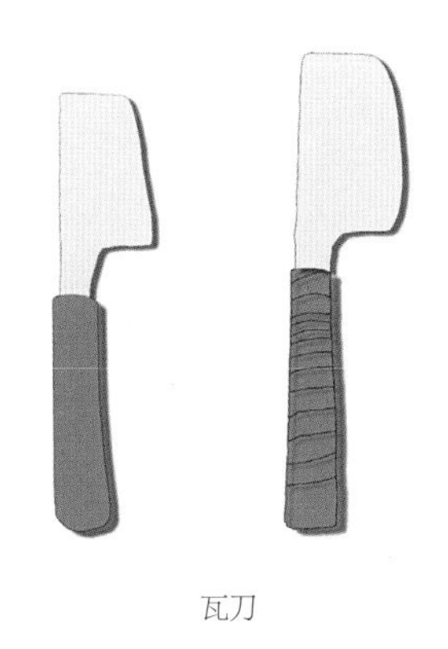

瓦刀

图 4-4-3 砌筑工具

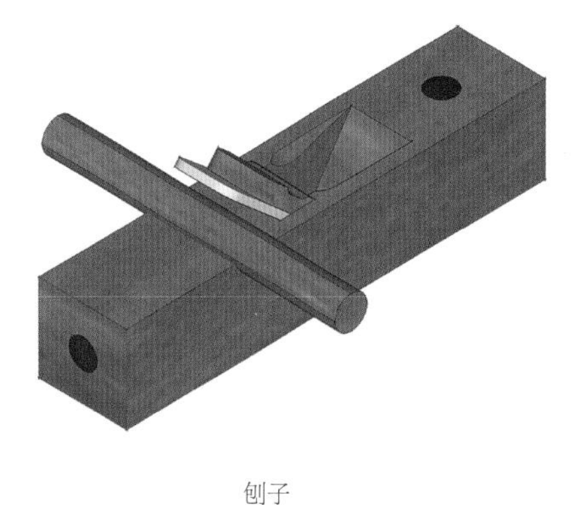

刨子

图 4-4-5 木工工具

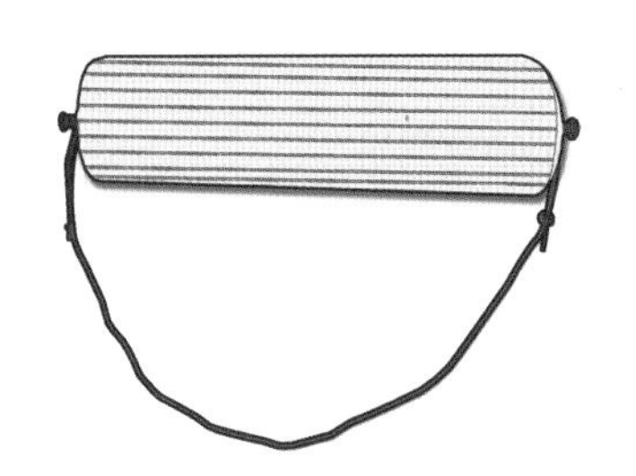

(a) 石磙子

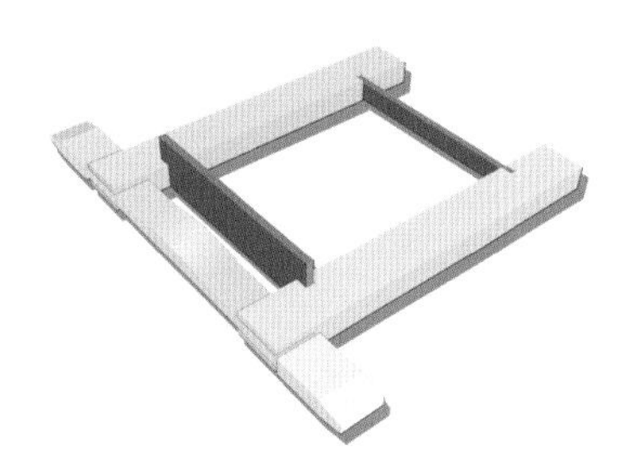

(b) 土坯砖模具

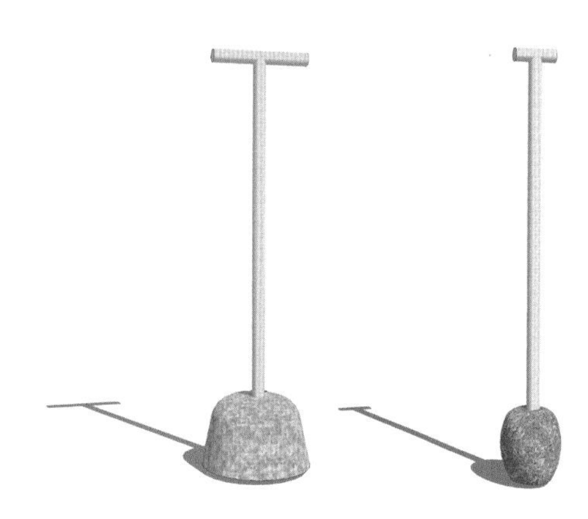

(c) 夯捶

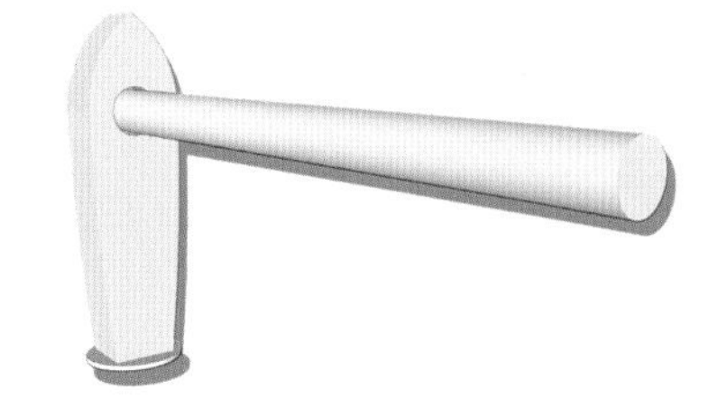

(d) 榔头

图 4-4-6 碾压、砸实工具

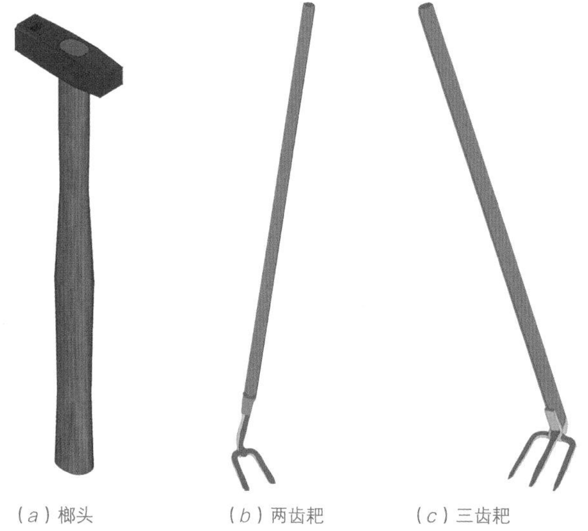

(a) 榔头 (b) 两齿耙 (c) 三齿耙

石匠錾子

图 4-4-7 窑面处理工具

第五节　小结

本章通过对传统窑洞民居的技术要素进行分类、分析与研究，分别总结了其在材料技术、结构技术、营造技术以及匠作技术等四方面技术要素的特征。从材料技术要素来看，传统窑洞民居依据黄土地区得天独厚的黄土资源，因地制宜、因材制用，从而形成了以土、砖与石为主要建筑材料的乡土建筑类型。从结构技术要素来看，传统窑洞民居以拱结构为主体结构，形成了不同于中国传统木结构体系的结构支撑技术，并且形成了独具特色的主体结构、围护结构与附属结构的有机结构体系。从营造技术要素来看，传统窑洞民居形成了“减法成型”与“加法成型”两种营造模式，并且形成了建筑空间与结构原型模式，尤其值得关注的则是其“安全模式”。从匠作技术要素角度来看，传统窑洞民居以窑匠为主体，辅以泥匠、瓦匠、木匠、风水师等多工种，利用其各自使用工具协力完成窑洞民居的建造。

传统窑洞民居是由匠作技术，通过建造技术，将材料技术、结构技术在黄土地区不断实践与传承的典型，是非物化的工匠本体将自然资源物化成人类住居类型的典范。

第五章

靠山式窑洞民居建造技术

窑洞起源于原始穴居，从天然洞穴到人工挖掘的靠山式窑洞，再到完全人工建造的独立式窑洞，黄土高原地区窑洞形式随着历史的变迁、实践的积累不断更新。靠山式窑洞相比其他窑洞建筑形式，其冬暖夏凉的恒温性能更为出众，也更为省工省料，这与我们当今提倡的绿色建筑理念不谋而合。本章对靠山式窑洞的分布、分类进行了梳理，重点研究靠山式窑洞建造技术，并对各地靠山式窑洞建造的差异性进行了比较分析。

>>

第一节 靠山式窑洞民居建造技术综述

距今约七八千年前的新石器文化时期，原始人类选择自然中适宜的洞穴居住。随着社会、经济、技术的发展，居住在黄土高原的先民逐渐学会使用工具在深厚的黄土层挖掘洞穴，这就是最早的靠山式窑洞。我国最早的诗歌集《诗·大雅·绵》中有“古公亶父，陶复陶穴，未有家室”的诗句，描写了周人是如何艰辛地建造家园的。“陶复陶穴”就是指周人建造穴居或打窑洞。黄土高原上的人们择吉址挖洞成居室，到魏晋时期石制工艺的发展，促使以黄土为主体的窑洞与砖石结合，使窑洞走进了建筑艺术的行列。

在一代代的建造实践中，逐渐形成一套完整的窑洞建造体系，同时也随着技术的发展，砖石建造工艺的提升，出现了与就地采石箍石拱相结合的靠山接口式窑洞。此类窑洞只在窑脸和前部砌石，纵深部仍利用黄土崖。到明清时期，黄土高原梁峁沟壑间分布有大量靠山式窑洞，富裕人家在窑面上装修石窑面，坚固且美观。

靠山式窑洞有冬暖夏凉和省钱省料、修造容易等优点，但也存在内部光线昏暗、采光不利、空气流通差、窑面容易风化雨蚀、山体滑坡易坍塌的缺点。新中国成立后，随着农民生活水平的逐步提高，人们追求新的居住建筑，许多媒体宣传上也把弃窑建房作为农民生活奔小康的标志，土窑洞逐步废弃。

靠山式窑洞主要分布于我国黄土高原地区的陕北、陇东、晋西以及豫西地区。

第二节 靠山式窑洞民居建造技术类型划分

相对于其他建筑形式的“加法”营造方式，靠山式窑洞采用挖去天然材料以取得其中空间的“减法”营造方式。主要利用土体直立的性质，在不改变原状土体结构和物理性质的前提下对土体的应力空间作了调整，因此在一定程度上改变了土体的抗压、抗剪等工程特性。

靠山式窑洞根据其建造方式分为靠山式窑洞和靠山接口式窑洞。

一、靠山式窑洞

靠山式窑洞主要位于山坡或台塬沟壑的边缘地区，沿等高线布局，顺山势呈曲线或折线形排列。因为顺山势挖窑洞，挖出的土方可直接填在窑前面的坡地上形成院落，既减少了土方的搬运，又取得了不占耕地与生态环境相协调的良好效果。

山地窑居聚落利用山坡的高差，形成层层退台的台阶式窑洞群，底层窑洞的窑顶是上一层窑洞的前院。在山体稳定的情况下，为了争取空间也有上下层重叠或半重叠修建的（图 5-2-1）。

在山西、宁夏等地区，有靠山修建的双层窑洞，是靠山式窑洞中一种特殊的类型。

二、靠山接口式窑洞

靠山接口式窑洞，是在沿冲沟两岸崖壁基岩上部的黄土层中开挖的窑洞，是与就地采石箍石拱相结合的类型。此类窑洞只在窑洞的前部砌石拱或砖拱，纵深部仍利用黄土崖，当地俗称“接口窑洞”。“接口窑洞”的最大优点是：上部山体崖面有少量的土体滑落时，落土堆积在接口窑顶部，不至于直接掩盖窑洞的出口（图 5-2-2、图 5-2-3）。

（a）靠山式窑洞聚落 1

（b）靠山式窑洞聚落 2

（c）山西双层靠山式窑洞

（d）宁夏双层靠山式窑洞

图 5-2-1 靠山式窑洞 1

图 5-2-2 靠山式窑洞 2

图 5-2-3　靠山接口式窑洞

第三节　靠山式窑洞的材料特征

一、黄土

靠山式窑洞是直接利用自然资源进行营建的，受地域资源约束很大。黄土是建造靠山式窑洞的主要材料。土质直接决定了是否适合挖掘靠山式窑洞以及开挖后窑洞的稳定性。靠山式窑洞主要分布于午城黄土上部与离石黄土层全部，因其下以古黄土（即午城黄土）为依托，上为新黄土（即马兰黄土）所覆盖的老黄土（即离石黄土）(图 5-3-1)。该层在黄土高原分布北至永登—海原—盐池—河曲—大同一线，南至秦岭南麓，西至西宁之西的湟源，东至太行山西侧，包括陇西、陇东、陕北、关中、山西，总面积约 35.95 万 km^2。[①] 黄土地貌与黄土土质二者的结合，使靠山式窑洞多出现在陡崖和黄土台的边缘地段（图 5-3-1、图 5-3-2）。

二、石材、砖材

石材、砖材主要用于靠山接口式窑洞的接口、窑

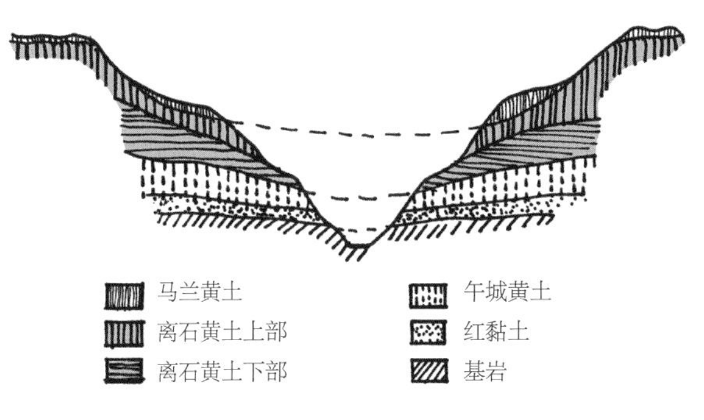

图 5-3-1　丘陵沟谷区地貌形态剖面图（来源：根据景可，陈永宗．黄土高原侵蚀环境与侵蚀速率的初步研究 [J]. 地理研究，1983（2）：1-11，作者改绘）

① 李锐，杨文治等．中国黄土高原研究与展望 [M]. 北京：科学出版社，2008：19.

（a）陕北窑洞

（b）晋西窑洞

（c）陇东窑洞

（d）豫西窑洞

（e）宁夏窑洞

（f）渭北窑洞

图 5-3-2 陕北、晋西、陇东、豫西、宁夏靠山式土窑洞组图

脸部分。陕北地区以石接口为主，豫西、晋西地区以砖接口居多（表 5-3-1）。

主要窑洞分布区窑洞材料比较　　表 5-3-1

地区	陕北地区	陇东地区	豫西地区	晋西地区
窑洞材料	土窑、石窑	土窑	土窑、砖窑	土窑、砖窑

陕北地区由于沟壑底部岩石外露，便于开采，有相当数量的接口石窑存在。陇东地区石山少，且燃料匮乏，烧砖困难，又因交通不发达，不便运输石材、砖材，因此以土窑为主。豫西、晋西地区黏土适合烧制砖块，因此除了土窑洞之外还存在着一些接口砖窑（图 5-3-3）。

（a）陕北接口石窑洞

（b）豫西接口砖窑洞

（c）晋西接口砖石窑洞

图 5-3-3 陕北、豫西、晋西靠山式接口窑洞

第四节 靠山式窑洞的结构特征

靠山式窑洞的结构特征有以下几个方面。

1. 抗震性能好

窑洞的使用年限相对其他建筑类型较长。因为它是山体的一部分，只有一个自由面，相当于半地下建筑物，建筑通过内部起拱，将顶部覆土荷载重量转化为对侧面土层的推力。因此，靠山式窑洞的抗震性能较好。

2. 稳定性能好

靠山式窑洞窑体两侧的土体可以承受很大的水平推力，因此靠山式窑洞很稳定。窑顶垂直承载能力与窑顶曲率有关，曲率愈大垂直承载力愈大，其侧向水平推力愈小，窑顶愈加稳定。[①] 一般靠山式窑洞 3~5 孔水平分布，组成一户窑院。其窑洞间距（即窑腿）较宽，约 1.5~2m。目的就是为了辅助分担窑顶黄土荷载重量，增加稳定性。

3. 安全性能好

靠山式窑洞均采用承重能力更好的拱顶形式。根据土壤的力学性能，挖掘成半圆形或尖券形拱，使上部覆土的荷载沿抛物线方向由拱顶、侧壁传至山体和地基，增加了窑洞安全性、稳定性（图 5-4-1）。

图 5-4-1 靠山式土窑

① 任致远．甘肃省庆阳地区黄土窑洞调查报告 [R].

第五节 靠山式窑洞民居建造技术

一、概述

靠山式窑洞，作为黄土高原上最古老的建筑形式，独立式、下沉式窑洞的前身，分布十分广泛。靠山式窑洞民居的建造技术流程为：选择窑址，平整崖面，画出窑脸轮廓，放线，开挖窑洞，修整窑壁，砌炕灶、掏烟道，砌窑面，安门窗，铺砌地面和室内装饰（图 5-5-1）。

二、建造技术构成与施工流程

（一）相地选址

靠山窑洞的选址，起源于旧石器时代，是远古先民长期生存经验的体现。在黄土高原千沟万壑的地貌上挖掘靠山式窑洞，基址的选择非常重要。黄土高原的居住者们总结出了一套适合于当地的选址方法，并在这种选址经验中创造了中国特有的“负阴抱阳，藏风得水”的传统文化，对其的讲究与崇拜贯穿于靠山式窑洞民居建造始终，同时对我国传统建筑营造产生了巨大的影响（图 5-5-2）。

相地选址通常由专人进行。陕北地区有句口诀：“山关人口，水关财，功名关的朝山来”。说的即是山形地势、格局的大小控制着该地的人口，水流关乎所择基址的好坏，如果基址有着良好的山水环境，自然就是一处优良的基址。

我国黄土高原靠山式窑洞选址主要遵循以下原则。

1. 顺应地形地质

窑洞建造应选择黄土山丘边缘的直壁或者沟壑两边、山谷底部的黄土崖壁之上，避免在河漫滩、沟谷两岸低级阶地和黄土塬、梁、峁的坡脚堆积黄土地带建窑洞。一般宜选山体前缘或沟谷两侧的向阳面，避开孤立突出的山包，并且回避有可能造成水患和发育小冲沟的地段。

靠山式窑洞民居主要建设在离水源不远的山腰地段，坡度较大，在 45°～60° 度之间（图 5-5-3）。中国传统农耕思想对土地极为看重，因此将较适宜农耕种植的坡度较小地段作为耕地，将不能耕种的坡地建造窑洞。由于坡地的坡度略大，更方便挖洞建窑。最初的窑洞聚落是沿沟向阳一面一字排开，随着人口的增加，土地压力变大，出现了沿等高线层层抬升的村落布局。

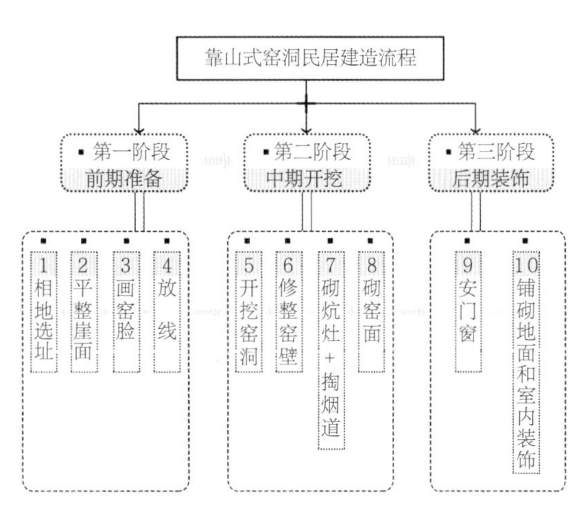

图 5-5-1 靠山窑洞民居建造流程简图

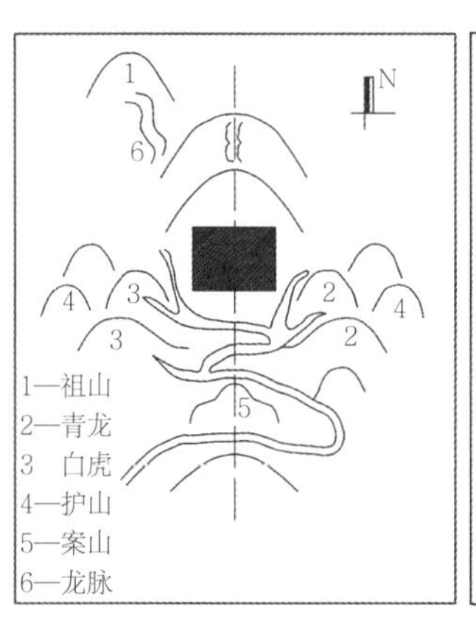

（a）最佳城址选择

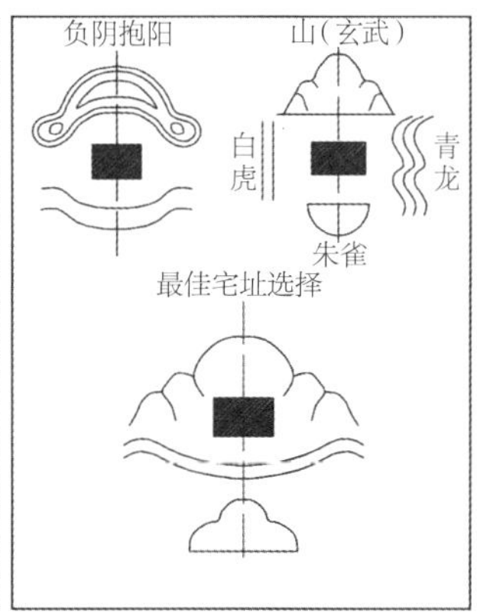

（b）最佳村址选择

图 5-5-2 选址示意简图

（a）窑洞选址在沟谷半坡处

（b）窑洞分布区域示意图（来源：《景观规划的环境学途径》）

图 5-5-3　窑洞选址

2. 近水

水的选择，既要得人畜生活用水之便，又要避其洪水之害。干旱半干旱的黄土高原，饮水成为首要选择。丘陵沟壑区选择依山傍水的山腰，山脚下、沟谷底部多有水泉，最忌干沟落村。水泉干涸，则要迁村。我国古代生态地植物学的重要文献《管子·地员》中记载："高毋近旱而水用足，下毋近水而沟防省，因天时，就地利。"村落选址与水的利害关系非常重要，必须建在历史上山洪最高水线以上，以避水患。

3. 适应地方气候

黄土高原地区地形、气候变化较为复杂。在南向的山坡能够接收较多的阳光，因此在气候上要比北向的山坡暖和、干燥，而且植物要比北坡少，且较为矮小。这些不同进一步使得南北坡面在土壤形式、径流和栖息地等各方面发生着十分显著的差异。选择的地形基本趋向背风向阳、山近水依、出入方便的地方，在沟谷内营建村落局部小气候要比塬面、山坡地舒适。这也是长久以来，人们在居住的过程中总结出来的，营造舒适小气候最适宜的基址。

4. 选择适宜土质

在辨认土质方面，一些比较有经验的窑洞匠人能够用"握土法"估计土的含水量，能用"指捻法"知道土的坚实性，用"拳击法"知道土的抗剪能力，还能凭钣镢反作用于手的力量了解土的强度，从而确定营建地点。靠山式窑洞必须选择在向阳山崖上土质坚硬、土脉平行的原生胶土崖上挖掘，避免在直立、倾斜土脉和绵黄土地段开挖。其原因是：土硬则实，土软则虚，虚则易塌陷。黄土高原地区，人们将黄土分为黄土、黄胶土和红胶土，坚固性依次递增，胶土是建造土窑的最佳选择。黄土高原地区，黄胶土最为普遍，红胶土其次。

除要选择合适的黄土层建造窑洞外，尚需选择节理发育少、多年稳定的黄土地貌。有经验的窑洞匠人可在某些土层中分辨节理的主、次向，确定窑的深度方向应平行于主节理。

5. 便于生产

我国历史上长期处于农耕社会，一个村落、一家农户总是要靠耕田才能发展。因此，重于靠田、便于耕种是村落选址的重要因素。合适的耕作距离需考虑耕作技术与工具以及往返所需的时间。窑洞村落建在山腰上而不设在近水的崖边，就是重于靠田的例子。另外，黄土高原沟壑区由于土质贫瘠，迫使这里人们不断开荒扩大耕作面积，广种薄收，维持生活，从而造成村落松散，有的村落沿沟谷绵延十几里（图 5-5-4）。

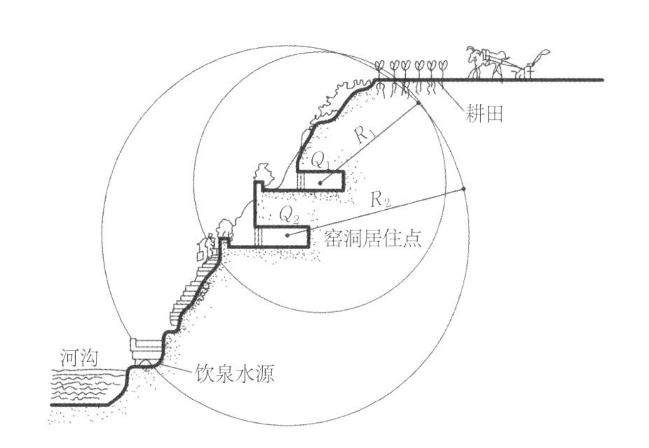

图 5-5-4　靠山式窑洞耕作、汲水示意图（来源：《中国窑洞》）

图 5-5-5　镢头、铁锨、洋镐

（二）平整崖面

在选定的基址上用工具平整崖面（窑洞的正立面），使得崖面光滑、平整。若土质是绵黄土，则用镢头，若土质是胶土，则双齿镢头，另外还有洋镐和铁锨共同工作（图 5-5-5）。

挖出的土填到窑洞前方的山坡上，形成一块台面。切下的土方不仅可用来铺设道路和围墙，还可作为其他构件的原材料（图 5-5-6）。

为了保持土壁的稳定性，平整崖面时必须留出一定的坡角，放坡的角度视不同土质而定，在1/40～1/20 不等。有的窑洞在两侧崖面坡脚处，留有一个土台，高约 1m、宽为 40cm 左右，称之为“旱台”，以加强窑脚的稳定性。另外，压砌檐口女儿墙也是保护土壁不受雨水侵蚀的有效措施，为了防止土壁被风化侵蚀，采用麦草泥粉刷崖壁。

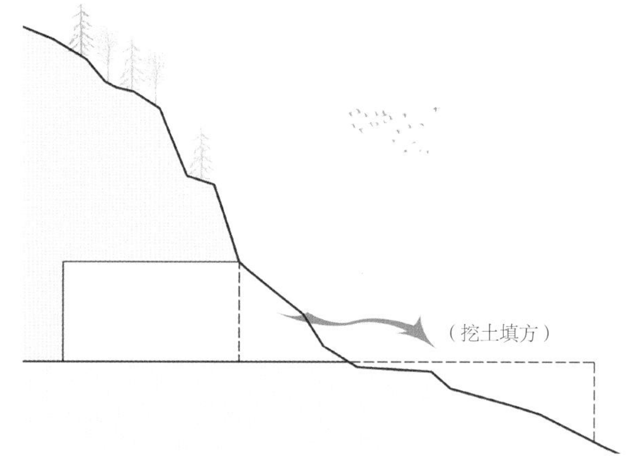

图 5-5-6　靠山式窑洞挖土填方示意图

（三）画窑脸

窑脸脸型，尤其是窑顶拱券形式的选择关系到窑腿承受窑顶侧推力的大小。黄土高原地区分别有双心拱、三心拱、半圆拱、平头三心拱和抛物线拱（图 5-5-7）。其中，双心拱、三心拱、抛物线拱窑腿承

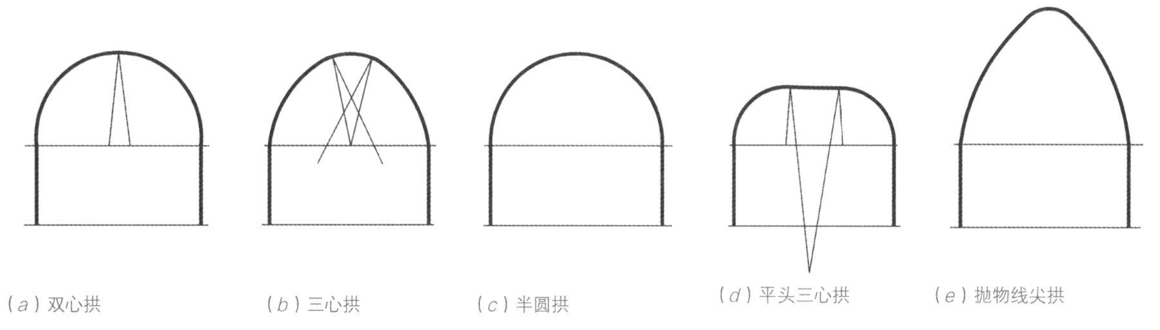

图 5-5-7　不同窑脸弧线做法

受的侧推力比半圆形拱的要小，也就更稳固。

（四）放线

平整墙、地、顶，在山体中形成居住空间之后，会向内放线，确定窑洞施工操作线，挖出窑洞大致轮廓（图 5-5-8）。

按照所选尺寸，用白灰在平整好的窑面上放出窑洞洞口的位置。放线的时候，先画出窑腿的位置，确定窑洞的开间和窑腿的宽度。在放线的时候，需要用方尺来作为辅助，保证放出的线条角度为 90°。

图 5-5-8　方尺工具

（五）开挖窑洞

靠山式土窑洞施工时先用镢头、铁锨和洋镐剖开崖面，然后开一个竖长方形开口，向内挖 1m 之后，向两侧扩展成为上部呈半圆弧、下部直立的洞，然后依次渐进地向里挖掘成半圆形的洞。

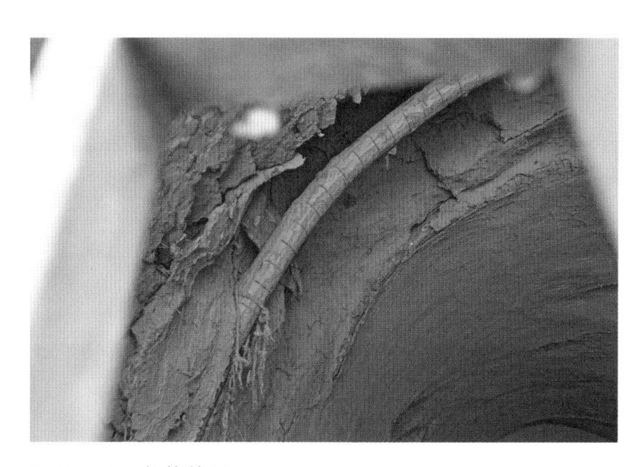

图 5-5-9　柳椽箍顶

在调研中发现，陕北靠山式窑洞的尺寸，窑腿的宽度一般为 1.2～2m；窑脸宽度为 2.80～3.30m；窑脸高度为 3.30～3.70m；崖面檐口高度为 5.3～7m；窑洞进深一般取 8m 左右，最深可达 20m。具体尺寸的确定与土质的好坏有关，土质越硬尺寸越大。部分靠山窑洞也会用直径为 8～10cm 的柳椽箍顶，起固定窑顶的作用（图 5-5-9）。在晋西北黄土高原地区，开挖靠山式窑洞往往将洞口凿大一些，内部再用土坯或者砖砌筑拱券内衬，使得结构更为坚固、稳定。

陇东地区，最先挖的叫雏窑，雏窑高度一般在 2～2.5m 之间，宽 2m，深 2～4m，雏窑的高度根据土的强度而定（图 5-5-10）。

图 5-5-10　雏窑

挖窑时，沿放好的施工线从外向内，依次将土掏出，至所选深度处即得一土窑。土窑的掏挖过程体现了当地人的营建智慧。在挖窑洞的过程中，掏挖的顺序很重要，要保证掏挖窑洞上部的时候，工人脚下有可以踩着的黄土，否则窑洞太高，不利于施工。所以，挖土的过程，采用自上而下、自外向内，依次阶梯式掏挖。

（六）修整窑壁

窑洞的雏形挖好后，要进行修整，此时要请有经验的“窑匠”完成。修整窑壁在河南地区也叫“剔窑”、“洗窑”，陇东地区称为“旋窑”。

修整窑壁是个精细而技术要求很高的工艺。窑匠对窑脸的拱形进行修整，使其符合当地人们认为最理想的形状。在窑洞最里面的垂直壁面上再修整出相应的拱形，在外壁拱形顶端与内壁拱形顶端各钉一铁钉以线绳连接。同样在拱形两侧各连接四条线绳，这样拉直的线绳即确定了窑洞的整体平直度。在雏形窑洞上把影响线绳的多余土剔掉，使线绳绷直，以绷直的线绳控制剔窑时削土的多少。

窑洞挖好以后先通风晾干，从雏窑到成窑中间要停晾 1～2 次，成窑晾干以后就要进行修整和打磨。用黄土和铡碎麦草和泥，用来抹墙。一般抹两层，先粗抹一层，然后用麦糠泥细抹一层。新建的窑洞内墙和顶部都刷上白灰和涂料，使洞内十分明亮，改善了内部光线较弱的状况。修整窑洞一般请有经验的工匠来做，步骤如下：修削窑顶、定形、打磨平整。在黄土高原窑洞区域，“窑匠”是受人尊敬的匠人（图 5-5-11）。

图 5-5-11 陇东地区窑壁修整

（七）砌炕、灶，留烟道

1. 炕

窑洞出现于先秦，到唐宋之前，北方早已普遍使用炕了。炕也是床的一种类型，是人类最原始的床。相比于竹木、金属或其他材料制作的床来说较为简陋，是窑洞内用砖石、土坯、泥灰砌筑的固定式床位，通常要比移动式床大得多。炕一旦砌成，一般不再移动，除非有过大的翻修。

黄土窑洞民居用火炕采暖防潮，与锅台灶膛、烟囱统一设计安排，在炕内盘烟道，利用做饭的余热取暖。夏季人们追求凉快，改用室外砌灶做饭，炕面则是很凉爽的。火炕的布置影响到烟囱和锅灶的位置。最常见的布置形式有两种：一种是门前炕，在临近窗口处布置火炕，靠近窑脸砌附垛式烟道伸出窑顶。炕上温暖、明亮，冬天人们坐在炕上做家务活、吃饭、接待客人等（图 5-5-12）。

另一种是窑掌灶，靠近窑洞后壁布置火炕，垂直烟道靠近后壁伸出窑顶。这种布置形式的优点是火炕较隐蔽，并且可充分利用窑室前部空间和窗口位置布置家具。缺点是烟道在后侧冲出窑洞顶部的山体，施工难度大（图 5-5-13、图 5-5-14）。

火炕的制作，是黄土地百姓普遍都会的建造技艺。其制作主要分为以下几个步骤。

1）制作炕面

一般在夏收过后，农闲时就制备火炕的主要构件——炕面。炕面用黄土加入麦草、秸秆等做成泥板，一般厚约 8～12cm，根据板的长宽而定。需要先做板的边框模具，然后将麦草泥倒入，在麦草泥未干时还要进行轻微的夯打，使其密实增加强度。等泥板干燥后，取出泥板，再经过多次晾晒，便形成硬度较大的炕面。

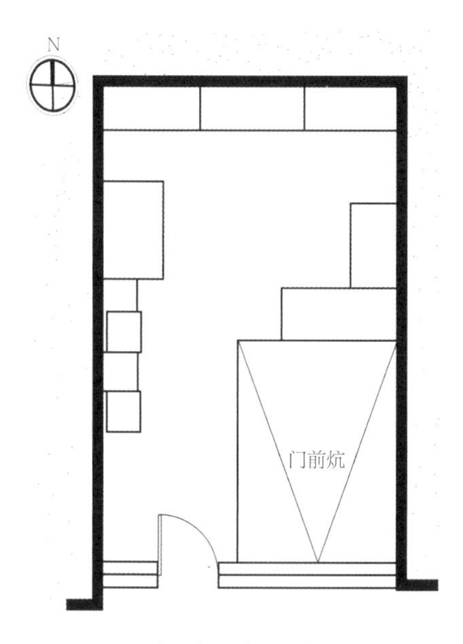

图 5-5-12 临近窗口布置火炕

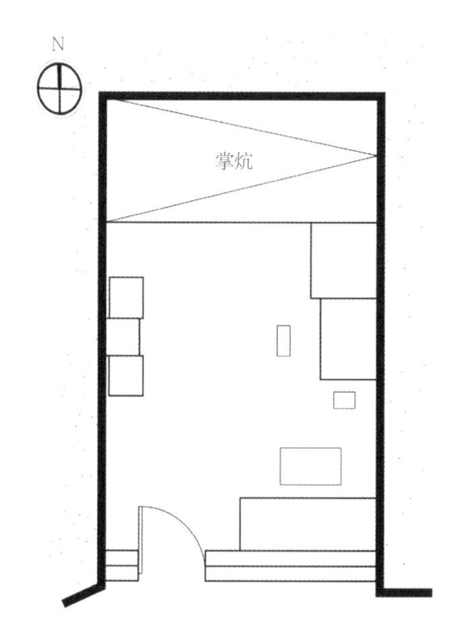

图 5-5-13 靠近窑洞后壁布置火炕

2）盘炕

盘炕就是造炕，砌筑炕的主体结构。在炕体内设土坯砖砌炕柱，用来支撑炕面泥板。炕体四周一般也是用土坯砌筑，并留有烧火口位置。烟囱是用镢头或犁刃在窑洞壁面自下而上掏挖而成。炕按大小和方位，有占窑洞一角而较小的棋盘炕，也有从窑窗至窑掌的顺山炕，顺山炕是为了多住人，常供旅店、学生宿舍、兵营用。而农家最常见的是掌炕和门前炕。盘掌炕，则为窑多宽，炕多宽，而门前炕宽度受过道的限制。

陕北及吕梁山区靠山式窑洞因为纬度较高，太阳入射角较小，一般选址在梁、峁、山沟上，阳光能够射入窑洞内部，所以炕的位置可以安放在窑洞内部远离门窗。而渭北、豫西一带，太阳入射角较大，阳光只能进入室内1～2m，所以炕的位置一般都靠近门窗。

3）装饰

炕在北方寻常可见，因家境情况不同，装饰也有所不同。贫穷之家土石垒砌，不多装修；富裕人家则注重炕楞（炕沿）、炕面、炕裙、炕围装饰。炕围画又称“炕围子”、“炕围花”，在炕与窑洞壁面连接处，一般的炕围子高约80cm，最高不超过1m。炕围画种类繁多，人物仕女、山水田园、花卉虫鱼、戏曲故事均可入画，姜氏庄园里至今还有存留（图5-5-15）。

图5-5-14 靠山式窑洞火炕

图5-5-15 靠山式窑洞炕围花

2. 灶

灶是全家人熟食之所系，窑洞的灶由古代火塘演变而来。绥德县延家岔出土的汉墓石灶，灶体为半圆形，正侧面有进火口，后有出烟孔，灶面刻大、中、小三个安锅坑，右侧排列有勺、钩、叉、刷等灶具，这种石质锅台和灶面两锅形制、三锅形制一直沿用至今（图5-5-16）。

窑洞灶台的制作多种多样，一种是黄土夯打土坯砌成锅台，然后镟大小锅口，灶坑和灶门，安上炉齿；另一种是砖石砌成，由石匠事先錾就寸许厚的石板砌成灶面。随着经济发展，还出现了水泥锅台、砖镶面锅台等。

灶的种类有鼓风灶与吸风灶。通常灶、炕、烟道三位一体。在燃火方面根据送风方式不同分成两种灶型：一是应用“风箱”鼓风灶，二是利用室内外温差热气流上升原理抽风的吸灶。窑掌炕和后出烟系统大部分是“吸灶”。即灶、炕和烟道利用热气上升的原理，形成一个气流循环系统。

灶台在使用过程中经常要用泥土粉饰，俗称“套灶火”。套灶火有几个特异之处：为了加固灶壁而不致裂开以延长寿命，粉饰灶台的材料以上好的黄土和成泥，加入头发或纸筋涂抹四壁。根据使用效果还要

图5-5-16 靠山式窑洞内灶台两锅形制

随时调整炉齿与锅底的空间。民间有个窍道，俗称“炉齿离锅底超七寸，进不了炕洞烟火熏”，这说明炉齿安放的高低对炉火效率至关重要。套灶火的人是专司烧火做饭的妇女，维护灶火的有效利用是她们的强项，在渭北高原农家妇女每天做完饭都要用黄泥浆抹灶台，使其保持清洁。

3. 烟洞

烟洞又称“烟囱”。“囱”又是古代“窗”的意思。从“囱”的字可以看出，原始人的火塘时代并没有正式的排烟系统，而是火塘的烟随便从门窗逸出的形态。

靠山式烟洞有两种：一种是火炕盘在窑洞前部，紧临窗户，这种烟囱大多是在窑脸外面砌筑烟囱排烟（图 5-5-17）。

另一种是在窑洞内部窑顶钻洞与后部掌炕连通（图 5-5-18）。

窑洞后部烟囱由于地形地势的关系，靠山式窑洞只能采取钻土的办法。其工艺流程是：土窑打就之后，于窑掌左近或右近窑腿上掘一高两米、宽能容人的龛，然后人工拿着挖掘工具转动着往上挖洞。这工具就是人们发明了一种“绝活儿”，即绑缚钻具法。钻具是 90° 的曲尺形，用一块宽约 20cm，长约 1m 的厚木板作为撬板，撬板的一头缚一相对活动的竖竿，顶端套上掘进的铧头或矛头，有的则用四只镰头或镢头呈十字形缚定，置一木墩于洞底，撬板搭在上面，竿头朝上，对准烟洞的位置。操作者反复压动木板的这一端，利用杠杆作用，镰刀或铧头一伸一缩地朝上戳。一竿尽，再续一竿。农家没有精确的测量仪器，所以烟洞的高度也没有精确的数，直到戳透为止，钻烟洞必须有极精湛的技艺，经验丰富者，不论窑背覆土多厚，续了几根竿子，凭其娴熟的技艺，必然是笔直的，不差毫厘，被誉为“绝活”。烟洞出山体后再砌一截独立烟囱，以防雨水倒灌。在靠山式窑洞分布的地区，这种人工烟洞随处可见。

（八）砌窑面

窑面的类型有土基窑面、砖窑面和石窑面。窑面材料的选择主要是由地方材料结合主人家的经济实

（*a*）烟囱位于门窗之间

（*b*）烟囱偏一侧设置

图 5-5-17　烟囱位于窑脸外部

图 5-5-18　烟囱位于窑洞后部

力来决定。在经济贫困的地区，通常就是将窑面平整后，用镢头洗出纹理，仅在窑洞洞口拱形部位用土坯砖砌筑，只作简单的粉刷。现在在山西、陕北一些经济落后的地区，还可以看到最古老的“一炷香”式的窑面。山西地区煤炭资源丰富，烧砖技术成熟，所以很多的窑面都是由砖砌筑。一些山区，如陕北榆林地区，多用块石砌筑窑面，加强窑洞的稳固性。

传统的靠山式土窑洞不需要砌筑窑面，而砖石接口窑则是在土窑洞的基础上，按窑拱大小加砌 1.5～3m 进深的石头或砖砌拱，然后做窑面，再做圆窗、木门。土拱与石（砖）拱接口处用麦草细泥抹壁，抹平隐藏使其新旧两个部分浑然一体。接口窑是在传统土窑基础上的进步，门窗变大形成满堂窗，采光面积大，光线增强，既明亮又保温，窑面坚固、美观、结实（图 5-5-19）。

砌窑脸使用宽镢刨光窑面，抹上黏泥，除此之外，营建窑洞还需要麦糠泥抹墙面。在砌筑窑面的过程中需要先根据门窗的位置，预留出门洞和窗洞。在砌筑好窑面后，安装门窗。

陕北地区接口式窑洞的窑脸部位主要使用石材，石头的选择大都采取就近原则。陕北一带沟谷大都基石外露，村民直接开山采石，其中形状品质较好的由石匠加工后用作面石，品质一般的用于砌筑石拱。

渭北、豫西地区窑脸的类型和砌筑方式有先用土坯砌筑，之后抹灰泥，有砖砌基脚上部用土坯的，也有用土坯砖拱做窑洞内衬与护脸的（图 5-5-19）。

（九）安门窗

窑洞正面安设门窗，由于只有一个外立面，故采光与通风对窑洞内的居住环境至关重要，各地门窗形式有所差异。

陕北一带多为半圆拱形的“满堂窗”，与窑洞拱形吻合，门窗约 3～4m^2。阳光可通过窗户直射进来，采光较好，冬季阳光可照到窑内 8m。满堂窗上部有气窗，透气性也有所改善。

在甘肃省的陇东地区，窗户的面积在 1.60m^2 左右，窗户的数量有单个的，也有多个的（图 5-5-20），春夏秋季，门是经常敞开的，因此也可以作为辅助采光之用。由于单孔窑的进深比开间大很多，因此窑的

图 5-5-19　砌筑窑脸

（a）独门 1　（b）独门 2　（c）一门一窗

（d）一门两窗　（e）满堂窗中门　（f）满堂窗偏门

图 5-5-20　不同类型门窗

内部，靠窗户和门的前半部分十分明亮，而后半部分比较阴暗。

传统窑洞的门和窗都使用木材，窗户是用木条组合而成的方格子，门的上部则是菱形或是其他花纹的组合。在这种木格窗上贴着一种薄薄的白纸，这种产自本地并且用麻做成的纸非常柔韧而薄，能够透过充足的光线，过年的时候村民们会在白纸上贴一些用红纸剪成的窗花以表示喜庆。现在都已将糊窗纸换成玻璃了。在陕北寒冷地区，也有在木格内外安装双层玻璃，既保温，又美观。

用来通风的窗称为通气窗，其主要用途是为保证室内环境干燥、舒适。通气窗的面积相比于采光窗，面积小很多，有的安装开启窗户隔扇，也有的只安装两扇小板门，春夏季一直开启，秋冬天气偶尔关闭。通风窗面积与窑洞使用面积之比，一般为 1 : 10，一孔窑有这样一个通风窗足以够用。除此而外，在通风窗的上部，再做一个 20cm × 20cm 的换气孔，以备在夜间，其他门窗关闭后，作为通风换气的设施（图 5-5-21）。

门的制作及安装非常讲究，木料要经过仔细挑选，木料的材质、纹理也有讲究，以减少门在使用中的变形。

（十）铺砌地面和室内装饰

传统的窑洞室内地面比室外低，并且不作特殊处理，只用素土夯实，但也有家境殷实的人家新造窑洞

图 5-5-21 通风窗

用青砖铺砌地面。近年来多数人家地面用水泥抹面或铺瓷砖在地面。

修建好的窑洞内部，需要进行粉刷装饰，通常用麦草泥加少量石灰作为底泥，先抹一层。再用黄泥、石灰、麦糠和成的细泥，进行表面粉刷，精细抹光（图 5-5-22）。

三、地域性差异比较

靠山窑洞营造过程中的差异主要体现在地域资源约束下的材料选择及个别建造步骤，以及各地域文化影响下的窑洞形式及其风俗。

（一）建造流程差异

各地区靠山式窑洞建造流程基本相同，具体的差异主要体现在对于接口窑洞接口部分的处理。相同的步骤在叫法上也有差别。例如平整崖面这一步骤，在陇东地区称为“刷窑脸”，而豫西地区则称之为“刮窑面”（图 5-5-23）。

在陇东地区还有一种尺寸较大的靠山接口式窑洞。其掏土过程跟传统窑洞的掏土过程有所不同，由于尺度较大，窑洞顶部土压力过大，其施工采用隧道施工过程中的技术方法，来防止由于窑洞顶部压力过大而造成窑洞坍塌。画出窑脸后，先在窑脸范围内掏两口小窑，再将两口小窑慢慢地扩大，直到挖到顶部，如图 5-5-24 所示。最后削去中间的土体，把拱券砌筑起来。

（二）形态特征差异

1. 窑洞尺寸

靠山式窑洞顶部覆土至少应在 3m 以上，并且覆土越厚，其内部稳定性越强。靠山式窑洞受土质、土层特性和室内功能所限，其跨度一般为 3～4m，进深 6～9m，跨高比为 1.0～1.3。但各地区也会出现一些特殊案例，例如陕北定边县洪流沟乡一孔土窑跨

图 5-5-22　窑洞室内

图 5-5-23　豫西大型窑脸

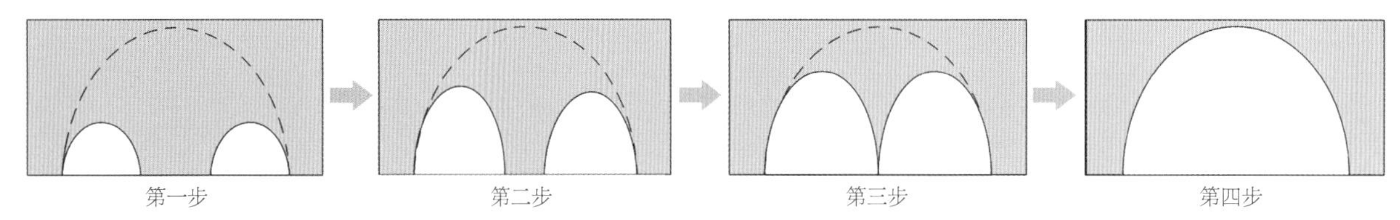

图 5-5-24 陇东大型窑洞建造步骤示意图

距达 8m，体现出拱券结构的稳定性。

陇东地区有“窑宽 1 丈，窑深 2 丈，窑高 1 丈 1 尺，窑腿 9 尺”之说，即分别为宽 3.3m、深 6.6m、高 3.6m、窑腿宽 3.0m。晋西地区窑脸一般宽 3～3.6m，窑脸高度一般也在 3～3.6m，窑洞的进深一般在 5～7m（特殊用途的窑洞除外），窑腿宽度约为 1.2～2m，边桩宽度在 1.5～2.0m。具体尺寸的选择与土质好坏有关，土质越硬窑洞宽度尺寸越大，反之尺寸越小（表 5-5-1）。

2. 窑洞拱券形式比较

靠山式窑洞的拱券主要有半圆拱、双心拱和抛物线拱。几种拱券形式各地区均有交叉分布，并无严格区域划分，主要是依据当地的土质及窑匠经验而定。陕北地区以半圆拱为主，虽然半圆拱的受力性能并非最佳，但因陕北土质较好，半圆拱也十分稳固，同时半圆拱可以最大限度地利用光照。陇东地区土质较为疏松，拱券形态较尖，多以抛物线拱为主。豫西地区和晋西地区以双心拱为主（图 5-5-25）。

第六节 小结

靠山式窑洞分布地域较为广泛，可分为靠山式窑洞和靠山式接口窑洞两种类型。各地靠山式窑洞建造流程基本相同，都分为前期准备、中期开挖、后期装饰三个阶段，其差异性主要体现在个别的步骤施工及地方叫法不同。

靠山式窑洞营造的核心是利用“减法”的方式在黄土中挖去天然材料以取得居住空间，因此选址直接影响窑洞安全性，要结合相地选址的风水理念并判断该区域的黄土土质是否适合开挖，且考虑是否便于生产，确定选址之后开始建造，其具体营建步骤主要分为：选择窑址，平整崖面，画出窑脸轮廓，放线，开挖窑洞，修整窑壁，砌炕灶、掏烟道，砌窑面，安门窗，铺砌地面和室内装饰。

不同的地域文化、自然资源，使得各地的靠山式窑洞呈现出了不同的建筑形态和窑洞文化。形态特征差异主要表现在窑洞尺寸与拱券形式不同；文化的差异主要体现在营建习俗的地区差异。

靠山式窑洞尺寸表（单位：m） 表 5-5-1

地区	窑洞开间	窑洞进深	窑洞高度	窑腿高度	窑腿宽度
陕北（土窑、接口石窑）	3.3	6～12	3.3	1.5～1.8	1.2～2
陇东（土窑、接口砖窑）	3～3.3	6～9	3.3～3.5	1.5～1.7	1.4～3
豫西（土窑、接口砖窑）	3	5～10	3～3.3	1.5～1.8	1.2～2
晋西（土窑、接口砖窑）	3～3.6	5～7	3～3.6	1.6～2	1.2～2

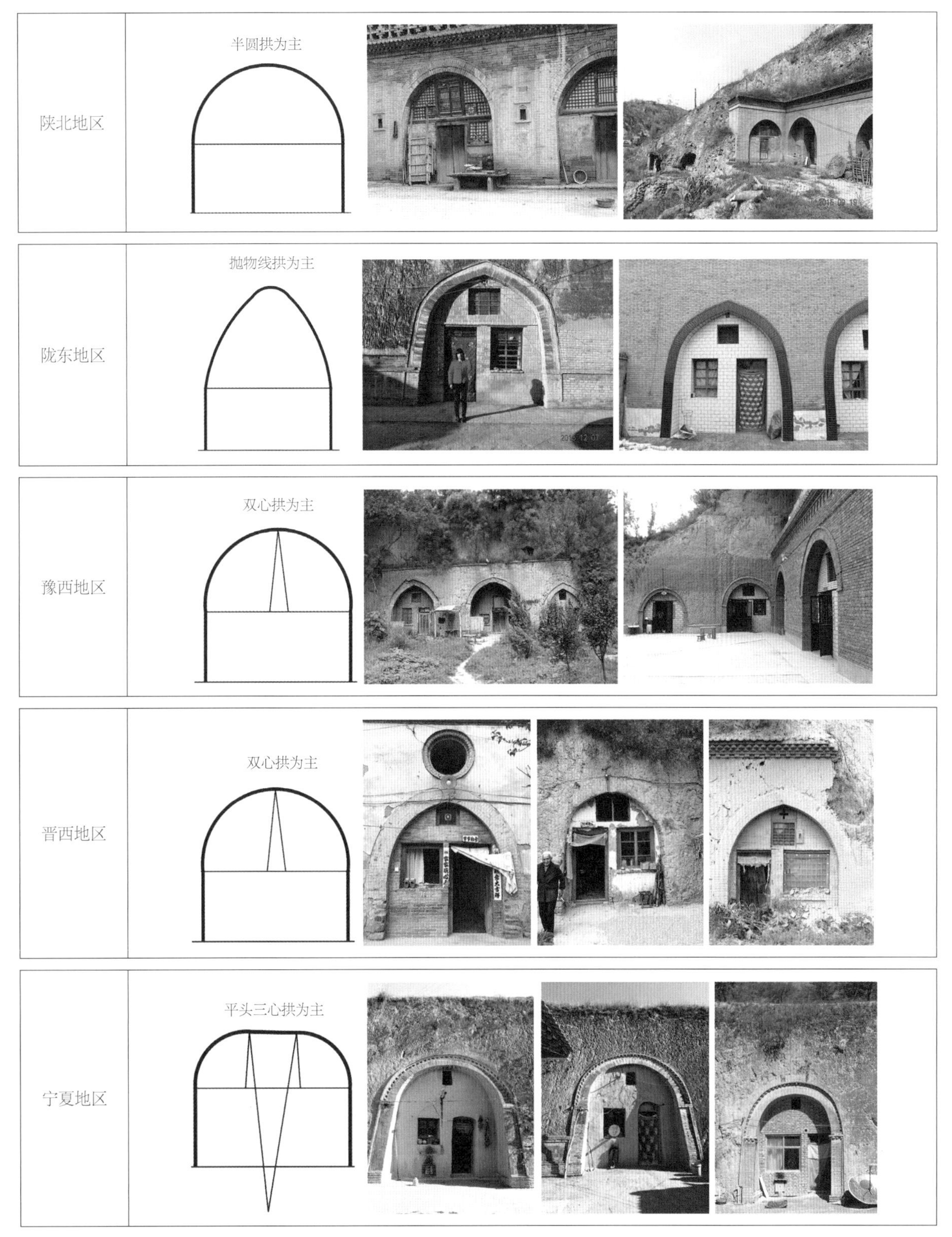

图 5-5-25 各地区窑洞拱券形式比较

第六章

下沉式窑洞民居建造技术

下沉式窑洞建筑这一民居形式蕴含了丰富的生存智慧，具有重要的学术价值与借鉴意义。下沉式窑洞经历数千载之演进，以其独特的形式成为民居建筑史上的一大奇观。下沉式窑洞的出现，促使人类形成了群居于地下的奇特生活方式，有“地下四合院”之称，构成了一幅“人在房上走，闻声不见人，进村不见房，见树不见村”的生活景象。这一独特的建筑形式具有优越的物理性能、深厚的文化内涵，是长期的生产生活经验积累与世代人民智慧的结晶。本章重点通过对下沉式窑洞的营造技艺、建造流程的阐述探讨此类民居在顺应气候、地理、经济的同时满足人生活需求的设计原则，并对下沉式窑洞建造模式进行梳理，使这一传统民居类型在未来得到更好的发展。

>>

第一节　下沉式窑洞民居建造技术综述

下沉式窑洞建造历史悠久，最早的文字记载见于南宋绍兴九年，时任秘书少监郑刚中所著的《西征道里记》一书，书中载有“自荥阳以西，皆土山，人多穴居”[①]。并记录了窑洞的挖掘方法：“初若掘井，深三丈，即旁穿之”。也有“系牛马，置碾磨，积粟凿井，无不可者”的相关记载。其中“初若掘井”就是今天建造过程中挖院心的天井。“深三丈”按照当时的计量单位换算成今天的尺寸，即为8~9m深，与今天的尺寸大致相符；“即旁穿之”即对应今天的入口窑洞开挖。

下沉式窑洞民居适应当地的生活环境、自然条件，具有低成本、低耗能、易于营建等特点，在豫西、渭北、陇东等地区被广泛使用，是村民们发掘利用地域资源、通过本土营建技术，且适应当地气候条件的建筑形式，体现了劳动人民应对严酷自然环境的生存智慧。传统方式建造的下沉式窑洞具有良好的物理性能，能够满足当地人的基本居住生活要求。建造过程中的各个步骤被当地民众普遍掌握，形成群体性传承，并构成了当地富有特色的生活习俗和建筑传统。

本章节以下沉式窑洞分布最为密集的豫西地区为例，详细梳理下沉式窑洞建造技艺的基本流程。

第二节　下沉式窑洞的材料特征

修建下沉式窑洞的主要方法是挖土，这种方法减少了其他材料的使用，因此下沉式窑洞比一般同规模地上建筑用料少许多。建筑材料主要有黄土、砖、瓦、木（制作门窗家具）、土坯砖（也称胡墼）、麦秸、料姜石、鹅卵石、青石等乡土材料。

黄土：丰富的黄土资源成为开挖窑洞的重要物质基础与条件，当地人利用黄土层具有良好的直立性能，开挖形成窑洞。除此之外，人们根据经验利用黄土的粘结性制作（打）胡墼、和泥等，黄土成为下沉式窑洞建造中最重要的原材料。

建造下沉式窑洞的黄土层位于离石黄土与马兰黄土层，在豫西、渭北、陇东地区和晋南盆地连续延展分布，黄土厚度在50～100m，土壤结构坚实、紧密，构成完整、统一的地表覆盖层。黄土以石英构成的粉状砂粒为主要成分，另含一定量的石灰质等多种物质，颗粒小、黏度高，抗压强度和抗剪强度好，具有良好的整体性、稳定性和适度的可塑性，特别是豫西地区分布的离石黄土和马兰黄土，既易开挖，又有良好的耐久性。

土坯砖：即胡墼，是村民利用自制模具，将黄土夯实形成的生土砌块，在豫西、关中一带的乡村民居中常被使用到。胡墼使用特殊的工具压制而成，宽大扁平，尺寸独特，可用于砌筑窑脸、裱砌窑洞以及窗下墙等部位，有加固、美观作用。胡墼还可砌筑成拱券结构，成为修补损坏或坍塌窑洞的重要

图6-2-1　豫西地区胡墼

① （南宋）郑刚中.《西征道里记》.

图 6-2-2 制作胡墼的模具（梯形土坯用于砌拱）

建造材料（图 6-2-1、图 6-2-2）。

砖：下沉式窑洞用来砌筑、建造拦马墙、窑脸、窗下墙、檐口和铺砌地面，多用青砖，部分地区还用砖砌炕、砌灶等。

石料：用于窑脸装饰、窑腿基座等。

瓦：下沉式窑洞中的瓦用于铺砌檐口顶面和拦马墙部分装饰，利于檐口顶面排水。瓦包括板瓦、筒瓦，瓦当、滴水也是构成窑洞装饰的重要材料。

麦秸秆、麦糠：将麦秸、麦糠加入黄泥中搅拌均匀，起骨料拉结及抗纹裂作用。

料姜石、鹅卵石：多用于铺砌地面、入口走道，在下沉式院落当中也用来砌筑墙壁，或在窑面处用作装饰。

第三节 下沉式窑洞的结构特征

下沉式窑洞与靠山式窑洞，都是在天然土体内掏挖黄土，是一种“减法”营造的方式，其结构的稳定性依靠黄土自身的直立性。下沉式窑洞多采用自然掏挖的圆形拱券，在豫西地区多以尖拱为主。拱券的曲率与窑腿的水平侧推力有很大的关系，曲率越大，传递到窑腿的水平侧推力越小。

下沉式窑洞的水平侧推力主要来自拱券顶部的荷载。下沉式窑洞承受的荷载由动荷载和静荷载组成，动荷载主要包括人在窑顶进行生产生活的活动、牲畜的活动以及其他方面来自自然界的荷载；静荷载指窑洞自身重量，包括覆盖的黄土以及固定于窑洞顶部的其他物件的荷载。顶部荷载沿拱形向下传递至窑腿，再到地基。窑洞拱券上部需要覆土以形成对拱券的压力，使得拱形结构更加稳固。

随着营造技艺的改进，当代下沉式窑洞的营建多采用机器大开挖的形式，用砖箍好拱券再进行覆土，覆土的厚度一般为 2m 左右。这种形式的窑洞改变了传统下沉式窑洞的结构特征，窑洞主要的承重部分为拱券，不再依靠周围的土体，因此窑洞的稳定性不受土质的影响，结构更为坚固和安全。

第四节 下沉式窑洞民居建造技术

下沉式窑洞是在平整的土地上深挖 5～7m，形成一个 10～14m 的正方形或矩形深坑。而后向四壁内分别挖 2～3 孔窑洞，形成一个由窑洞围合而成的下沉式院落。此类窑洞既继承了窑洞天然的生态性能，又兼具了我国传统合院式的民居布局的特征（图 6-4-1）。

目前，在豫西地区的下沉式窑洞分布面积最大、数量最多、窑院形制最完善，并形成了一套较为完整的建造体系，且建造工艺具有较高水平。

豫西下沉式窑院呈方形或长方形，规模一般在 200m^2 左右。下沉式窑院也同样讲究坐北朝南，多是在北壁上一字排开开凿三孔窑洞，作为“主窑”，

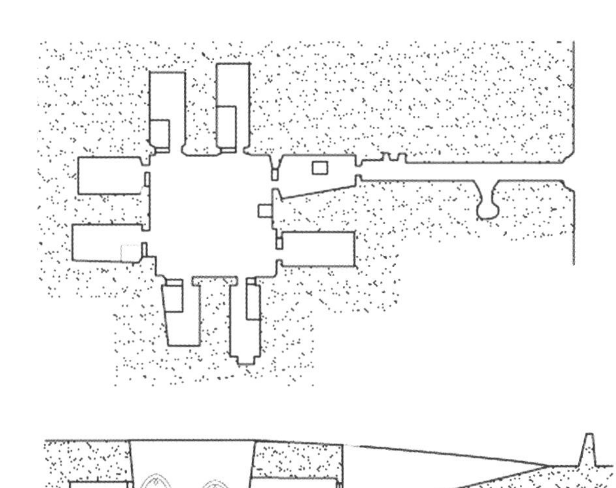

图 6-4-1　下沉式窑洞

其他三面壁上开凿出的窑洞，多用作厨房、储藏室、粮仓、厕所、牲口圈等。下沉式窑院的一角，经常在一孔窑内凿出一条通往地上的坡道，坡度一般在 40° 左右。

下沉式窑洞民居的演变与延续是生土建筑的重要类型，其营造技艺具有完整的流程与规则。下沉式窑洞的营造分三个阶段，即选址（前期）、开挖（中期）及细部装饰（后期）（图 6-4-2）。

下沉式窑洞在建造之前首先要选定方位、坐向、天井的长宽尺寸，当地人称之为“方院子”。而将下沉式窑洞的建造过程称为“下院子”，主要指的是院心天井的工程。天井挖完之后便是在四边的崖面上挖窑洞。下沉式窑洞一般高 3 ~ 3.5m，宽 3m 左右，向内开挖深度在 5 ~ 8m，还有的深达 12m。窑洞 1.5 ~ 2m 以下的墙壁为垂直形，2m 以上至顶端为拱形。其中，一孔窑洞开凿成斜坡，形成阶梯形状的弧形甬道通向地面，作为下沉式窑洞的出入口。

营造下沉式窑洞的基本流程为：

1. 策划准备→ 2. 择地、相地→ 3. 定向、放线→ 4. 挖天心（天井院）→ 5. 挖入口坡道、门洞、水井→ 6. 挖窑洞→ 7. 刷窑→ 8. 挖渗井、烟囱→ 9. 抹崖面、窑面→ 10. 砌筑窑脸、下尖肩墙及散水等→ 11. 砌筑檐口、拦马墙→ 12. 建脚、滚院心→ 13. 做门楼、滚门洞坷台→ 14. 挖拐窑、地窖→ 15. 修建散水坡、加固窑顶；修建窑顶排水坡、排水沟→ 16. 做门窗→ 17. 扎窑隔、安门框、窗框→ 18. 粉墙→ 19. 地面处

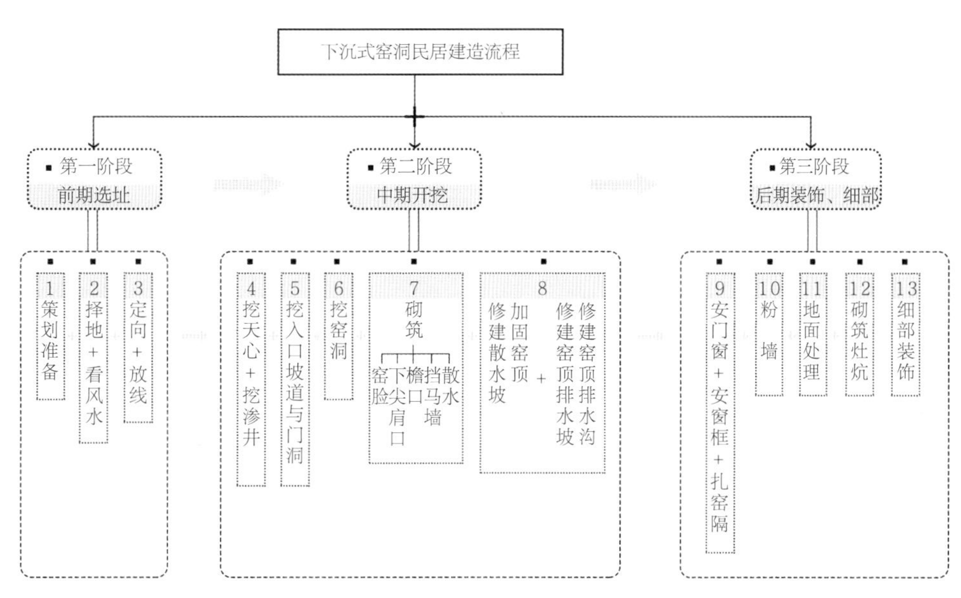

图 6-4-2　下沉式窑洞营造流程

理→20. 砌炕、砌灶。

营建的流程主要根据当地经验丰富的匠人的实际建造过程，进行记录与整理，虽然在流程中各项内容看起来比较简单，但每一项工序中都蕴含着当地劳动人民几代人的智慧，没有长期的经验积累，即使是同样的营造方法，也难以达到相同的建造水平。

建造下沉式窑洞各阶段的主要施工方法如下。

一、前期——策划准备

（一）概述

窑洞在建造前期要进行相应的策划准备工作。传统的下沉式窑洞在获得土地的所属权后，由宅院主人提出意愿后经村上的领导或者族人中有威望的长者商议后，得到允许则可开始兴建。现在建造下沉式窑洞都需要经过相关的审批与策划准备后才能开始建造。建造时组织家庭成员分工寻找人力、筹备材料、准备资金以及做好其他相关方面的准备工作。建造的步骤主要包括择地、相地、定向、放线。

（二）建造技术构成与施工流程

1. 择地、相地

当地人认为宅院的修建是关系家庭生产与生活的大事，因此在择地、相地的时候十分讲究。下沉式窑洞所选地形有一定的标准：首先，要有顺畅的排水坡道，院子建成后，下雨时整个宅子周边的雨水既不会流积在自家院内，又不会流入邻居的院内；其次，要有方便的道路，不影响行人、车辆、牲畜自由出入；最后，地域要平坦、宽阔，院心四周要有足够的场地，且所选场地内要无大树。另外，在建成下沉式窑洞后需用石碾将窑顶上部土地碾压夯实，防止鼠害、植物生长的根系等对窑洞的影响（图 6-4-3）。

图 6-4-3　河南陕县庙上村下沉式窑洞选址与基地

选定地点后主人根据自家的居住人口、生产情况及其他需要确定窑院的规模，初步决定院子的大小及尺寸。

2. 定向、放线

选定合适的平地后，就开始定向、放线，为开挖作准备。这一过程犹如在大地上绘制一张等比例大小的下沉式窑洞开挖图，绘制的主要内容为院心的位置、大小与方位等。这一工作大概由 3～5 人可在半日内完成，包括以下步骤：

（1）查看地形：首先，由风水先生在用地范围内查看地形，将院子的定向与周围环境、地势紧密结合，选择适宜建造的地段。在豫西一带，还要按照宅主人的生辰八字等选择相应的宅院类型，确定建造东震宅、西兑宅、南离宅、北坎宅中的一种。这是一种窑洞在建造过程中衍生的民俗文化，详细内容见第八章中窑洞民居文化风俗的民间信仰。

（2）定向：在院子的中心测出正方位，划出中心线。正方位的划定是整个下沉式窑洞建造过程中的重要步骤之一。正方位测出后划取中心线时要与正方位之间有 10°～15° 的偏移，不可使方位太正，豫西地区当地人讲究绝对正方位的宅院不是最好的朝向。宅主人则根据自家情况与风水先生进行沟通，说明选择宅院朝向的意愿，协商之后选取最合适的方案确定下沉式窑洞的方位，并用钉木桩、拉线等方式作好标记（图6-4-4）。

（3）定直角：下沉式窑洞方正四角的确定不是根据经验或目测，而是以罗盘定好的方位为轴线方向，垂直于轴线拉一条线绳，通过有直角的物体（如青砖、方条盘或其他有直角的物件）比对确定交角基本为90°（图6-4-5）。

（4）定尺寸：下沉式窑洞的尺寸需要用一把特殊的尺子——土尺来确定（图6-4-6）。用土尺从下沉式窑洞的中心，即罗盘所在的位置向四个方向量出下沉式窑洞的尺寸大小，之后将木桩砸入定位好的四角处，使下沉式窑洞的大小在地面上形成明确的范围。

（5）定角点：将四个方位上的木桩依次用线或绳连接，在两个木桩间调整线绳向外方向移动，直到用方条盘测出一个直角为止，该直角角点即为下沉式窑洞院子的角点，用木桩加以确定。这种方法称为条盘直角法。再依次测得其他三个角点（图6-4-7、图6-4-8）。

（6）调整、校正：下沉式窑洞的方正校正主要采用对角线法，即根据矩形对角线等长的原理，将下

图6-4-4 定向（来源：张琦摄）

图6-4-5 定直角（来源：《下沉式窑洞营造技艺》）

图6-4-6 土尺（来源：张琦摄）

图6-4-7 确定角点（来源：刘云摄）

图6-4-8 定角点（来源：刘云摄）

沉式窑洞对角用线连接，比对两条线是否等长，以确定院子是否接近标准矩形。如果有偏差则继续进行修整，使其尽量呈现方正的形状。

（7）定线：将线绳的位置正投影到地上作开挖的标记，用铁锹铲白灰，沿着木桩之间的线绳走，边走边用木棒敲打使白灰均匀落于地上，形成白灰线完成定线（图 6-4-9）。

图 6-4-9 定线、撒白灰（来源：刘云摄）

二、中期——窑洞开挖

（一）概述

中期窑洞开挖是窑洞“减法”工程的主体。主要包括天井开挖与窑洞开挖两项工程，是整个窑洞建造过程中耗时最长、土方量和施工量最大的阶段。具体步骤为：挖天井院，挖入口坡道、门洞，挖窑洞，刷窑，修整窑洞，挖排气孔、烟囱，砌筑窑脸、窗下墙，砌筑檐口、拦马墙，滚院心，做门楼，修门洞台阶，挖角窑、地窖，修建散水坡，加固窑顶，修建窑顶排水坡、排水沟。

（二）建造技术构成与施工流程

1. 挖天井院

在测量、放线之后，下沉式窑洞便可正式开挖。宅主人一般会按照风俗选择合适的时间动工。由于粗挖下沉式窑洞所含的技术含量并不高，因此过去农村建造下沉式窑洞一般都是以家庭力量为主，有时候也会请邻居和其他亲戚帮忙协助。农忙时干农活，闲时就挖窑洞，人员与时间的配比相对灵活，农活与挖窑洞相互穿插进行，建造一座下沉式窑洞需要两年的时间。这中间也包含有让坑院主体和窑洞风干的时间。天井的尺寸普遍为长 10～12m，宽 8～10m，深 7m（根据宅型而定），平均每座下沉式窑洞所挖天井的土方量达到 580～900m³。

开挖时不能直接挖到放线时所划定的白灰线上，应该与之保持一尺（约 33cm）的距离，因为此时是粗挖毛坯天井，在挖的过程中不能够保证达到完全平整，需要后期的土工师傅修整，在后续“洗窑面”的环节将线内留下的部分挖掉。同时，也可以避免途中遇到较大凸起的石块，挖掉后不影响整个下沉式窑洞天井的边界。另外，挖天井时，垂直面为保持边壁稳定应有一定的坡度，一般控制在 3° 左右（图 6-4-10）。

（1）开挖浅土层：浅土层位于土地的 2m 以上区域，土质疏松，开挖比较容易。刚开始把用铁锹、镢头、镐头等工具挖出的土直接翻出来堆积在天井外边上。挖一段时间后将挖出的黄土扬向天井外。送土比较困难时，则采用竹筐、小推车将土运送至开挖区域外。通常人们会在天井中留一条供人上下的“之”字形状的小道，挑土人或推车人沿小道将土运出（图 6-4-11）。

（2）开挖深土层：深土层的土质密实、坚硬，开

图 6-4-10　粗挖下沉式窑洞天心位置（来源：张琦摄）

（*a*）运土

（*b*）开挖

图 6-4-11　开挖浅土层（来源：张琦摄）

挖困难。挖土时使用的工具从刚开始的以铁锹为主变为以镢头、镐头为主。用镢头和镐头用力凿向地面，将土翻起，再用铁锹将土铲入筐内运送至天井外。运送方式也由起初的肩挑、车推变为用辘轳绞动箩筐向上运出。运土的主要人员分工由挖土者、绞辘轳者、卸土者组成，每 4 ~ 5 人为一组，地面两人、坑内三人配合工作。一座下沉式窑洞最多可以有十组同时进行工作。天井挖深至 7m 左右，最多不超过 8m，工期大约需要半个月至一个月（图 6-4-12）。

挖出的土置于基地周围，根据需要，对周边有高差的细部环境进行平整或垫土做出所需高差，例如为了防止雨水倒灌等，在下沉式窑洞的顶部，越接近天井部位的拦马墙周围的黄土地坪越高，向四周辐射高度逐渐降低。

（3）平整地面：下沉式窑洞的深度一般为 7m 左右，当土层开挖到这一深度之后，开始平整地面。为了保持整个天井院地面的基本平整，首先需要对挖痕进行基本平整与统一。接下来要确定天井院地面的坡向和坡度，用土工尺杆上的水准槽找平、找坡。具体作法是将土工尺杆平置地上，一端对着渗井方向，往尺杆上的水准槽内注水，观察水面与水准槽面的差别，就能确定需要的坡度（图 6-4-13）。最后根据坡度，整理地面。①

天井院中的汇水面积大约为天井院面积和部分露天面积之和。大雨来临时，除院内黄土可以渗透一部分雨水外，渗井完全可以解决该地区全年降雨量 600mm 的排水问题（图 6-4-14）。

2. 挖入口坡道、门洞

挖入口坡道与门洞：天井挖好后，即开挖门洞及入口坡道，此后人在院内干活出入就更加方便。与挖

① 王徽，杜启明，张新中，刘法贵，李红光 . 窑洞地坑院营造技艺 [M]. 合肥：安徽科学技术出版社，2013：47.

图 6-4-12　开挖深土层（来源：张琦摄）

图 6-4-13　根据土尺水准槽平整地面（来源：张琦摄）

图 6-4-14　下沉式窑洞渗井

图 6-4-15　挖入口坡道（来源：张琦摄）

天井一样，在即将开挖的地方用白灰放线，确定入口坡道的位置与形状。入口坡道是带有阶梯式的通道与门洞相连。开始挖时需要两组人，一组在下沉式窑洞内挖门洞窑，另一组在院外按照放线的区域挖弧形或直线形的坡道，当地人根据经验掌握好方向后同时开挖，两组人员向转角处汇合，待挖到中间剩下一尺（33cm）左右的隔土时，双方敲击隔土使对方听到声音，确定打通（图 6-4-15）。在打通入口坡道与门洞窑后再进一步修理洞壁，使之平整。

挖入口坡道与门洞窑时也是先粗挖之后再作修整，一般粗挖尺寸比最终尺寸小半尺（17cm）。入口窑洞则按照"七五窑"（窑洞宽度七尺约 2.3m，高七尺五约 2.5m）标准来进一步整修。坡道的尺寸略窄，一般在四尺五（约 1.5m）左右。

3. 挖窑洞主体

下沉式窑洞的天井挖完之后，开始挖窑洞，这也是下沉式窑洞营造技艺中重要的环节。一座下沉式窑洞由于宅院类型不同导致各个窑洞在规模、尺寸、功能上都不尽相同，在挖窑洞时也需要按照一定的顺序进行。这种顺序各地也不尽相同，河南三门峡地区的常见顺序为：先确定主窑位置，再确定下沉式窑洞的座向和其他各窑的位置。综合方位、使用功能考虑，挖窑的顺序一般为：上主窑—下主窑—上边窑—下边窑—上角窑—下角窑—牲口窑—厕所窑等。

以南离宅为例，相应的挖窑步骤为：上主窑（南）—下主窑（北）—上东窑—上西窑—下东窑（牲口窑）—下西窑—上角窑—下角窑—厕所窑。主窑是宅院中规格最高的一孔窑洞，在开挖方法上与其他各个窑洞大致相同，只是在规格、尺度上有所区分。下文以主窑为例说明施工方法：

划线：下沉式窑洞院落（天井）挖好后，即开始挖居住窑洞。施工方法与靠山式窑洞是相同的，首先划线确定洞口位置。主窑的尺寸一般都为九五窑，即窑洞高九尺五（3.2m）、宽九尺（3m），进深方向前高后低，以利于出烟。挖窑时当地匠人会根据多年的建造经验，在崖壁上确定窑洞的形状，于正中间位置用镢头划出（图 6-4-16）。经验不足者则在崖壁中心位置吊一垂线，在线上找出窑洞高度对应点，用木楔钉入崖壁，再以中垂线左右两侧窑的二分之一宽处挂垂线，于该垂线距地面五尺（1.67m）处将木楔钉入崖壁作记号，此时两边垂线则是窑腿，窑腿高度为五尺（1.67m），三个木楔之间相连划出弧形则形成窑洞的轮廓。窑腿呈梯形，有一定的倾斜度，上宽下窄，这样既可保证结构稳定性较好，又可保证窑内排湿、排烟通畅。

粗挖：按照划定的形状开始挖窑，同样不能一步到位地将宽度和高度挖到最终尺寸，要略小于实际尺寸半尺（17cm）左右，为后续的调整、校正、平整预留加工余地。当进深挖至合适位置时，粗挖过程结束。此时窑洞需要停工至少一个月，目的是让土壤风干以及通过自身调整使内部的应力重新分配均匀，使窑洞不会因内部应力突变而产生坍落与裂缝。在此期间，不可在同一崖面上挖另外的窑洞，因为此时窑腿未干透，强度不足可能会导致窑顶坍落。如需要统筹安排时间，以避免将工期拖延过久，则可以在其他崖面的位置粗挖窑洞。

图 6-4-16 挖窑洞确定形状（来源：张琦摄）

因为土壤需要干燥，挖窑的过程要挖挖停停，按照 5～7 个人同时工作来计算，一孔窑洞挖好需要 1 个月左右，而一个下沉式窑院的完全建成常常需要几年时间。

4. 刷窑

刷窑又名洗窑，是指在粗挖结束后，找有经验的窑匠将窑洞表面修整得平整、光滑，并使进深方向与崖面保持垂直。洗窑顺序依然按照粗挖时候的顺序逐一进行。刷窑的具体工序主要分为以下几个部分：

（1）调整窑洞口尺寸：粗挖完成后，在券尖（中心）处垂吊一中心铅垂线作为施工标志，据此来调整窑洞口尺寸，使立面对称、均衡。

（2）确定腰线位置：窑洞内部墙壁与拱顶交接处称为腰线，在窑洞内壁两侧，是窑洞内壁开始起拱的基准线，九五窑从地坪 5 尺 5 寸（约 1.8m）处起拱，八五窑从 4 尺 8 寸（约 1.6m）处起拱，拱的曲线由两根腰线和矢尖线控制，需要窑匠来操作。施工时根据立面上的券角（即发券点，立面垂直壁线与拱线处相交点）向内弹拉腰线定位。腰线不是水平线，窑口处腰线比窑后部腰线约高半尺，腰线与即将要形成的窑洞顶部券尖线平行，以保持券本身高度基本不变，也有利于券顶受力均匀。

在腰线处剔基准槽：施工时沿腰线用尖镐剔出基准槽，以此为基面精修窑洞墙壁和拱顶。基准槽位置即为腰线处，宽度为 3～5cm，深度以调整粗挖窑形到实际窑形为准，一般是 10cm 左右。此时，只有基准槽和窑壁上的窑洞口是精确的。

（3）刷窑：依据窑脸上的精确窑形和垂直于窑脸的基准槽，精修窑洞内部尺寸形状，一直到形状规整且达到预定尺寸为止。挖掘时如果局部有塌方，要先清除，然后用土坯填砌。窑洞地面基本保持平整，从窑后部到窑前部略有坡度即可（图 6-4-17）。

（4）刷窑面：用四爪耙刮刷窑脸，使其平整、规则、密实，此程序技术要求较高，多由有经验的窑匠来操作。一般窑院上口每边比下口尺寸多出约 50cm，从而使窑洞四壁有一定的斜度（非垂直面），这样能保证窑院四壁更加稳定[①]（图 6-4-18）。

刷窑面由窑匠师傅先用尖镐将留下的土挖掉，经过局部的修挖，目测平整后确保没有大面积的凹凸，再用四爪耙这种“铁质大刷”将窑面刷一遍，形成均匀、有规律的耙纹，如“斜纹、水波纹、菱形纹”等。

5. 挖排气孔、烟囱、马眼

（1）排气孔：顾名思义就是用来与室外空气进行交换的通道，用于改善室内进深较大空间内的空气质量。通气孔穿过覆土后直通崖顶，直径约 10cm。通气孔的主要挖掘工具是洛阳铲（图 6-4-19），需站在窑洞内掏挖，由于土石会从高处落下，因此人员必须做好防护措施，直至挖通到地面。由于通气孔是位于地面上，因此在其周围会用砖石、土坯砌筑并加高加以保护，如遇到下雨、下雪，为避免雨水、泥土落入屋内，会用石头、铁盆等将其盖上。

（2）挖烟囱：当地人们充分发挥聪明才智，利用

图 6-4-17 以基准槽控制刷窑（来源：张琦摄）

图 6-4-18 刷窑面（来源：张琦摄）

① 王徽，杜启明，张新中，刘法贵，李红光 . 窑洞地坑院营造技艺 [M]. 合肥：安徽科学技术出版社，2013：47.

窑腿内部空间开挖烟囱，将拦马墙当做烟囱的上部防水构件，一举两得。开挖工具用洛阳铲，自上而下掏挖，利用铅垂线保证其垂直。

烟囱挖好后整个窑洞的主体工程基本完工，下沉式窑洞初步成型。

（3）挖马眼：每逢秋收，当地村民便在下沉式窑洞窑顶地面打场、晒粮，为了避免贮藏粮食时在地面和粮囤间不断往返搬运，聪明的住民们想到在存放粮食的窑洞顶部开一个直通窑顶地面的小洞，称作“马眼”。建造方式与烟囱类似，使用工具仍为洛阳铲。

通过“马眼”，晒干的粮食可直接从窑顶灌入窑洞内的粮囤中，十分便捷。粮囤是用苇子编成的，在囤下铺一层约 20cm 厚的麦糠，粮食装满后顶上再盖一层麦糠，最后用泥将囤顶封严，可储存粮食三年五载，不会腐烂变质。下沉式窑洞的茅厕窑的顶部也开有一个“马眼”，一方面可以通气，另一方面可以把晒干垫厕的黄土直接灌入窑内（图 6-4-20、图 6-4-21）。

6. 砌筑窑脸、窗下墙及散水等

砌筑窑脸：人们在修建下沉式窑院的时候很讲究对窑脸的修饰，窑脸类似于一户人家的脸面，是整个窑洞最为华丽、精致的部分。窑脸包括窑瓣、门窗及其墙体。其中，窑瓣是窑脸装饰的重点部位。此部分重点描述窑瓣部分的建造技艺，门窗及墙体的建造技艺见后续章节。

窑瓣是指窑口上部弧形拱券与崖面相交的边缘部分也称窑脸券边、窑眉，各地工匠砌筑窑瓣的方式有着很高的艺术性。窑瓣多用青砖砌筑，要求平整、均匀、连续，即砖面平整、砖缝均匀、砌筑连续。以窑顶最高点向地面作垂线，窑券则以这条垂线为对称轴而左右对称，这与当地人的审美追求相符。

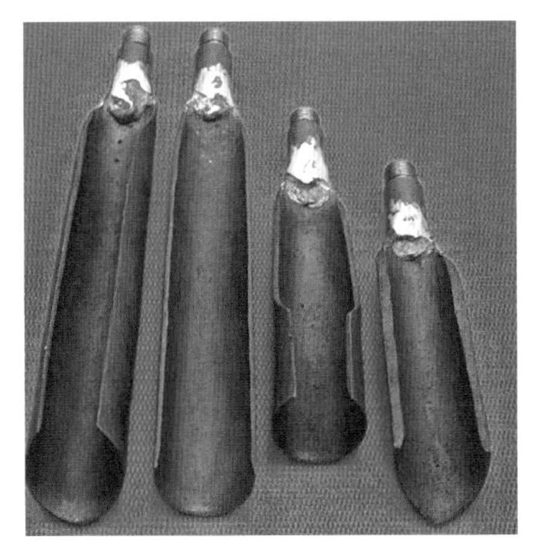

图 6-4-19　洛阳铲

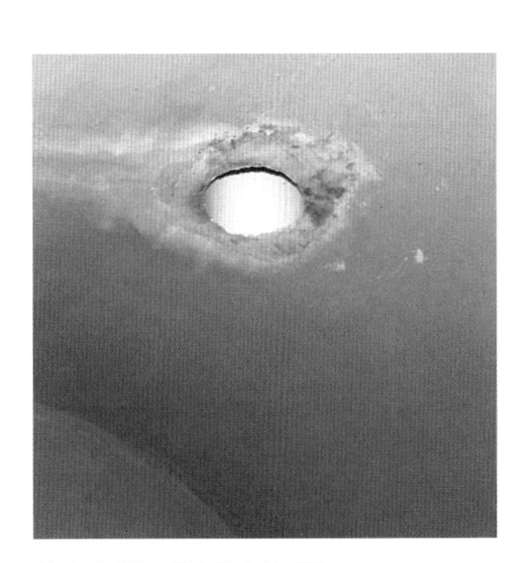

图 6-4-20　粮食窑中的马眼

在砌筑窑脸之前的重要步骤是将窑瓣部位的土挖掉，一般会沿着窑洞与崖面相交的部位挖出 36cm 宽、10cm 深的弧形凹陷带，然后在挖好的弧形内抹上一层 2～3cm 厚的麦草泥，并涂匀抹平，接着沿弧线内边，用砖头做一层竖裱砖（即砖呈现放射状布置），从两边开始向中间砌筑，砖缝之间尽量挤紧直到窑顶最高点，在窑瓣的最高点左右放两块裁切出斜角的砖将券挤实；在第二层上紧靠竖裱砖的部位砌筑一行卧砖（即砖的连续布置），最靠上的也是最后一层，采用一层兜砖封闭整个窑瓣（图 6-4-22）。

7. 砌筑檐口、拦马墙

（1）砌筑檐口：下沉式窑洞顶部的四周有一圈挑檐，由砖和小瓦做成。先在窑院上口边缘（当地人称“屋头”）上挖掉黄土，为砌筑青砖留出空间（图 6-4-23）。之后做一层拔砖，边界与崖面保持在同一个平面上；第二层将砖斜置，将砖角伸出拔砖之外，像一排牙齿一样形成“狗牙砖”（图 6-4-24）；第三层再做一层跑砖（图 6-4-25）；其上第四层放一层抄瓦（瓦沟朝上）（图 6-4-26）；最后一层从抄瓦向院内挑出一尺五（50cm）左右，做成斜坡状，与水平面夹角为 30° 左右。这五道工序完成后再摆放小瓦呈沟状，每沟十块小瓦，形成挑檐（图 6-4-27）。

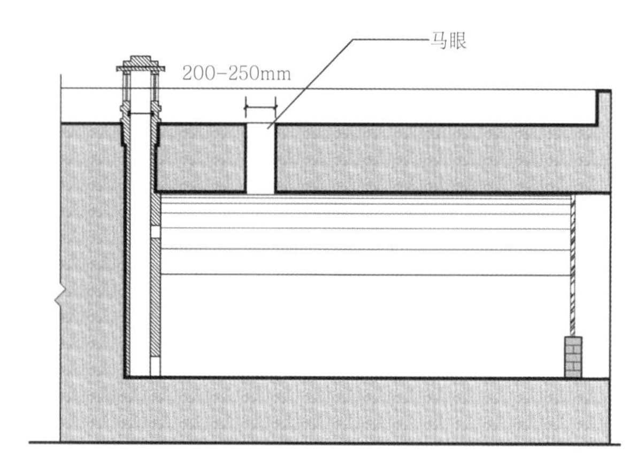

图 6-4-21 马眼剖面图

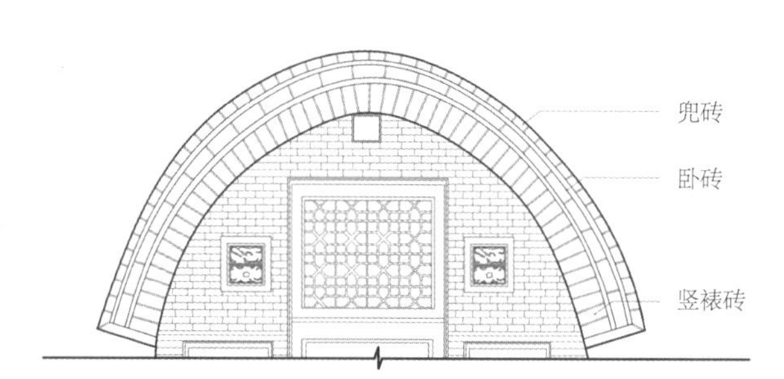

图 6-4-22 窑瓣砌筑示意图

图 6-4-24 “狗牙砖”砌法（来源：张琦摄）

图 6-4-23 砌檐口放线定位（来源：张琦摄）

图 6-4-25 跑砖（来源：张琦摄）

图 6-4-26　放置抄瓦（来源：张琦摄）

图 6-4-27　挑檐（来源：张琦摄）

（2）拦马墙：挑檐做好之后的工序是砌筑拦马墙，又称为戴帽。拦马墙是指下沉式窑洞的崖面最上端一圈青砖矮墙，是下沉式窑洞极具特色的部分，多用砖交错砌筑形成空心十字花的形状，既节省砖又美观大方（图 6-4-28）。主窑方位所做的拦马墙多为七层砖，高约 50cm，其他方位为五层砖，高约 35cm；主方位上拦马墙会用小瓦拼出花的形状，通常拼有菊花、梅花、石榴等图案，体现主窑的地位。入口坡道两侧也有拦马墙，而做法则简单得多，用砖直接垒砌到 30cm 左右高即可（图 6-4-29）。

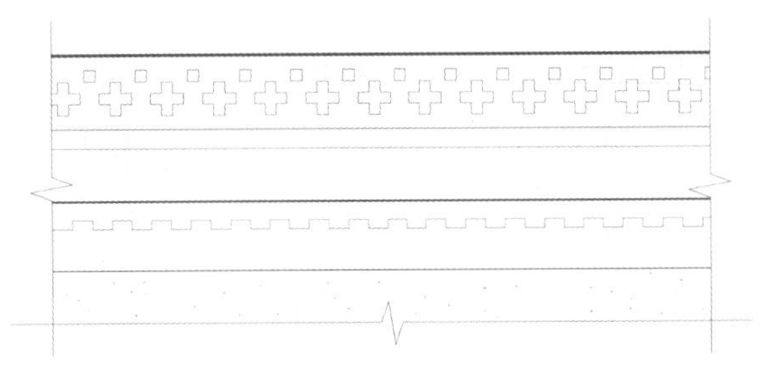
图 6-4-28　拦马墙十字花

图 6-4-29　陕县曲村主窑方位拦马墙

8. 建脚、滚院心

建脚即房屋勒脚，是把窑腿下面离院心地面一尺二寸（40cm）的地方用砖砌筑一圈，防止雨水溅湿窑腿，俗称穿靴，使窑腿更加坚固、耐久（图 6-4-30）。砌建脚时先将砌砖部分挖去四寸（13cm）深，采用卧跑砖方式用白灰砂浆和青砖砌筑。一般主窑方位建脚为七层砖或九层砖，其他三个方位建脚为五层或七层。最后将院心用石磨碾压夯实，称为滚院心。

9. 铺砌环形通道

将下沉式窑洞院子四周与崖面相接宽 1～1.3m 的砖铺台地，通常高于初挖时候的黄土地面，用砖将靠近院子中心部分的四个边缘进行砌筑，豫西地区民

图 6-4-30 建脚示意图

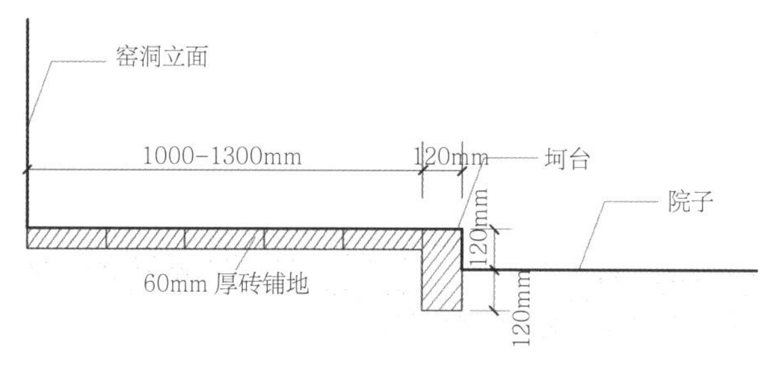

图 6-4-31 滚坷台示意图

间称为滚坷台。所铺成的砖地面与窑内地坪保持水平或略低，防止院内积水流向窑内，同时也可使人进出方便，避免鞋底踩到泥土。四周的铺地砌筑好之后，内部所围成的黄土部分称为院心。院心比铺地低四寸（12cm），这样处理后，少量的雨水可以积存于院心。几乎家家下沉式窑洞都利用这一区域种植果树、花草，雨水得到很好利用的同时也美化了院内环境（图 6-4-31）。

10. 挖角窑

在下沉式窑洞四个直角处挖窑洞，一般尺寸较小，主要目的为利用角部空间，挖好后一般作辅助用房，开挖方法与主窑洞方法相同（图 6-4-32、图 6-4-33）。

11. 修建散水坡、加固窑顶；修建窑顶排水坡、排水沟

由于地下院落的排水与地上院落相比具有其明显的不利条件，因此在营造过程中选择排水的方式上也有其独特性。首先，窑顶部分修建散水坡，避免雨水流入院内的同时将雨水汇积排入村庄的排水系统中；其次，下沉式院落内则是利用黄土自身渗

图 6-4-32 角窑

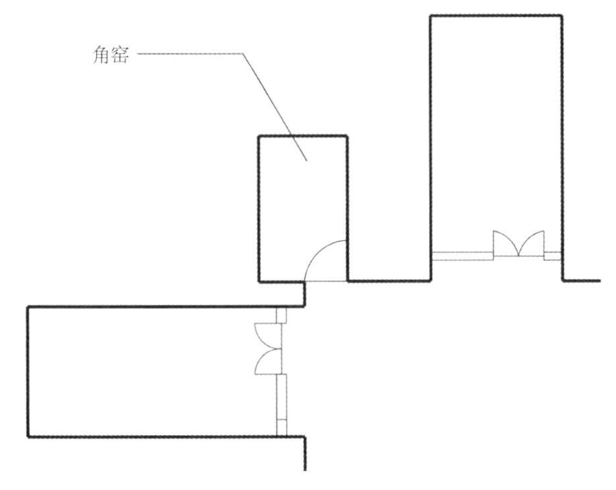

图 6-4-33　角窑平面示意图

透性让雨水渗透。

（1）修建窑顶排水坡：如前文所述，窑顶部分地坪用之前从院子里挖出的黄土垫高拦马墙处，从拦马墙开始以 5% 坡度向外找坡，并用石碾压平夯实。下雨后及时修补并再次压实，主窑窑顶地势要略高于其他三边。散水坡到排水沟位置截止，大约在距离拦马墙 10m 处，在平地上挖方形沟将坡面上流下来的雨水汇积流入周边空地或其他排水系统。

（2）散水：排水坡修建好以后靠近拦马墙部位用青砖做 80cm 坡度约为 15% 的散水，防止水顺着下沉式窑洞四周崖壁流入院内。

（3）入口坡道及排水道：在门洞入口的一侧设置水道，宽约 20cm，深约 6～7cm，使门洞的雨水归入水道，经水道流入院子里，属有组织排水方式。其他部分都用青砖砌筑，中间为台阶，每一级踏步高度 12～13cm。

12. 挖水井、渗井、水窖

（1）挖水井：下沉式院落中大都有水井，供自家人畜用水。水井的位置一般设置在门洞窑内偏一侧，根据当地地下水位深度，一般井深约 25～30m，直径 70cm 左右。挖水井主要保证井筒粗细一致且与水平面垂直。一座下沉式窑洞内的一口水井由 2～3 人挖大约需要 7～9 天时间。由于井下作业具有一定的危险性等，当地人会在井出水的那天在家里准备饭菜答谢工匠。

（2）挖渗井：黄土本身的渗透性能基本解决一般雨水天气的排水，为确保遇到大雨时能够及时排水，下沉式窑洞需要在院内的院心处，一般在厕所窑前，根据平面布局的位置挖出渗井。通过设置一定的坡度将水有组织地排入井内，这是利用黄土具有渗透性的特点，达到保护下沉式窑洞内的窑洞及院子地面的目的。渗井一般都是深二丈（约 6m），直径三尺（约 1m），底层铺炉渣八寸左右（27cm），渗井口常用带孔的石板（通常采用石磨的上扇）盖于上面，不下雨时石磨孔被塞住，避免杂物或泥土掉入，在下大雨或院心雨水满时将其取开加快雨水流入。

天井院中的汇水面积主要有天井院面积和入口部分露天面积，除院心黄土渗透一部分雨水外，渗井基本可以解决历史最大年降雨量 800mm 的排水问题。

（3）挖水窖：陕西渭北地区一带地下水位深，无法打井取水，这里的人发明了储存雨水的水窖，解决了人畜饮水问题。水窖位置与水井相同，设于门洞窑侧边小窑内，便于打水（图 6-4-34）。水窖的上半部分，是一个大约三、四米深的直筒，一般来说，直筒部分越深，水窖的整体稳定性也就越强。直筒的下面，是一个袋状的储水空间，直径约一丈二～一丈三（约 3～4m），空间越大，储水越多。在礼泉县烟霞镇下韩村，还有一处村上公用的水窖，水窖直径达到二丈八尺（约 9.2m），这样的大型水窖非常少见。水窖的深度，各家情况不一，浅的八九米，深的十几二十米。

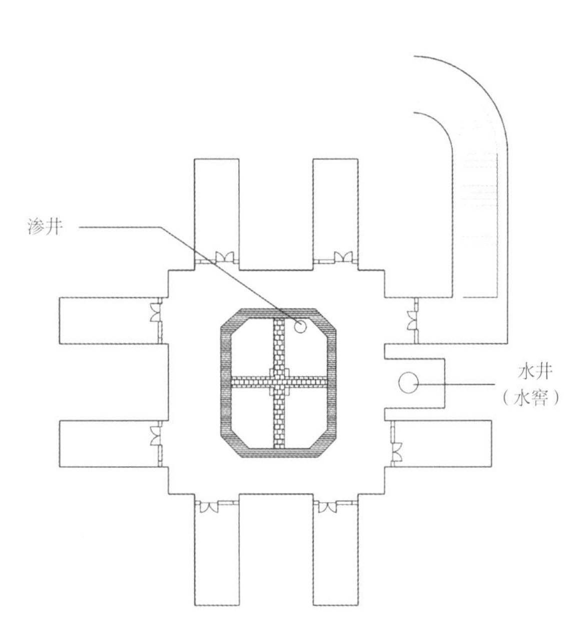

图 6-4-34 水井、水窖、渗井平面位置示意图

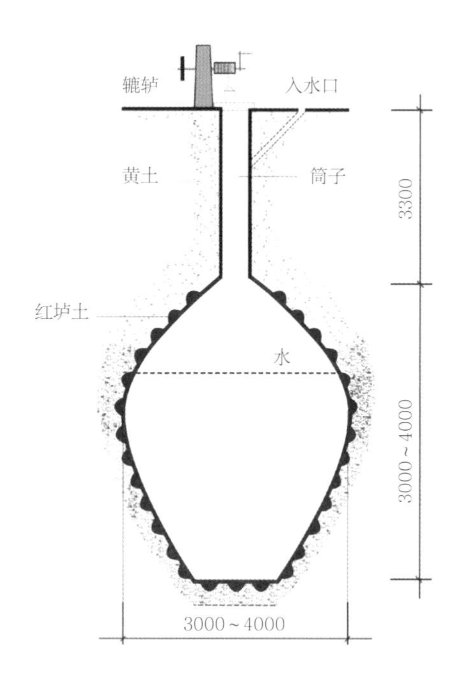

图 6-4-35 水窖结构示意图

挖好的水窖需要作防渗处理，称为“钉窖”。所谓“钉”，就是用红黏土和泥，做成半尺长的泥条，作为钉窖的“钉子”。在窖壁上掏出密密麻麻的、茶杯口粗细的洞，然后把黏土钉塞进去，趁着黏土钉还未干的时候，迅速用棒槌或其他工具开始捶打黏土钉。一方面，是要把黏土钉打得和窖体粘在一起，另一方面，也是要所有的黏土钉延展开来，最终连为一体，从而在黄土质地的窖体表面，形成一层结实的红黏土层。“钉窖”这一步骤技术要求高，耗时耗力，需要一个多月甚至更长的时间。自 20 世纪 80 年代以后，新挖的水窖，不再钉窖，普遍使用水泥涂抹水窖内壁，相比钉窖更加防渗，施工也更加方便、快捷（图 6-4-35）。

水泥涂抹的水窖作为抗旱设施收集雨水用来补充农作物灌溉有很好的实用性，但是作为干旱地区人们饮水的水窖，还是传统的红泥钉窖好。据当地居民讲，水泥窖隔断了地气，收集的雨水容易变质，而红泥钉窖收集的雨水一两年不会变质。

三、后期——细部装饰

（一）概述

后期细部处理是窑洞建造的关键部分，直接关系到后续使用过程中窑洞的居住与生活，因此，当地人对此都非常重视，一般都会请村中经验丰富的匠人进行建造。主要包括做门窗、扎窑隔、安门框、安窗框、粉墙、地面处理、砌炕灶。

（二）建造技术构成与施工流程

1. 做门窗

土方工程基本完成后，利用等待窑洞自然风干的时间开始做木工，即做门窗。门是由门框和门扇两部分组成，木料大都来自于自家的树木。门框是由两条地门、门脑、门槛组成；门扇由木板、门步、门钻、门闩、门闩套、门也吊、门窟圈组成。

（1）门框：门框大小规格根据窑洞选择：上

主窑门宽二尺八寸五分（95cm），门高四尺八寸（160cm），厚为两寸（6.6cm）；下主窑门宽二尺七寸六分（92cm），门高四尺八寸（160cm），厚二寸（6.6cm）；哨门宽二尺八寸二分（94cm），门高四尺八寸（160cm），厚二寸（约6.6cm）；其他各窑尺寸一样，门宽二尺七寸三分（约67cm），门高四尺八寸（约1.58m），厚二寸（6.6cm）。门的左、右、上三条边框沿门口的一侧要挖两道门边槽线，为装饰线，门槛则不要边线。每条边的宽度为五寸（16.7cm）。门脑和门槛宽四寸六分（15.3cm）。

（2）门扇：一门两扇的门即每扇门由两块木板组成，门扇的厚度多为一寸五分（5cm），长度为五尺（1.67m）。宽度根据窑洞类型不同：上主窑为一尺五寸三分（51cm），下主窑为一尺四寸八分（49.3cm），哨门为一尺五寸一分（50.3cm），每扇门的背面都由长一尺五寸（48cm）、宽与厚均为一寸二分（约4cm）的方木将两板固定，方木称为门部。在第二根和第三根门部中间固定一个长一尺二寸（约40cm）、宽与厚均为一寸五分（5cm）的门闩套，门闩套中间有一寸二分（4cm）的方孔，供屋内插门用。每扇门上下各留出一个长一寸（3.3cm）、直径一寸二分（4cm）的门钻，即门扇转动的固定轴。门扇做好后在外部上边分别钉上一个门窟圈（俗称羊眼）和门也吊（即门扣），供人外出锁门用。

（3）风门：放置在门框外的一种保护门。打开内门（俗称老门），关上风门，既可以防止灰尘飞入屋内又不影响屋内采光。风门有两种类型，一种是双扇风门，这类做法较常见；另一种是独扇风门。无论哪一种形式，都是上半部分为套棱方格，方格用白纸裱糊，下半部分全部用10毫米厚的木板装实，保证通风与透光性。

（4）门配件：门框和门扇做好后还需两个配件，一是门墩，是放在门扣下面的垫木，左右各一块，门墩一尺五寸（50cm）见方，用来固定门扇，门墩上有两个放门钻的圆形凹陷；二是门鱼，每扇门上各有一个，门鱼因形状像鱼而得名，长七寸（约23cm），宽厚各一寸二分（4cm），中间有一个一寸二分（4cm）的圆孔用来固定门钻。

（5）窗：有脑窗和窗户两种，脑窗多为横卧式长方形，窗户多为正方形。窗户由窗框和窗棱两部分组成。窗棱是用八分半（2.6cm）的方木条通过简单的榫卯交叉做成正四边形的小格，每格都在10～12cm左右，方格大小依照窗框的大小来平均分成（图6-4-36）。主窑的脑窗通常比其他窑的大，采用两扇竖置的长方形窗，即一门三窗（图6-4-37）。

（6）窗配件：窗户上也有两个配件，一是窗户内扇，另一个是小门鱼，在休息时可以关闭内扇，将窗户从内插上。

2. 扎窑隔、安门框、窗框

扎窑隔：是指在窑洞入口处用青砖、胡墼砌筑墙体，与安置门窗同时进行。扎窑隔应先放门框

图6-4-36　下沉式窑洞窗（来源：张琦摄）

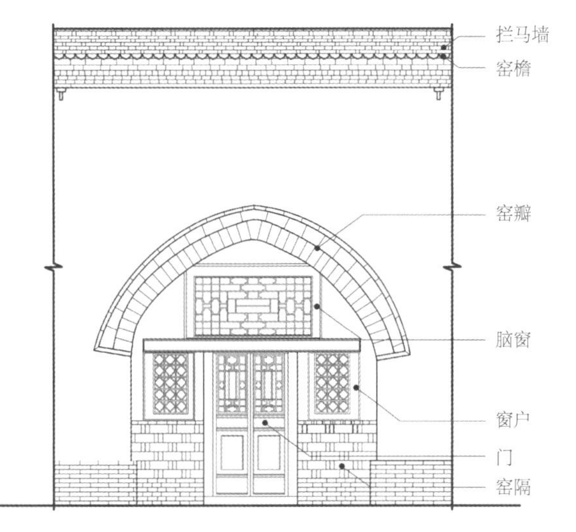

图 6-4-37 门窗部位名称示意图

（图 6-4-38），主窑放在窑口的正中间，其他窑洞放在偏一侧，窑隔墙位于距离窑口二尺（66cm）的位置。先放置门框要用支杆将门框暂时固定，然后用胡墼或砖在门框两侧空余处砌起窑隔墙，当窑隔高度达到三尺（1m 左右）时放窗户，其余部分再用砖砌严实，整个窑口砌至门脑（大致在门框顶端位置）时，再放窗户（当地人称脑窗），最后将其他部分用青砖全部砌满（图 6-4-39）。在建造过程中会将窗框四角木料向水平方向伸出 10cm，砌筑时插在窑隔内增强稳定性。最后在脑窗上方留一个 15cm 的方孔通向室外，作用主要是排烟、排湿、通风。当地人后续会在室内用绳系帆布，平日里吊起打开通风口，在遇到不好的天气时则将其盖上。

扎窑隔做法和一般砌墙不同，门窗、门框两边用卧砖砌筑；窗台边则必须用滚砖做法；最下面的砖用表砖砌筑。

3. 粉墙

如前文所述，在土工接近完工时要让师傅刷窑面，上面留下均匀的耙纹肌理，粉墙是在这些肌理的表面再用麦秸泥将窑面涂抹一遍。

麦秸泥是将麦秸、麦糠用石碾压碎，与黄土混合加水后和成草泥，根据当地匠人经验确定稠稀合适。将和好的泥用泥斗子运送至各施工地点，一手用带柄的木板铲泥并托起，一手用泥抹子抹墙，自上而下涂抹窑面，完成后用一天时间晾干后再抹第二遍，一共抹三遍（图 6-4-40）。

4. 地面处理

下沉式窑洞位于地下，黄土的湿陷性很强，因此排水体系特别重要。地面处理一般有两种：黄土夯实地面和铺砌地面。两种处理在坡度上基本相同，不同的只是材料，下面重点以铺砌地面为例介绍下沉式窑洞的地面处理。

图 6-4-38 扎窑隔放门框（来源：张琦摄）

图 6-4-39 扎窑隔放窗户（来源：张琦摄）

图 6-4-40　粉墙（来源：张琦摄）

图 6-4-41　入口处坡道起点向外翻边

（1）窑洞内地面：窑洞内多做砖砌地面，可渗水，又可以隔离潮湿。近年来有在窑洞内铺陶瓷地砖，虽然美观，但易结露不利于防潮。

（2）入口、坡道、台阶、门洞地面：下沉式窑洞入口坡道形式多样，坡度根据地形也有差异。坡道宽度 4～6 尺（133～200cm），有护壁、根脚，护壁高出地面，防雨水倒灌。平面有曲尺和曲线形，旋转而下。地面处理一般都分为以下几个细节：

入口处坡道起点（与崖上地面交接处）常有翻边，比窑顶地面略高，防止雨水倒灌，在防水方法上以“堵”为主（图 6-4-41）。

坡道多见中间设台阶，两侧为坡道。也有整个都为坡面的处理。坡道一般用碎石、砖瓦、卵石等材料将坡面做粗糙，以便防滑，坡面也会向排水沟处略倾斜，以利排水。

门洞内地面坡道坡度一般比露天部分的小，中间不做台阶。有些人家门洞一侧有水井，水井的对面一侧有排水沟，地面材质处理可与坡道相同，也可与窑地面相同。

（3）院内环形通道地面处理：院内环形通道主要用于交通，沿各窑洞口绕行一周。一般用青砖或碎瓦、卵石砌筑，或直接为黄土夯实。宽约 5 尺（167cm），有坡度坡向院心，坡度一般为 2% 左右。方法同上述用尺杆上的水准槽找坡。环形通道与入口坡道排水沟相交之处一般处理成暗沟，若用明沟，则沟宽 3 寸（10cm），沟底低于环形通道地面（图 6-4-42）。

5. 盘炕、砌灶、门窗装饰

（1）盘炕：窑洞内靠近窗户处一侧常设火炕，用青砖或胡墼砌筑，炕的常规尺寸为 1.5m 宽、2.5m 长。利用灶火余热，冬日起居暖和。此处为窑内通

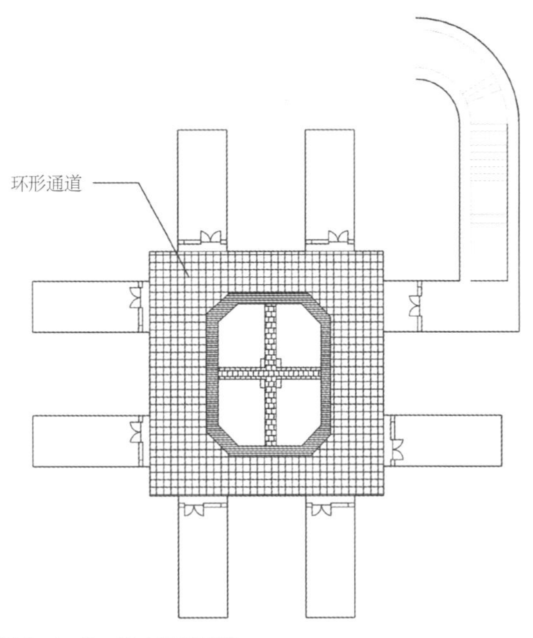

图 6-4-42　院内环形通道

风、采光的最佳处，也是主人日常起居和待客之所（图 6-4-43）。

（2）砌灶：在火炕向窑内一端砌筑炉灶，并设火道与排烟道相连。夏天多在门洞窑做饭，当地还能见到泥糊的可移动的三腿灶，方便移动使用。

（3）油漆、装饰，安装门窗五金构件：门窗多以黑色为主，点缀有红色等其他色彩和装饰部件，工艺精致，油漆晾干后安装门窗五金构件（图 6-4-44、图 6-4-45）。

图 6-4-43　下沉式窑洞室内炕

四、排水设施及其他

下沉式窑洞整个建筑均由黄土建成，遇水后强度会大幅降低，随着浸水时间的延长，甚至导致窑洞整体倒塌，因此保证抗水性是下沉式窑洞建筑安全、耐久需要解决的重要问题。另外，下沉式窑洞在成型后的养护和使用期间，黄土中的水分会不断变化，如果水分变化过大、速度过快就会引起窑洞墙体不均匀变形和开裂，影响下沉式窑洞的正常使用和安全、耐久。

下沉的建筑形式、纯黄土构成，使得防水排水措施成为下沉式窑洞营造技艺的核心部分。下沉式窑洞防水排水理念主要可以总结为：以排为主，以防为辅，排水防水紧密结合。以“堵”、“排”、“渗”三种措施构成。完整的防水排水体系，对下沉式窑洞建筑的安全性、耐久性及内部潮湿度的控制都很有利，重点可以从规划选址、窑院设计、细部构造三个方面进行分析。

（一）聚落选址的排水原则

豫西下沉式窑洞整体以村落为集聚单位，村落选址除考虑资源、方位、农田等因素外，主要考虑地

图 6-4-44　下沉式窑洞窗

图 6-4-45　下沉式窑洞门

势、土质、水位。根据调研可知，河南陕县西张村镇人马寨村、南沟村、庙上村、后关村及宜村乡宜村、东凡乡尚庄村等下沉式窑洞规模较为完整，从建造时间较为久远的村落布局及发展历史来看，最初建下沉式窑洞都选在沟边靠崖处，后逐渐向塬上靠拢，向中间集聚。下沉式窑洞选在地下水水位低、坚固密实、垂直节理好的马兰黄土或分布均匀的姜石层地带。黄土层要厚，地势要高，低洼处一般不能建，这些选址除考虑下沉式窑洞本身的建造需要外，也为防水排水打下了较好的基础。村庄整体选址一般在地势较高处（局部地势的相对高点），排水以原始地势为主，保证村庄在整体上的排水优势。黄土地貌中天然形成很大沟壑，因此村庄主要靠自然沟壑排水，整体上呈现自然分布，不加人工组织，而在局部排水不畅处简单挖些辅助沟渠加以组织排水。村庄塬上、崖上绿化以天然树木为主，树根加固地面。这样的规划选址在下大雨时，排水速度很快，塬顶不会被水长时间浸泡。因此，豫西下沉式窑洞在选址方面对村庄排水的考虑是以原始地势为主，靠天然沟壑排水，局部排水不畅处加以人工组织。

（二）窑院布局的排水措施

窑院布局上防水主要体现在减少汇水面积，防止雨水倒灌；排水主要体现在窑顶排水坡道和院落地面措施。

1. 减少汇水面积

由于下沉式窑洞是一种“负建筑”形式，是地下四合院，因此有独特的排水特点。与地上四合院建筑相比，院落的汇水面积有所不同。地上四合院排水是屋顶（或部分屋顶）雨水排入院落，再由院落排入村落公共排水体系，院落的汇水面积包括屋顶面积（或部分屋顶面积）和院落面积，而下沉式窑洞由于其特殊的形式，排水分为两部分：①窑顶雨水直接排入村落公共排水体系；②地下院落单独解决院落的排水。院落的汇水面积主要由院落面积和入口部分露天面积组成（图6-4-46）。

由于地下院落的排水有其明显的不利条件，所以下沉式窑洞的排水设计要点主要集中在控制汇水面积，防止雨水倒灌的“堵”、屋顶雨水的“排”和地下院落雨水的“渗”。“堵”是汇水面积四周防线的设计，“排”是设计窑顶排水坡度直接与村庄整体排水体系相连，“渗”是利用黄土的天然特性，让雨水渗透。

2. 窑顶排水设计

下沉式窑洞窑顶的排水一般是在窑顶修建排水坡、排水沟。首先根据窑顶地面地形，修建散水坡，加固窑顶。再在地坪上从拦马墙向四周找排水坡度，坡度一般为5%。四周做排水沟，将崖顶落雨排向周边空地或耕地，并与整个村庄排水系统相连（图6-4-47）。地坑院的周围地面（窑洞顶部）用石磙碾平压实地面，局部角落用夯夯实。平时使用中，雨后要及时

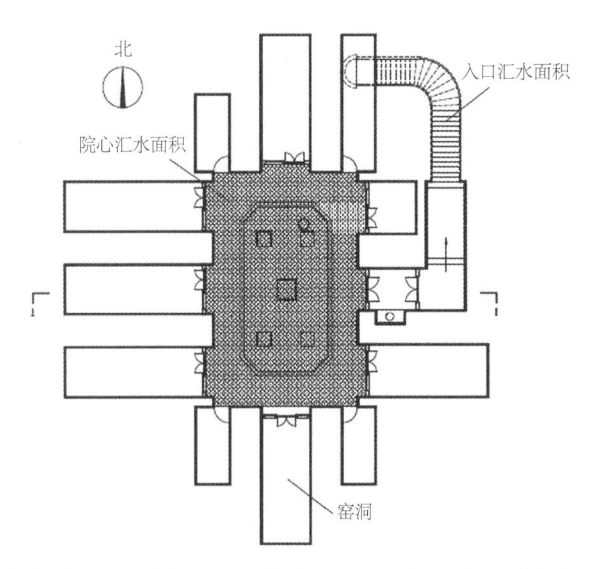

图6-4-46 下沉式窑洞汇水面积示意图（来源：根据《豫西下沉式窑洞防排水体系构造分析》作者改绘）

用石磙或石夯旋转压实，达到光、实、平，防止植物生长，有利于排水，对下沉式窑洞起保护作用。

3. 拦马墙、入口坡道排水

下沉式窑洞坑口的四周通常设置防止雨水倒灌和人坠落的拦马墙。主窑所在一边的拦马墙高约50cm，其他三边高约35cm，均为一砖厚，并设有基础，入口坡道两侧一般用砖直接垒砌即可。调整好排水坡度后，在拦马墙外侧用青砖铺砌散水。为防止崖顶雨水向下沉式窑洞汇聚，保护拦马墙，散水坡度约15%，宽约80cm。下沉式窑洞入口坡道在整个防水体系中十分重要。下沉式窑洞入口坡道形式多样，不同时期做法有所不同，坡度根据地形也有差异。坡道宽约1m，有排水纵沟，还有排水横沟（图6-4-48）。

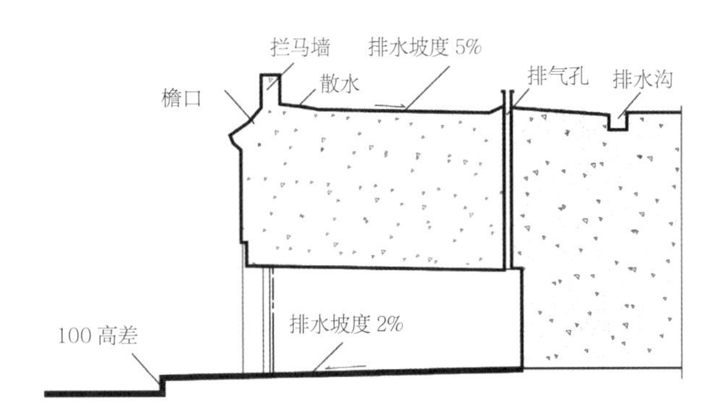

图6-4-47 下沉式窑洞窑顶排水示意图（来源：李红光提供）

（1）入口处坡道起点（与崖上地面交接处）常有翻边，比窑顶地面略高，防止雨水倒灌，在防水方法上以“堵”为主。

（2）坡道多见中间设台阶，两侧为坡面。也有整个都为坡面的处理。一般在一侧有排水沟（明沟或暗

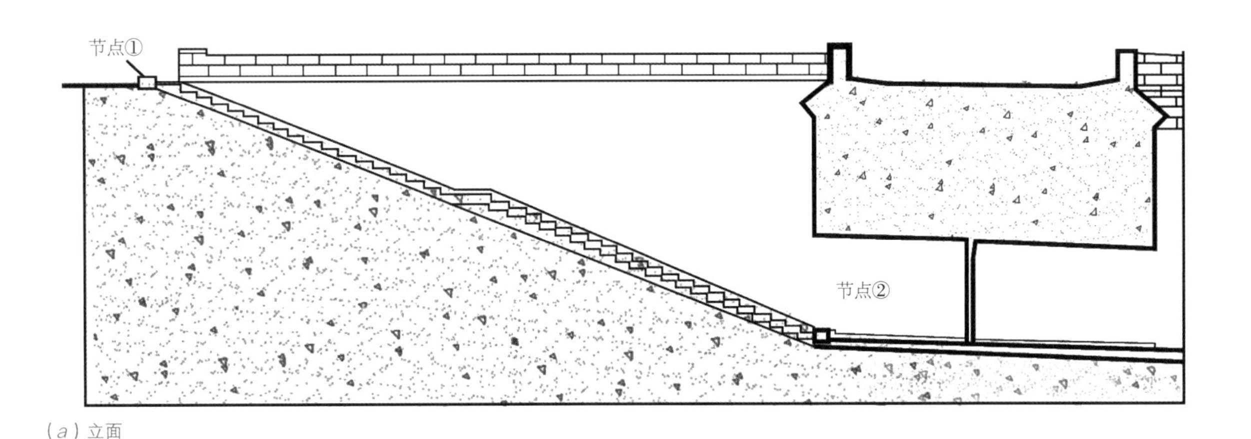

（a）立面

突起堵水
反坡 5%

（b）节点①

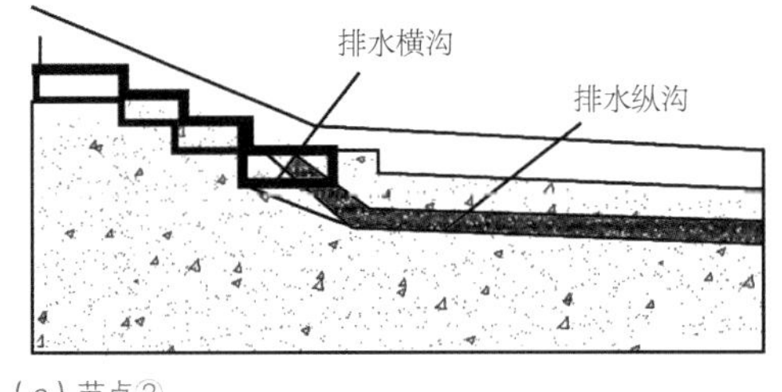

（c）节点②

图6-4-48 入口坡道防排水示意图（来源：李红光提供）

沟），将露天坡道的水汇集流向院内渗井。坡道一般用碎石或其他材料将坡面做粗糙，以便防滑，坡面也会向排水沟处略倾斜，以利排水。

（3）坡道在门洞入口屋檐对应处通常有拦水处理，如设突出土埂，或设横沟与两侧排水沟相连，还有通过露天坡道地面与门洞内坡道地面铺地材质的不同略做高差。

4. 院落地面设计

下沉式窑洞院落部分及入口露天部分的雨水主要靠院落自身的黄土渗透来解决，因此院落地面设计非常重要。结合功能及排水需要，院落地面一般由院内环形通道和院心地面两部分组成。院心的阴位加设渗井，排水由院心黄土地面和渗井的渗透与存储共同完成（图6-4-49）。

（1）院内地面坡度设计：窑洞内部多做砖砌地面以隔离潮湿，地面基本保持平整，从窑洞尽头向口部微倾。窑洞入口处一般设门槛，勒脚外散水，即是院内环形通道。院落四周环形通道用于交通，沿各窑洞口绕行一周，一般用青砖或碎瓦、卵石砌筑，或直接为黄土夯实，宽约1.5～2m，有坡度坡向院心，坡度一般约为2%。环形通道与入口坡道排水沟相交处，一般处理成暗沟；若用明沟，则沟宽10cm，沟壁略高于环形通道地面。

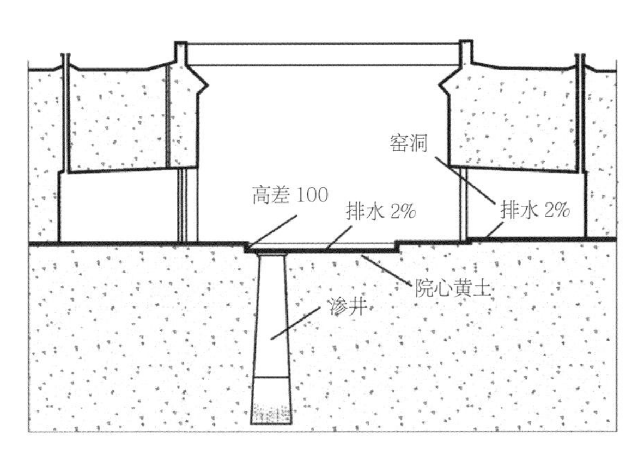

图6-4-49 院心排水示意图（来源：根据《豫西下沉式窑洞防排水体系构造分析》作者改绘）

（2）院心地面设计：下沉式窑洞院心地面比院内环形通道地面约低12cm，并有坡度，坡向渗井。院心地面常为素土夯实或呈自然状态，并进行绿化。院心有时设十字形砖铺小道，便于对面通行，但绝对不进行全硬化处理，以利用黄土的强渗透性，解决部分雨水的排放。

（三）防水细部构造

由于下沉式窑洞的主体是黄土，节点防水问题很重要，下沉式窑洞的防水措施主要为：在檐口、窑洞口、勒脚及窑面等部位用砖瓦包砌，增强耐久性。

1. 檐口构造设计

窑院四周设置砖砌檐口，四周一致，下边为5组砖砌：最下层1组拔砖，第2组狗牙砖，第3组跑砖，第4组抄瓦，第5组滴水檐。在四角转角处还多往下做几皮，有美观和防止四角屋檐阴沟落水淋湿崖面的作用。檐口上边铺砌小青瓦，挑出崖面23～26cm，四角屋檐有排水阴沟，阴沟对应的窑面上常砌几皮砖加以保护（图6-4-50）。

2. 窑洞口构造设计

窑洞口处的窑面常内收30～50cm，形成自然雨棚，窑洞拱券上部即窑脸处用24砖平裱，突出部分用12砖横砌，有装饰和保护窑洞口部的作用。也可用平裱，外面用麦秸泥抹光，及时保护。窑洞口填充墙下部常砌有90cm高的砖饰面，有的整个窑洞口外墙砌有1层砖保护。窗户设有约20cm宽的窗台，并做自然坡度排水（图6-4-51）。

3. 勒脚、护坡构造设计

窑腿下部做尖肩墙，即勒脚，通常用青砖砌筑，既可加固窑腿提高承载力，又可防止雨水浸渍，保护窑腿。主窑所在崖面勒脚高约60cm，其他崖面勒脚高约50cm，厚12cm。勒脚根部做有60cm散水，

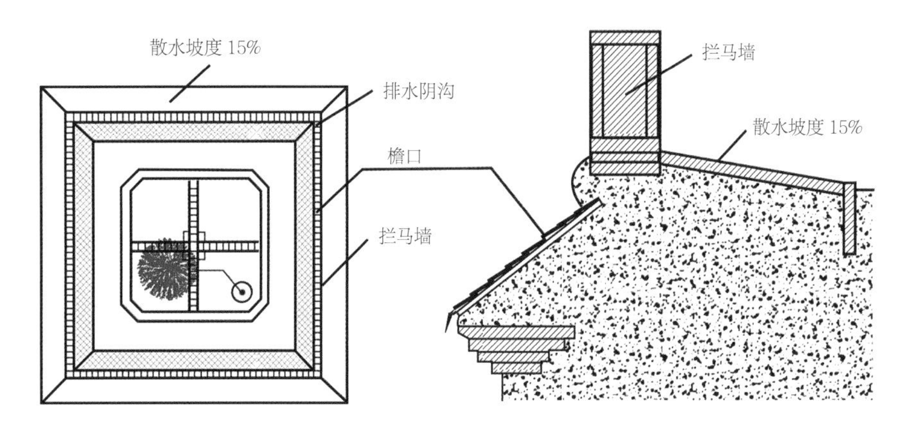

图 6-4-50　檐口防排水示意图（来源：根据《豫西下沉式窑洞防排水体系构造分析》作者改绘）

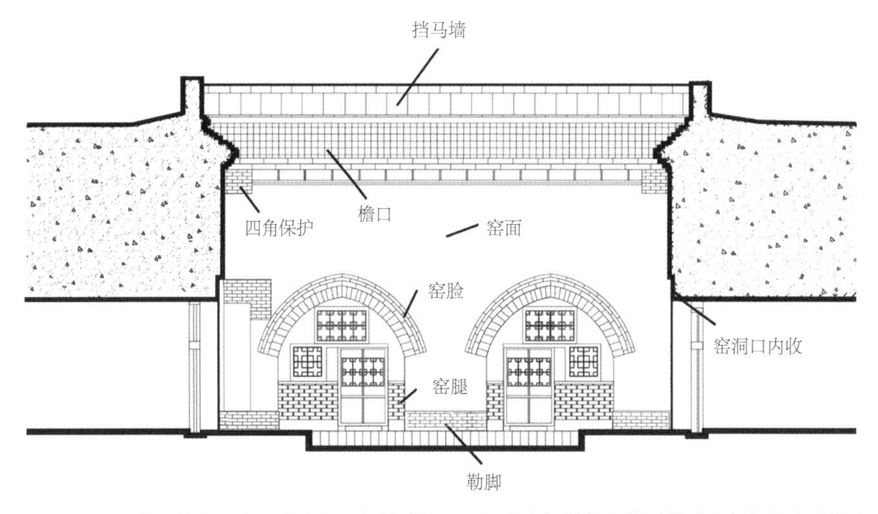

图 6-4-51　窑面防水示意图（来源：根据《豫西下沉式窑洞防排水体系构造分析》作者改绘）

有的散水结合院内环形通道设计，采用砖砌或石子硬化及其他硬化措施。

4. 窑面构造设计

窑面主墙常用胡墼加固，外用白灰或麦秸泥涂抹一层，具有保护窑面不受雨淋和增加美观的作用，经济、实用。粉墙一般要经过三遍涂抹，加强密实性，增强防水效果。

第五节　小结

本章通过对下沉式窑洞的调查与研究，对下沉式窑洞建造过程、建造技艺及其他特征作了较为全面的梳理与研究。下沉式窑洞建筑是在黄土高原天然黄土层下孕育生长的，下沉式窑洞建造过程与其他民居类型相比，其勘地、放线、开挖、打窑、垒坑、门窗制作等营造技艺是独一无二、颇具匠心的，其精妙的营造方式是上千年来当地老百姓智慧的结晶，是黄土高原上珍贵的文化遗产。下沉式窑洞孕育着丰富的民俗文化，其建造过程深受历史传统文化影响。在寒冷多风的黄土高原地区，生产力较为落后，当地居民利用较为简单的生产工具和劳动力支出便能得到具有较舒适居住空间的传统窑洞，成为了黄土高原上居民居住形式的最佳选择。

通过研究也发现下沉式窑洞民居蕴含着许多值得重视的问题，涉及利用生土、节约能源、保护生态环境等一系列当代建筑所关注的热点内容，但其自身存在通风不畅、阴暗、潮湿等不利因素。随着时代的发展，新生产、生活方式需要传统窑居进行一定的革新，其自身具有的缺陷和不足也需要不断地改进和完善。同时，下沉式窑洞的营造技艺作为民族文化遗产的内容之一，需要对其进行合理的继承与发展。

第七章

独立式窑洞民居建造技术

独立式窑洞是中国传统窑洞建筑中非常重要的一种类型。因其受地形和环境约束较小，所以分布较为广泛，在陕西、山西、宁夏、甘肃、内蒙古、青海、新疆、河北等地均有分布。独立式窑洞建造类型丰富，结构材料、装饰艺术各不相同。尤其在山西地区，因其地域资源和晋商文化的影响，出现了“窑上窑”、“窑上房”等特殊的窑洞类型，加之精美丰富的砖雕、木雕、石雕艺术，使得山西独立式窑洞呈现出独特的建造技艺。本章对不同地区、不同类型独立式窑洞的成因、分布、建造技艺进行梳理，重点研究各种独立式窑洞的营造技艺和施工流程，并对各地窑洞民居建造的差异性进行比较分析。

>>

第一节　独立式窑洞民居建造技术综述

新石器时代之后，随着社会的发展，人类认识自然、改造自然的方法不断进步。同时，人口的增加也使得窑洞选址最佳位置变得紧缺。人们开始通过相地择基，选择风水佳地，平地起窑。所以，根据现有的地形条件，结合黄土靠崖窑洞的经验，逐渐形成了独立式窑洞这一窑洞类型。

独立式窑洞又称“箍窑”，其出现是窑洞建筑营造技术的一大进步。独立式窑洞摆脱了山体、地形、土质对传统“挖”窑洞的束缚，从而使窑洞这一传统的居住建筑迈向新的历程（图7-1-1、图7-1-2）。

图7-1-1　独立式砖石窑洞

图7-1-2　独立式土基窑洞

从营造方式来看，靠山式窑洞和下沉式窑洞都是在原有的天然基础上掏挖而成，是一种“减法营造”的窑洞。而独立式窑洞不同于这两种类型，是一种采用“加法营造”的窑洞。与靠山式和下沉式窑洞相比，独立式窑洞最大的优点是不受土质结构和地形地貌的限制，结构更为坚固、耐用，建筑空间更为灵活、多样，缺点是独立式窑洞的造价较高。

第二节　独立式窑洞民居建造技术类型划分

独立式窑洞分布在黄土高原地势较为平坦的地区，集中分布在陕西以及山西省的多个地区。在甘肃、宁夏、内蒙古、新疆、青海、河北的部分地区也有少量分布。

这些地区由于地域资源的差异，用于建造独立式窑洞的主体材料也有较大差异，按照材料可分为土窑洞、砖窑洞和石窑洞。由于不同材料的特性，对于每一种以不同材料为主体的窑洞建造技术也存在着较大的差异。独立式窑洞又不同于下沉式和靠山式这些通常建造一层的窑洞，在独立式窑洞存量和类型都较为丰富的山西地区，可以看到双层窑洞以及与木构架房屋结合而成的下窑上房，这样特殊建造类型的窑洞在建造技艺上也与普通的单层窑洞有着较大的不同。

一、按照建造材料分类

（一）独立式土窑洞

独立式土窑洞分为夯土墙窑洞和土坯砖窑洞两种。在黄土高原地区，黄土作为一种简单、易得的材料大量地运用于传统窑洞的建造。在晋中南地区、甘肃陇东、宁夏西海固地区及陕西渭北地区，都可以看到大量由黄土营建而成的独立式窑洞。

从建造流程上来说，独立式土窑洞建造大致有两种形式：一种是在黄土丘陵地带，土崖高度不够的地区，在切割崖壁时保留原状土体作窑腿和拱券模胎，砌筑土坯拱后，四周夯筑土墙，在土墙内分层填土夯实，厚 1～1.5m。待土坯窑洞干燥达到一定强度后，再将土拱模掏空，实质上是人工建造的一座土基式窑洞。土基土坯窑洞一般用楔形土坯砌拱。另一种是在平地上以夯土墙作窑腿，在窑腿上砌筑土坯拱。这种土坯窑砌筑时需要有模具支撑，但也有的地方工匠不依靠模具，凭着熟练的技艺将楔形土坯砌成拱形。

土坯窑洞的屋顶，除掩土夯实做成平顶之外，还有的在夯土上铺瓦做成双坡、四坡或锯齿形屋顶，更有讲究的人家在土墙外侧贴平砖用以防水，同时也更加美观。这种外观似砖木结构房子的土坯窑，在甘肃庆阳地区多见。宁夏西海固地区的土坯窑洞，受经济条件的制约和当地气候的影响，窑洞顶部不覆土，在土坯拱上仅以草泥抹面，具有浓厚的地域特征（图 7-2-1、图 7-2-2）。

（二）独立式砖窑洞

独立式砖窑洞主要分布在山西及陕西的渭北地区，其中尤其以山西地区对砖的建造技艺最为成熟。山西矿产资源丰厚，煤、铁、铜、石膏等分布广泛。据文献记述，山西的煤炭开采历史比较悠久，早在公元前 487 年，董安于在为赵简子修建“晋阳城”时，所用的碎瓦及盖宫室所用的铜柱子，都已用当地开采的煤炭烧制、冶炼而成。北魏时，山西地区已熟练掌握了煤炭的利用方式。到唐代时煤炭的开采更为普遍，宋元时已成为中国主要的产煤地区，至明清时期煤炭已广泛用于烧制砖、瓦、陶瓷等建筑材料。由此，山西民居的结构、构造和材料发生了质的变化[①]。

所以，山西地区现存的窑洞多为砖窑，对砖窑的营建技术也相对成熟。为了方便砖的砌筑，山西的砖

（a）甘肃庆阳窑房

（b）甘肃定西独立式窑洞 1

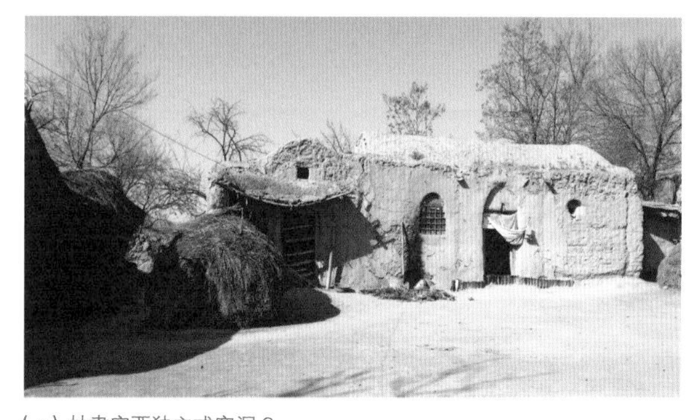
（c）甘肃定西独立式窑洞 2

图 7-2-1　陇东地区窑洞

① 王金平．山西民居．[M] 北京：中国建筑工业出版社，2009.

窑洞多见单一圆心的半圆拱。对砖的加工技艺也日渐精细。在山西的窑洞中，砖雕广泛运用于窑洞装饰的各个部分，与石雕、木雕一起构成了山西窑洞华丽的外表，成就了许多窑洞建筑的精品（图 7-2-3）。

砖还大量地运用于窑脸券边及花栏女儿墙的砌筑。通过不同砌筑方式组成各式图案，通过变化取得古朴典雅、韵律感极强的装饰效果（图 7-2-4、图 7-2-5）。

（三）独立式石窑洞

以石材作为主要营建材料的独立式窑洞主要分布于陕北地区和晋西、晋东、晋东南地区。这些地区土质疏松、岩石外露，采石方便，可就地取石建窑，所以石窑居多。因其结构体系是石拱承重，无须靠山依崖即能自身独立，较为坚固、稳定。石拱顶部和四周仍需掩土 1～1.5m，故仍不失窑洞冬暖夏凉的特点。其中，以陕北地区的石窑洞最具代表性。

陕北石窑洞对石材的建造技术主要体现在面石的处理上。处理面石时用手锤、凿子等工具在面石上砸出或是凿出粗细不同的条纹。条纹可分为一寸三錾（一寸的宽度内有三条纹理）和一寸五錾（一寸的宽度内有五条纹理），对石材加工的娴熟技艺使得陕北石窑洞建造工艺独具特色（图 7-2-6）。

图 7-2-2 宁夏土坯窑洞

图 7-2-4 窑脸砖券边

图 7-2-3 山西砖窑

图 7-2-5 砖花女儿墙

（a）一寸五錾面石肌理

（b）斜纹面石肌理

（c）一寸三錾面石肌理

（d）毛石砌面肌理

（e）陕北裸石窑肌理

图 7-2-6 石窑表面肌理

图 7-2-7 单层窑洞

图 7-2-8 下窑上房

二、按建造类型分类

按照建造类型，独立式窑洞可分为单层窑洞、双层窑洞和下窑上房三类。单层窑洞建造技术主要体现在对不同材料的加工方式，而双层窑洞和下窑上房都是在下层窑洞的基础上再加建一层，所以在底层窑洞的顶上要进行基础的处理，这一点单层窑洞是不需要的。在一些双层窑洞中，上层的窑洞往往向后退几米，所以双层窑洞的建造也要注意对底部支撑的处理，文中后续章节建造流程中会有详细的论述（图7-2-7～图7-2-9）。

图 7-2-9 双层窑洞

第三节　独立式窑洞的材料特征

一、土窑

独立式土窑洞的主要建造材料为黄土。此类窑洞在窑腿（两侧墙）采用夯土墙，上部用土坯砖砌圆拱，或是全部用土坯砖建造（图 7-3-1、图 7-3-2）。

用夯土墙做窑腿的土窑，夯土密实、整体性好，所以相比全部用土坯砖箍起的窑洞，力学性能更佳、更坚固稳定。

用于夯筑窑腿和制作土坯砖的黄土需要保持一定的含水量，但是其湿度要控制得当，太干了不易成型，太湿了无法夯实。具体的干湿度全凭匠人的经验，总的来说评判的标准是“抓握成型、落地散开”。

独立式窑洞虽不像靠山式和下沉式窑洞直接在黄土中开挖，但是其窑身部分也主要是由黄土建造，这使得独立式窑洞同样具有冬暖夏凉的特点。独立式窑洞的窑顶及院落大多都是由素土夯实的办法建造的。除了窑洞主体是用黄土建造外，室内的土灶、土炕等设施也主要取材于黄土。而院落中的非窑洞建筑，如厢房、厕所、厨屋等房屋也常采用夯土墙。黄土材料的特性使得独立式窑洞同靠山式和下沉式窑洞一样，显得粗犷豪放、古朴自然（图 7-3-3、图 7-3-4）。

黄土这一材料在黄土高原地区易得，土坯砖的制

图 7-3-1　沁县土基窑 1

图 7-3-2　沁县土基窑 2

图 7-3-3　夯土墙

图 7-3-4　夯土门洞

作工艺简单，在自家院子就可以完成，所以土基窑洞建造方便、造价低廉，但同时有防水性能较差的缺点。

二、砖窑

独立式砖窑的主要建造材料为砖。早期的窑洞多用未经过烧制的土坯建造，在黄土高原地区，建筑材料就地取材，制作简便。在中国建筑史上很早就有“秦砖汉瓦”之说，只是砖要经过烧制，其造价高于生土材料。由于经济原因，早期一般农户建房较少用砖。在降雨量较少的西北地区，生土材料是众多农户的首选建材，砖只在窑洞的重点部位起装饰效果。

历史上用砖箍窑是富户人家经济实力的体现。山西盛产煤炭，烧砖燃料易得，致使青砖箍窑普及，而山西砖箍窑的工匠技术、砖的装饰艺术也比其他地区先进。

在山西，晋西、晋中、晋东南地区都有砖窑的分布。在陕西，砖窑主要分布在渭北高原（图 7-3-5、图 7-3-6）。

传统窑洞民居中采用的砖材料，主要为天然黏土烧制成的青砖，表面色泽均匀、平整，呈青黑色，一般密度为 1600～1800kg/m^3。与传统红砖相比，青

图 7-3-5　山西砖窑

砖在强度和硬度方面与其相当，但抗氧化性、水化和抵御大气侵蚀的能力比红砖优越很多。此外，青砖还具有密度大、抵抗变形能力强、不变色等优点。

砖窑在继承了土基窑洞特点的基础上又改善了土基窑洞防水性差的缺点，在结构上也相对稳固，为双层窑洞和下窑上房的修建提供了基础。

三、石窑

石材具有耐高温和耐久的特点，也是营建窑洞的主要材料（图 7-3-7）。

石材不同于黄土，可以雕刻成各种形态，并且不

图 7-3-6　渭北地区砖窑

图 7-3-7　陕北石窑

受规格的限制，所以石材不仅作为一种窑洞主体的营建材料，在经过艺术加工后也可以用于窑脸券边、挑檐下部条石、房屋台基、铺地、楼梯台阶、院内石磨、饮马槽、柱础以及门前抱鼓石、石狮、影壁等装饰构件（图 7-3-8）。

石材作为建筑材料具有一定的耐高温性，在发生火灾时可以最大限度地保证房屋的结构安全，石材这种天然阻燃物质在这方面有着独特的优势。大量事实证明，与传统木构建筑相比，石建筑毁于火灾的数量十分稀少，而且含有碳酸钙的石材较其他种类石材耐火性更强，只有当温度达到 827℃时，自身结构才会开始破坏，温度达到 910℃以上才会发生分解。

在耐候性方面，石材的膨胀收缩和耐冻性能均表现良好。物体受热膨胀后无法恢复至原有体积，会保持一部分永久膨胀。由温度从 0℃增加到 1000℃再降回 0℃的实验中测得石材的永久膨胀度为 0.02%～0.045%，膨胀变化较小。而当温度降至于 -20℃发生冻结时，石材能够抵御孔隙内水分膨胀所产生的内力，不会出现破坏现象。

在力学性能方面，经试验证明，石灰岩的抗压强度为 50～200MPa，抗拉强度为 5～20MPa，摩擦角为 35°～50°，内聚力为 10～50MPa[①]。石材属于脆性材料，抗压性能良好，但抗拉、抗弯和抗剪强度较低，又有自重大的缺点，因此在水平方向的使用上受到一定的限制，无法适用于跨度较大的房屋的梁架。但石材密度大且坚硬，能较好地承受重力荷载、温度变化和其他外力的破坏，常作为承重构件用于建筑的基础或竖向受力部位。

（a）拴扣

（b）柱础

（c）窗台

（d）栏杆 1

（e）抱鼓石

（f）栏杆 2

（g）栏杆 3

图 7-3-8　石构件

① 李媛昕．太原店头古村石碹窑洞建筑营造技术分析 [D]. 太原：太原理工大学，2013：33-35.

第四节 独立式窑洞的结构特征

从建筑的结构形式上分析，独立式窑洞实质是一种覆土的砌筑拱形建筑。

独立式窑洞在没有天然崖面的条件下，利用拱券技术建造房屋，在砖、石、土坯材料砌筑的拱券上覆盖厚厚的土层以达到冬暖夏凉的舒适效果。这种拱券结构更符合材料的受力逻辑，也更经济。

在长期的营建过程中，人们总结了一套独立式窑洞建造的经验与科学的原则，一直被大家遵循。拱券窑洞的拱券形状各地区不太相同，人们对各类拱券的喜好是根据最初在黄土层中“挖窑洞”土质结构所确定的“经验形状”，长期形成的审美情趣。基于不同地区自然条件与黄土的性能差异，在单体窑居的开间、进深、窑洞高度、高宽比、窑腿厚度、起拱高度、覆土厚度及起拱曲线上均有一定的数值规定，事实证明确有其合理的力学依据。

独立式窑洞不同于在黄土中掏挖形成的窑洞，主要由砖石、土坯等材料砌筑窑拱，所以拱券的形式要便于砌筑。独立式石窑洞以双心圆拱为主，而砖窑多为半圆拱（图 7-4-1）。半圆拱的侧墙较低，施工方便，应用较为广泛；随着砖砌工艺的进步，山西地区独立式窑洞还出现了十字拱、丁字拱、扶壁拱等特殊的拱券形式（图 7-4-2）。独立式窑洞中也有少量的拱券为抛物线拱，但是抛物线拱曲线成型难，施工难度大；落地抛物线拱是将拱与侧墙合为一体，由于侧墙是曲面，使用不方便，故现存窑居较为少见。

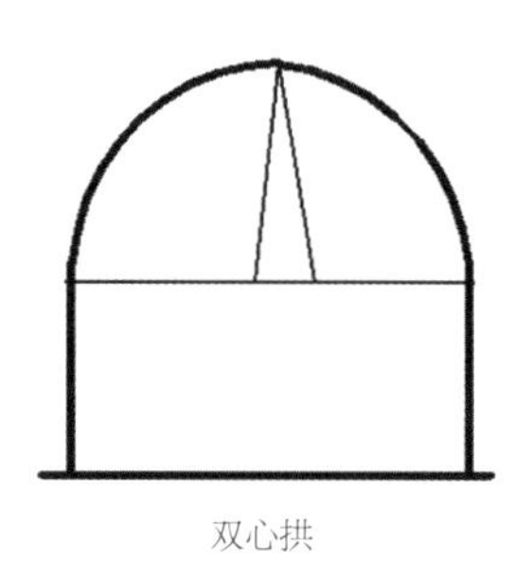

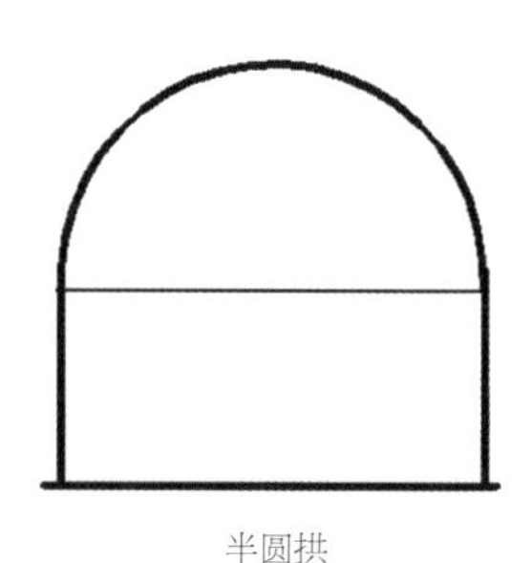

图 7-4-1 拱形曲面图

窑洞各部位的尺寸，不同地区建造时均有不同的做法：以窑面来说，陇东为 3.33m，陕北多为 2.4、3.3、3.6、3.8m 几种尺寸；山西以 3m 最为普遍；河南则为 2.8、3.2m 等。乡间流传着一些建窑的民俗习语与经验做法：“窑宽一丈、窑深二丈、窑高一丈、腰腿九尺”、“南风一堵墙，北风来了没处藏”、“土窑爱塌口，石窑爱塌掌（窑背部）”等。这些民俗习语都是人们长期积累的经验，无不蕴含着乡土的智慧与严谨的工匠精神。

陕北地区窑洞的拱券形式以双心圆和单心圆为主，双心圆两圆心之间的距离俗称“交口”，“交口”长，则拱圈提高；“交口”短，则拱圈降低，拱顶平缓。陕北地区单孔窑的一般参数是：宽 10～11

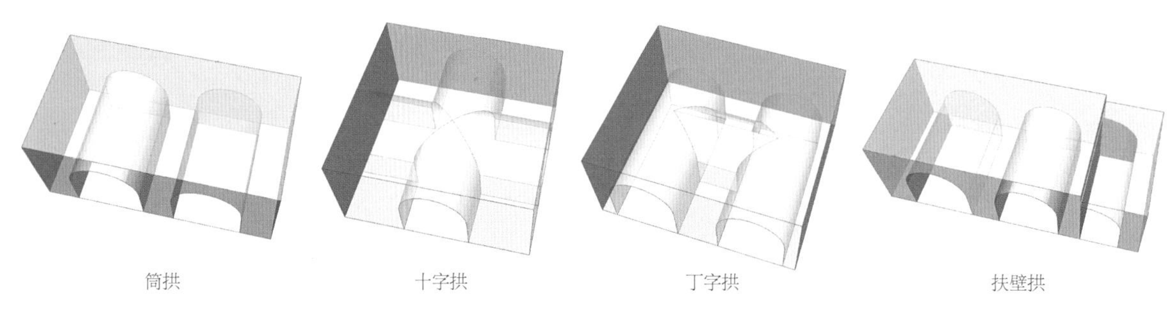

图 7-4-2 特殊券拱形式示意图

尺（3.33～3.67m），进深22～24尺（7.3～8m），高11～11.5尺（3.67～3.8 m），平桩高5.5～6尺（1.8～2m），拱部矢高5～5.5尺（1.7～1.8m），交口1～1.2尺（0.33～0.4m），以这种传统数据建造的窑洞大小适中。后来有降低拱圈矢高的倾向，追求拱顶平缓（多用于薄壳窑）①。

陕西渭北地区的独立式窑洞与陕西其他地区的窑洞在结构上存在一定的差异。渭北澄城县独立式窑洞多为砖窑，一般不受奇数的限制，窑洞的孔数根据村子宅基地的面积确定，一般每家7分地（13m×25m），多数为2孔窑。院落一般呈长方形，正窑两孔，东侧厢房或为砖房，或为薄壳窑洞。西侧为杂物间和卫生间。渭北地区独立式窑洞的尺寸相对较大，开间约为4～4.5m，高为4～4.5m，进深可达10m。窑洞的顶部多为双心圆拱，窑洞后部开有高窗通风。渭北地区独立式窑洞建造多为夯土和土坯砖结合。侧面的窑腿称为梆，多为夯土，厚度可达2.5m，以抵抗水平侧推力。窑洞内部用土坯砖箍成，“九层一爬”以增强土坯砖之间的粘结力，使结构更加坚固。这一做法在山西地区也可见到（表7-4-1）。

第五节　独立式窑洞民居建造技术

独立式窑洞的营建过程俗称箍窑法，是平地上用砖石或者土坯砌筑，沿内发拱券的自支撑结构。独立式窑洞的营建材料就地取材，且相对靠崖式窑洞不受地形限制，所以成为陕北、山西等地广泛采用的营建技术。独立式窑洞按照建造材料不同，又可分为独立式土窑洞、独立式砖窑洞和独立式石窑洞。不同类型的窑洞由于不同的材料特性及各地资源、气候的差异性，在建造步骤上有较大区别，以下就这三种类型的独立式窑洞展开论述。

一、独立式土窑洞建造技术

（一）概述

20世纪80年代以前，独立式土基窑洞分布较广，近代以来，随着社会发展、经济水平提高，独立式土基窑洞相比于独立式砖石窑洞来说，数量较少，分布的地域也不如砖石窑洞广泛，主要分布在晋东南地区、宁夏西海固地区。而宁夏西海固地区的“旱箍窑”从施工流程和外观形式来说，都与普遍的土窑洞

各地窑洞常用尺寸表　　表7-4-1

	窑脸宽度（m）	窑脸高度（m）	窑腿宽度（m）	边腿宽度（m）	覆土厚度（m）	拱券形式
陕北（石窑）	3.3～3.8	3.3～3.8	0.8	1.2	2	半圆拱、双心拱
山西（砖窑）	3～3.5	3.3～4.2	0.6～1.2	0.6～1.5	0.9～1.3	半圆拱、双心拱
渭北（澄城地区）	4～4.5	4～4.5	>0.5	2.5	1.6～2.5	半圆拱
陇东	3.3～3.6	3.6～3.9	1.5	—	3～6	尖拱、抛物线拱
宁夏	3～3.3	—	—	—	—	抛物线拱

（来源：根据调研资料整理）

① 毛文颜．浅析陕西窑洞[D]．成都：西南民族大学，2005.

有所不同。以下分别对这两类土窑洞的建造技术与施工流程进行详细的介绍（图 7-5-1、图 7-5-2）。

（二）建造技术与施工流程

1. 晋东南地区独立式土窑洞

晋东南地区独立式土窑洞的建造主要有以下几个步骤（图 7-5-3）。

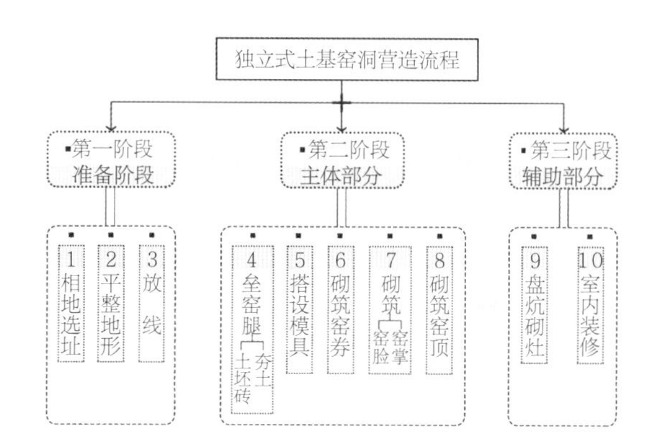

图 7-5-3 独立式土基窑洞营造流程示意图

1）相地选址

独立式窑洞的选址与北方建土木结构房屋一样，依然遵循堪舆理念，选择最佳位置与方位，基址应当选在地形较为平坦的地方，避风向阳，有利于组合理想的院落空间。

图 7-5-1 山西独立式土窑洞

图 7-5-2 宁夏独立式土窑洞

2）夯实基础，平整地形

土基窑洞不需要额外地开挖地基。首先根据周围地势确定窑洞主体标高，利用水平仪，放出一条水平的线，以此线为标准，低于水平线的地方用土填高，高于水平线的地方削平，然后将平整好的地形用夯锤夯实。

3）放线

确定需建窑洞的平面布局及数量后，使用方尺和水平仪，用白灰在地面放出窑洞平面的线条。

4）砌筑窑腿

土基窑洞窑腿的做法有两种：一种是提前预制好土坯砖，用土坯砖砌筑窑腿；另一种是现场支模具，夯筑窑腿。夯土墙窑腿又分为椽筑夯土墙窑腿与版筑夯土墙窑腿。

（1）夯土墙窑腿

夯土墙窑腿最原始的做法是搭建模板，填土夯实。用于夯筑的土壤需要保持一定的含水率，含水率无需仪器测量，如前文所述，通常由有经验的工匠选择用力抓到手里可以成型，而落到地面会散开的土。

首先，需要制作用于夯筑土坯墙的模型。将两根直径约 10cm 的圆木椽放置在地基上，之间的距离就是所制夯土墙的厚度。用绳子将木椽的两端分别系住进行固定，为第一层模具，并在两端支撑木板（木板为上窄下宽的梯形，高度为墙的高度，目的为防止在夯土过程中土从两端溢出）。将土自上而下填进两根木椽和木板所围合的空间内，用石杵将土夯实。夯实的过程最好分层来夯，这样可以保证夯筑的墙体更为坚固、耐用。

在第一层木椽上紧接着搭建第二层木椽，用绳子分别将两个木椽两端系住，为第二层模具，再进行填土夯土。以此方法依次向上叠加，因木椽数量有限，在搭建完第三层模具后将最底端的第一层模具拆除搭建于第三层模具之上（木椽数量多的情况下也可搭建四、五层再拆除底层木椽），再进行填土夯土。

以三层模具为流程依次将最底端的模具拆卸并搭建于最上层，直到夯土墙达到所需要的高度，模具便可拆除。架一层模具制作一层夯土墙大约需要三个工人工作半个小时，每三层为一个流程则需要一个半小时。当地民间有句夯筑土墙的俗语："打墙的杆，上下的翻"，形象地说明了上述夯筑土墙的过程（图 7-5-4）。

板筑夯土墙将木椽换作木板，木板模具厚 4～6cm，宽 20～30cm，长 2～3m。每层模板固定好，可在板模内夯筑 2～3 层土，比木椽效率高，夯出的墙面更为平整。

夯土做窑腿的过程，通常由村民或者亲戚帮忙，大家齐心协力，共同完成。所以，每当修建窑洞的时候，不论谁家修建窑洞，大家都会去帮忙，一派热闹的村民共建景象。

（2）土坯砖砌筑窑腿

土坯砖砌筑的窑洞，用于砌筑拱券及用于砌筑窑腿的土坯砖，均需要提前预制。修建窑洞的土坯砖，材料易得，工艺简单，通常村民自己就可以制作。制作土坯砖的过程又称为打"胡墼"，在陕北、渭北、山西、豫西、宁夏等地，只要有土基窑洞，都首先需要打胡墼这一步骤，具体的制作方法各地无太大差异。打胡墼有专门的模具，通常为木质的矩形方框，尺寸约 8 寸宽，1 尺 2 寸长，1 寸厚，还有一种一头宽一头窄的模具，用来砌筑拱券部分的梯形土砖（图 7-5-5、图 7-5-6）。

5）搭模具

搭模具也称支楦，是制作用于砌筑拱券的模具。窑腿砌筑好之后，就可以在窑腿的上部搭建模具了。传统模具的制作采用杨木或者榆木，下部搭空心架，上部用木条弯成弧形。弧形的形状即未来拱券的形状。现在窑洞建造多用金属板预制好拱形模具（图 7-5-7）。

第一步

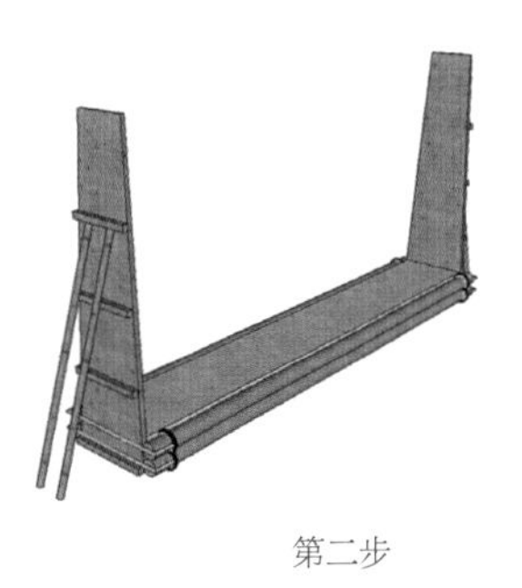

第二步

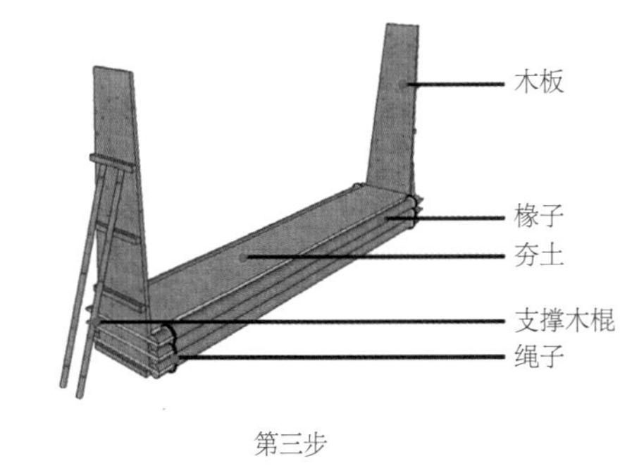

第三步

图 7-5-4　建模夯墙过程示意图

图 7-5-5　土坯砖制作工具

图 7-5-6　土坯砖制作流程

（a）金属模具

（b）木质模具

（c）使用模具建造窑洞

图 7-5-7　窑洞模具照片

6）砌拱券

用提前制作好的土坯砖，从窑腿的上部开始，沿着模具，以工字缝的方式，从后向前砌砖，砌 3～4 皮砖（即模具宽度的四分之三）。然后将模具前移，以同样的方法继续砌砖，砖与砖之间用黄泥粘结。以此类推，从后向前，直至砌筑完成。

7）砌窑掌、窑面

拱券砌筑完成后，就要砌筑窑洞的前后立面。

窑掌，即窑洞的后墙。窑掌部分用土坯砖按工字缝砌筑，黄泥作为粘合剂。通常独立式窑洞的窑掌部分不开窗，这也是出于安全的考虑。

窑面，即窑洞的正立面（图 7-5-8）。同样用土

图 7-5-8 窑脸、窑掌示意图

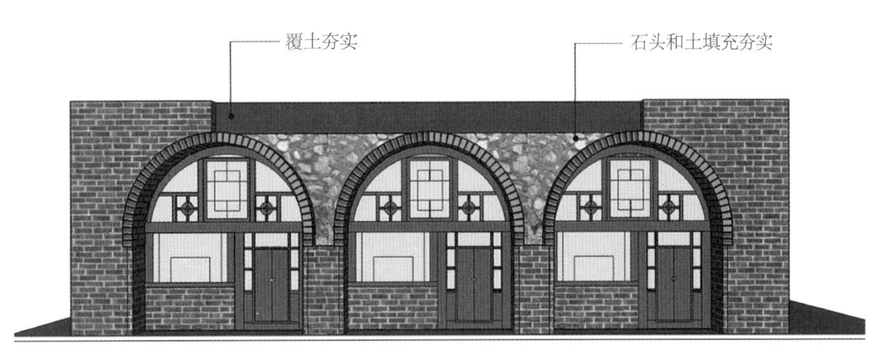

图 7-5-9 锁叉示意图

坯砖按照工字缝砌筑。砌筑的过程中，要预留出门洞和窗洞的位置。窑面砌筑好之后需要进行粉刷。粉刷面层通常分为两层：第一层用黄泥加麦草泥进行粗抹，然后用黄泥加麦糠进行第二次粉刷，也有家庭会在两层之上再用白灰进行第三次粉刷，形成明亮、细腻的窑洞表面。

8）窑顶覆土

窑洞的拱券和四周的墙体砌筑完成后，需要在内部进行覆土。两个窑腿之间倒三角形的区域成为“叉”，其中用碎石、泥块、砖块、黄土进行填充，直至与拱顶平齐，这一步骤也称为“锁叉”（图 7-5-9）。在上部继续用素土夯实，注意拱券顶部夯实的动作要轻，两侧窑腿部分可以用力夯实。独立式窑洞上部覆土较薄，不需要像靠山式窑洞那么厚，不小于 0.6m 即可。在窑顶顶部做出坡度，连接落水管，以便排水（图 7-5-10）。有的地区土窑洞的窑顶还可作为打麦场用于生产（图 7-5-11）。

图 7-5-10 窑顶排水坡度

9）盘炕砌灶、安装门窗、室内装修

修建好的窑洞内部要盘炕砌灶，这一部分的内容在第四章及靠山式窑洞部分都有详细的论述。

窑洞立面砌筑前要提前预留好门洞和窗洞，将提

图 7-5-11　窑顶作为打麦场使用

图 7-5-12　窑洞室内

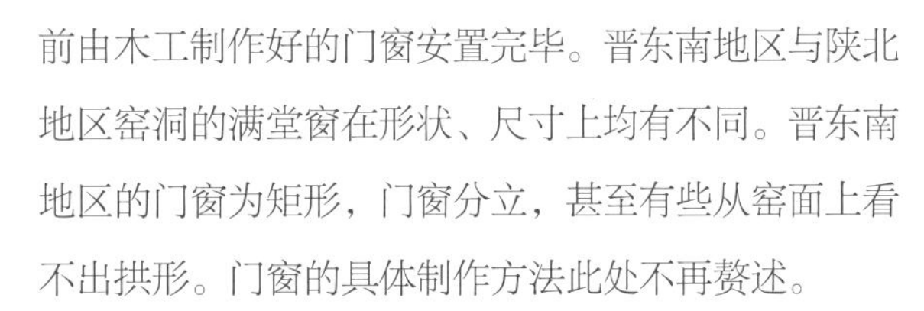

前由木工制作好的门窗安置完毕。晋东南地区与陕北地区窑洞的满堂窗在形状、尺寸上均有不同。晋东南地区的门窗为矩形，门窗分立，甚至有些从窑面上看不出拱形。门窗的具体制作方法此处不再赘述。

窑洞内部需要进行粉刷装饰，通常用细砂加白灰作为底泥，先抹一层，再用纯白灰加麦糠或者纸筋，进行表面粉刷。这样粉刷一新的窑洞，更为明亮（图 7-5-12）。

2. 宁夏西海固地区独立式土窑洞

宁夏回族自治区的独立式窑洞主要分布在西海固地区。西海固地区，原指宁夏回族自治区的西吉县、海原县和固原县三县的联称。现指宁夏回族自治区南部，包括西吉县、海原县（隶属中卫市）、固原（原州区）、泾源县、隆德县、彭阳县以及同心县（隶属吴忠市）、盐池县（隶属吴忠市）的 7 县 1 区，总面积为 30500km^2，占宁夏总面积的 58.8%。

宁夏西海固地区环境条件恶劣，干旱少雨，黄土层厚、分布广、取材方便，所以当地百姓多用生土建房，形成了独具特色的生土建筑特征。由于这里是回族聚集区，集中了形态多样的回汉民居类型，如：窑洞、堡寨、高房子、土坯房等（图 7-5-13～图 7-5-16）。

宁夏西海固地区属于黄土高原边缘，土层深厚、气候干燥，各类窑洞建筑广布其中，有靠崖式窑洞、

图 7-5-13　窑洞

图 7-5-14　堡寨

图 7-5-15 高房子

图 7-5-16 土坯房

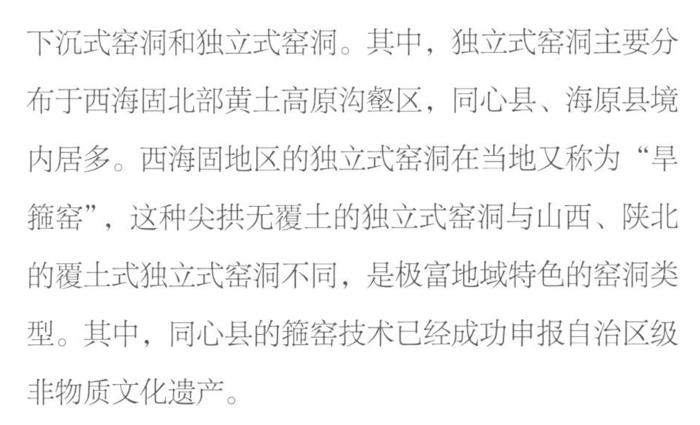

下沉式窑洞和独立式窑洞。其中，独立式窑洞主要分布于西海固北部黄土高原沟壑区，同心县、海原县境内居多。西海固地区的独立式窑洞在当地又称为“旱箍窑”，这种尖拱无覆土的独立式窑洞与山西、陕北的覆土式独立式窑洞不同，是极富地域特色的窑洞类型。其中，同心县的箍窑技术已经成功申报自治区级非物质文化遗产。

宁夏“旱箍窑”建造的流程主要有：预制土坯砖—砌筑夯土墙—起拱—草泥抹顶—砌窑巷—砌窑面—草泥抹面—安门窗—内部粉刷等几个关键步骤。

1）预制土坯砖（胡墼）

西海固地区传统独立式窑洞中大量使用土坯砖，主要用于砌筑拱顶、窑巷和窑面。土坯砖的制作分为干制坯和湿制坯两种。降雨量少的地区多采用干制坯，泾源县等阴湿地区则多采用湿制坯。

干制坯是选用合适土质的黄土掺以适量比例的水分搅拌均匀，放入木模成型，木模置于平整、结实的旧石磨或石板上，预先在模内四壁和底座撒一层草木灰、细砂或煤灰，方便脱模。将干湿度适合的黄土放入木模，略高出木模框，然后用脚踩实呈鱼背形，最后拿平底石杵（图 7-5-17）夯打。将土夯实至与木模框齐平，然后脱模堆架风干。当地居民中流传一则打胡墼的顺口溜：“三锨九杵子，二十四个脚底子。”其含义是：大约三铁锨的土量，用石杵夯大约九下，放土后要用脚底大约踩二十四下，顺口溜形象地说明了打胡墼的过程。胡墼的尺寸约为长 50cm、宽 25cm、厚 6cm，含水量少，容易晾干，适合卧砌。打成的胡墼垒成一堵墙，便于晒干。这堵墙成南北走向，这是由于当地北风较多，便于通风[1]。

湿制坯则是在黄土中加入 3～5cm 长的麦草加水搅拌，闷沤两到三天左右，然后再搅拌成泥装入木模压实即可，脱模后，干燥一到两天后侧立，堆架风干。湿制坯较厚，约在 10cm 以上，晾干时间慢，但质地均匀，强度比干制坯要好。

制作土坯砖的施工技术简便，自行在家即可加工，技艺熟练的工匠使用薄模子每天可打 600 块以上，使用厚模子可打 500 块以上。土坯砖需要提前预制，有些家庭甚至提前一两年就开始准备箍窑所需

① 根据同心县文化馆副馆长马赞智的文字整理。

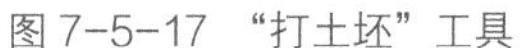

图 7-5-17 “打土坯”工具

图 7-5-18 土坯砖（胡墼）码垛

的土坯砖（图 7-5-18）。

此外，宁夏西海固地区很多地方流传一种更为简便的制作土坯砖的方法：在每年的麦收后，将留有麦茬的麦田浇水浸泡，待其水分稍干，用石碾碾压平实，然后用一种特制的平板锹裁挖出一块块长约 30cm、宽约 20cm、厚约 15cm 的土坯，将其立起曝晒数日，待其干透后即可运回使用。这种做法其实是湿制法的演变。主要利用植物发达的根系，将土块联结，虽然制作简便，但对田地有一定的破坏性。

土坯砖的制作是传统窑洞民居建造的基本步骤，各地对于土坯砖的制作工艺大致相同，用于制作土坯砖的模具也无太大差异。在一些文学作品中，也对制作土坯砖这一工序有着生动的描写。在作者万民所写的散文“姑父的手艺”一文中，有这样的描写：

“打胡墼提前要做好三件事，首先是选择打胡墼的地方。打胡墼的地方一般都在盖房或锢窑最近的地方。土质要好，还要有适合于打胡墼的水分，水分不够的话还要浇水、淋土，以增加土壤的湿度。不然的话，就打不出优质的胡墼。二是平整地基，给摞胡墼作准备。要求下实上虚，平而松软，地基不平胡墼容易倒塌，就会前功尽弃。三是平放一块四方形青石板。将模子放置其中，便开始操作。

打胡墼有句顺口溜：‘一把灰，两锨土，二十四锤子不离手’。意思是说，打胡墼要用草木灰，而且要选用上好的草木灰。一把灰撒进模子，要使灰飞扬起来，目的是均匀地布满模子的所有角落，使下面和四周不与模具粘连，保证棱角底面完好。上土要饱满的两锨，不多不少，多了用不完，少了胡墼就下凹不平。然后就是捶打了，打胡墼要舍得力气，锤子提得高，下手狠，有快有慢，颇有节奏。有时重打，有时轻按，打中有研，研中有挤，一气呵成。

打胡墼一般用两人，一人捶打，一人打下手撒灰填土，速度快，不窝工，也有一人独立完成的。胡墼打好后，用右脚后脚轻轻一叩，模子松开，托起向上往锤子上一靠，将平面胡墼用手番翻立后，双手端起，小跑步去摞。等摞好后返回，模子里的土已经供满，就这样一环套一环，又开始重复的工序了。

打胡墼还要选择天气好的时候，天热温度高，胡墼容易被晒干，气温越高越好。大部分人劳作时赤裸上身，因为打胡墼是重力气活，容易出大汗，便于用毛巾擦汗。打一天胡墼，得提十八斤重的锤头上万次，用汗流浃背、挥汗如雨来形容一点也不过分。

打胡墼用力气，摞胡墼要技术，也有考究，没有一定的技术不行。胡墼打成后要摞成码垛，从底层摞起，起码有五层，甚至七层，搞不好随时都有倒塌的可能，就会前功尽弃，因此，一定要看准位置，一次到位，不能再倒腾，这样不伤棱角，胡墼也就四棱见线，既美观，又实用。胡墼要打得平整、规范、薄厚均匀、结实、牢固、四棱如线，这就是胡墼的质量。"

2）夯筑墙基

箍窑的建造一般选择较平坦的地形，如川、坝、塬、台等地形。墙基由后墙和侧墙两个部分构成。后墙的长度一般由造窑的孔数决定。侧墙一般高约1.5m、宽约70cm。侧墙分左右两个部分，左侧墙和右侧墙之间的距离约为3～4m，类似拱形桥的桥墩，俗称窑腿子。一般并排修两孔箍窑需要三个窑腿子，修三孔箍窑需要四个窑腿子，以此类推。

用土夯筑成墙体，这种古老的建造方式是秦汉修筑长城时传入西海固地区的。其建造过程为：选用黏土、灰土（黄土与石灰之比为6：4）或者黄土与细砂、石灰掺拌，将其填入用木柱、横木等固定好的平板或者圆木槽里，之后使用石夯夯实，再拆除下层的木板，移动到上边来重新固定。如此一层一层加土，一层一层夯实，连续不断，直至达到所需高度，俗称"干打垒"。夯筑过程中采用的填土模具主要分为椽模和板模（图7-5-19）。椽模，用立杆、竖椽、撑木等做墙架；板模，则用木板做墙架，包括侧板、挡板、横撑杆、短立杆、横拉杆等。打夯方式有以下三种：其一，两人或四人手持夯具由墙基两端相对进行，这种打夯方法叫作相对法；其二，与相对法方向相反，是由墙基中段向两端进行，称为相背法；其三，人们一组横向，一组纵向，分两组进行，左右交错，称为纵横法。

西海固地区的夯筑墙有明显收分（图7-5-20），这是由于生土性能的限制，为了保证墙体的稳定性而采取的措施。宋《营造法式》中对夯土墙的规定为"每高四十尺，则厚加高十一尺，其上斜收减高之半"，夯筑时每层铺五寸厚，夯实减少至三寸。施工时，常用石块加固地基，一般在墙身下面砖砌一段墙角；盐碱地还需在距地面一尺处的墙内铺芦苇隔碱。

3）择吉日

回族信仰伊斯兰教，所以宁夏同心县回族在箍窑之前，先要选择吉日，一般选择"主麻日"（星期五）。选好日子之后就要做"尔麦里"，"尔麦里"主要是请阿訇及一些懂阿拉伯语的老人诵经，以求平安。"尔麦里"完成后，就可以进行箍窑[①]。这是当地传统的风俗文化。

4）砌窑拱（箍窑）

最初的箍窑不需要模具，这对于窑匠的建造水平

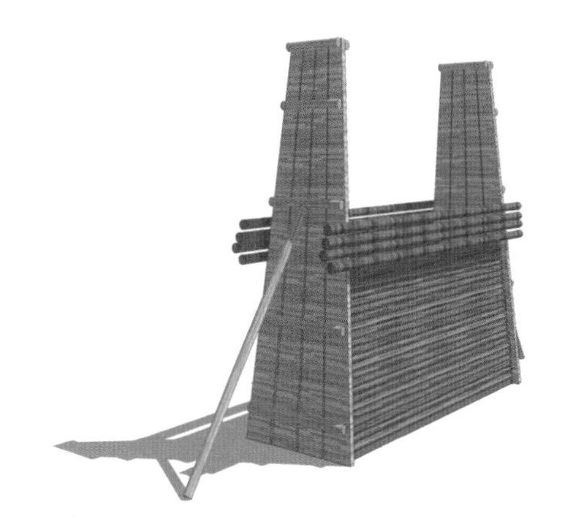

图7-5-19　夯筑模具

图7-5-20　夯土墙收分效果

① 根据同心县文化馆副馆长马赞智的文字整理。

有极高的要求。首先在窑墩子（窑腿）上支一块木板，作为窑匠站立的空间。从窑洞的后部开始，依次从两侧开始砌筑土坯砖。土坯砖的内侧上部会切割一个角度，使得上下两块土坯严丝合缝，之间用黄泥粘结（图7-5-21）。外侧的空隙用碎石和瓦片填充，以保证拱券的坚固。接近拱形顶部时，需要有两根细长的木棍作为支撑，防止土坯砖掉落。木棍以竹竿为宜，两根交叉，一头落于窑洞内部的地面，一头支撑着顶部的土坯砖，根据土坯砖的位置随时移动木棍。两边同时砌筑的土坯砖相交于拱顶时，会形成一个三角形的空隙，因此需要把一块土坯砖削成大小、形状合适的楔子，插于空隙，确保拱券受力均匀、牢固（图7-5-22）。按照上述建造方法，从窑洞的后部向前依次砌筑土坯砖，直到砌筑好整个拱形。

随着技术的进步，箍窑时开始使用模具。窑匠先用上好的麦草拧成直径约12cm的草把，之后备好长短不一的多根木棍。草把的作用是掌握窑洞的拱形形状（草把柔软，易弯曲）（图7-5-23），木棍的作用是支撑草把，中间的木棍长，两侧的木棍短，其目的是将草把支撑为一个拱形，木棍的多少视窑匠的技

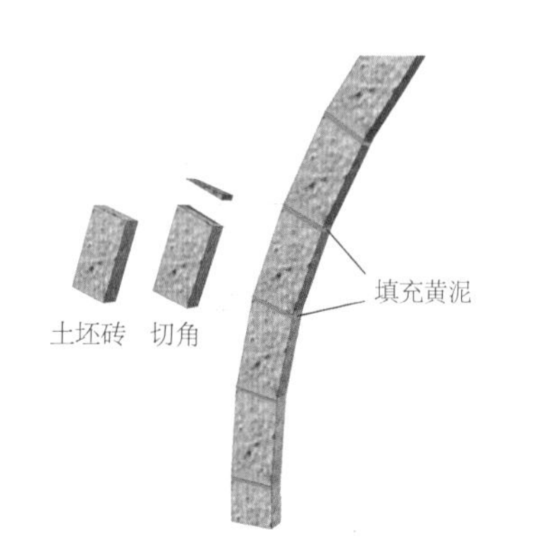

图7-5-21　土坯砖砌筑示意图

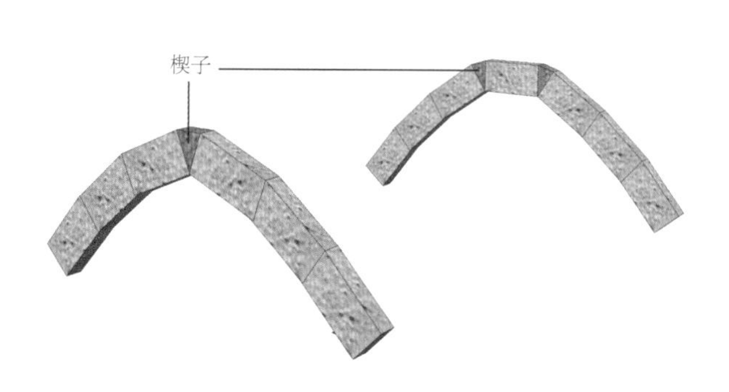

图7-5-22　楔子示意图

图7-5-23　用于制造模具的草把

图7-5-24　烟道实景

术水平而定，一切就绪后窑匠就开始箍窑了。窑匠首先用木棍将草把支起来，其形状即为拱形，然后在土坯砖上抹麦草和黄土和好的泥，一块一块地垒在草把上，垒完一圈将草把向前移动，依次类推，直到将窑洞箍完[①]。最后在箍好的窑顶上用黄泥和麦秆混合而成的粗泥均匀涂抹，形成光滑的表面。尽管宁夏地区独立式窑洞用于砌筑拱券的拱形模具与其他地区的模具在材料上有所不同，其原理和用法却都是相似的。

5）预留烟道

西海固地区独立式窑洞中的炕多靠窗布置，烟道从窑腿向上掏挖。部分窑洞专门用作灶房，灶台靠近窑洞的后壁，因此也有从窑洞后部向上掏挖形成的烟道（图 7-5-24）。

6）外墙维护（砌窑巷）

夯筑好的墙基和墩子（窑腿）上还需要用土坯砖砌筑至高约 2.4m 的位置，称为窑巷（图 7-5-25）。窑巷与拱券之间会形成三角形的空隙，在空隙之间需要用碎石、瓦片黄泥进行填充。在窑巷上面用黄泥抹出排水坡。坡度由内向外侧逐渐降低，形成排水线，在窑洞外侧安放排水管。

宁夏独立式窑洞的排水的方式一般为在砌窑巷的时候有意形成后高前低，在窑洞前部安放排水管（图 7-5-26、图 7-5-27）。

7）砌窑面

宁夏独立式窑洞的窑面全部为土坯砖砌筑。砌筑时自下而上，预留出门窗的洞口。这样窑洞的主体就

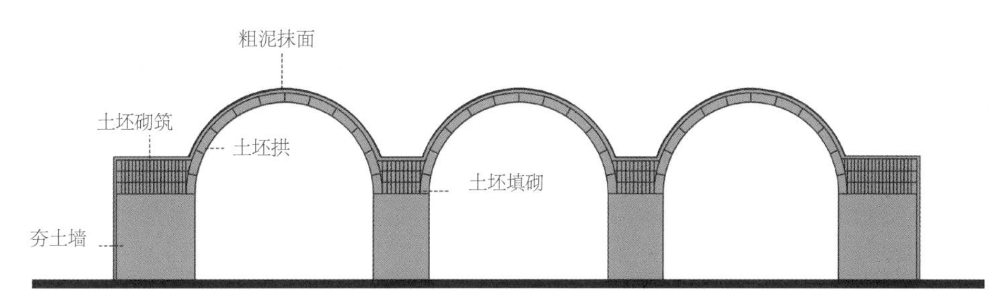

图 7-5-25　窑腿示意图

图 7-5-26　排水坡度照片

图 7-5-27　排水示意图

① 根据同心县文化馆副馆长马赞智的文字整理。

砌筑完成了。宁夏地区独立式窑洞的门窗洞口通常较小，在顶部有高窗通风，因此宁夏地区独立式窑洞的通风和采光条件较差，保暖性较好（图 7-5-28）。

图 7-5-28 高窗

8）草泥抹面

砌筑好窑洞主体后，需要用草泥进行抹面。草泥分为粗泥和细泥，粗泥为黄泥加麦草，细泥为黄泥加短麦草或麦糠。通常第一遍用粗泥，第二遍用细泥，均匀地涂抹于窑面和窑洞外侧的墙壁，形成光滑、整洁的表面。个别经济条件较好的窑洞主人还会用白灰涂抹表面。箍窑比较坚固，一般可住几十年乃至百年，但每年或隔年需要在窑的外面抹泥层，以防止连阴雨时会有漏水以致倒塌的危险（图 7-5-29）。

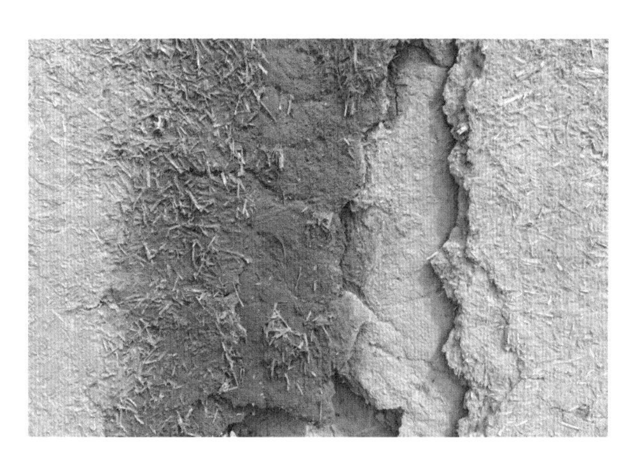
图 7-5-29 草泥抹面分层示意图

9）安装门窗、室内装修

在窑洞预留的门窗洞口安装门窗。宁夏独立式窑洞的门窗不像其他地区那样精美、考究，窗户仅为矩形木窗框加一层玻璃，门扇也为无装饰的简易木门。窑洞室内墙壁用粗泥和细泥依次涂抹，有的家庭会在最外面涂抹白灰，这样形成的室内空间较为光亮、整洁（图 7-5-30）。

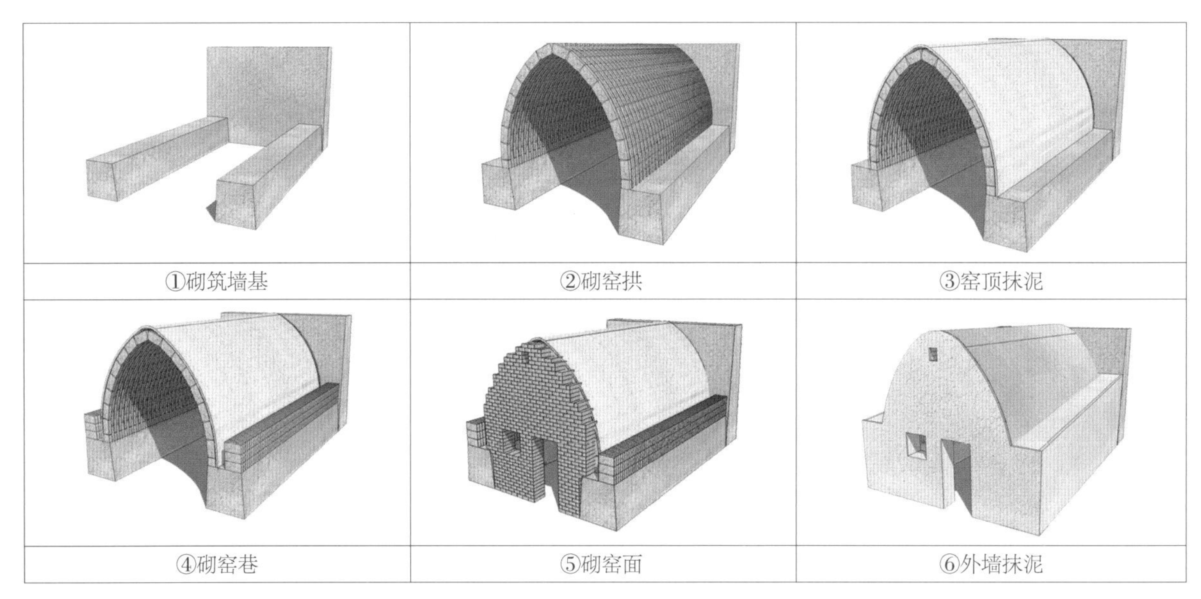

图 7-5-30 宁夏旱箍窑建造步骤示意图

（三）地域性差异比较

1. 晋东及晋东南地区

山西省的独立式土窑洞主要分布在晋东及晋东南地区，尤其以武乡县和沁县的独立式土窑洞最具代表性。晋东及晋东南地区地处太行山区，一般在地势起伏之地，居民都会凿土挖窑。而在太行山区，也存在地形相对平缓和黄土层较薄的地区，这些地区不适宜利用地形开挖窑洞，所以存在着较多的独立式土窑洞。

晋东及晋东南地区的土窑洞较有特色。窑洞的主体结构多为土坯砖砌筑，表面用麦草泥或者白灰抹面。晋东及晋东南地区的独立式土窑洞从立面上看不出拱形，门窗多为矩形或是上部有略微的弧度。门窗分开布置，上部开有高窗。这样的窑洞从立面上几乎和普通的砖房没有太大的区别，进到屋里才能看到顶部拱券的结构。而且晋东及晋东南地区独立式土窑洞的门窗形式多样，窗台和门楣的部分还可以见到精美的砖雕和石雕。这使得当地的土窑洞虽然造型古朴，但又不乏艺术特色（图 7-5-31）。

晋东及晋东南地区的独立式窑洞也多采用院落布局的形式，由土坯砖砌筑院墙。院子里的主房多为三孔的独立式土窑洞，两侧的厢房为土木结构的单层或双层房屋。在院落里还有砖砌的厨屋及牲口房等辅助用房。

在沁县段留镇长胜村，调研过程中还发现了一处已有 200 余年历史的双层土坯窑洞。该窑洞为下窑上房，上层主要用于存放杂物，由外置的梯子出入，下层主要用于起居。一层窑洞采用土坯砖砌筑，顶部搭建木梁，二层为土坯砖起拱。这处窑院在独立式土窑洞中具有一定的代表性（图 7-5-32）。

2. 宁夏西海固地区

西海固地区窑洞空间格局单一、简朴，不像陕西窑洞那样注重空间布局、装修精美，也没有山西窑洞的奢华与紧凑，但其传统的土箍窑洞具有浓郁的地方特色。

由于平均海拔高，黄土层厚，气候寒冷，年均降雨量 470 毫米；西海固地区窑洞跨度小、进深大，宽深比略小于 1/2。一窑多用，起居空间近窗，其次为活动空间，最后是贮藏空间或者饲养空间。宁夏西海固地区，干旱少雨，有“苦甲天下”之称，在资源条件的制约下，以生土建窑，虽简陋，但也创建了家园。

土箍窑洞是西海固地区劳动人民智慧的结晶，建筑材料易得、造价低廉，同时具有一般窑洞冬暖夏凉的优点，并且能抵抗五六天的连阴雨。但是存在采光通风差、空间狭小、抗震能力弱等缺点。随着近年来社会的发展，农民经济条件好转，土箍窑洞渐渐淡出了人们的视线（图 7-5-33）。

3. 其他地区

除了上述独立式土窑洞主要分布的地区，在陕北、关中、渭北、豫西等地区也有少量独立式土窑洞。这些地区独立式土窑洞建造技艺的主要步骤与晋东、晋东南地区无太大差别，但在个别建造细节上，具有各自的特点。关中地区的台塬地带，有现成台地可以利用，在砌筑窑腿时，保留天然的原始土作为窑腿的一部分，上部再用土坯砖砌筑窑腿。这样的建造方式最大程度地利用了天然地形资源，省料省力，是当地居民建造窑洞时智慧的体现。

在陇东地区，除了传统的窑洞，还有一种特殊的建筑，称为“窑房”（图 7-5-34），窑房是窑洞的发展和补充。世居这里的人们，在平地上，结合窑洞和普通平房的优点创造了一种独特的民居建筑——“窑房”。窑房民居采用夯土作为墙，以土坯发券起拱作为屋顶，屋顶填土形成坡顶并铺设青瓦，夯土或土坯

图 7-5-31　晋东南地区窑洞立面门窗

图 7-5-32　百年双层窑洞

图 7-5-33　宁夏地区旱箍窑

图 7-5-34　窑房

图 7-5-35　窑房断面 1

外墙面抹麦草泥，讲究的人家外墙平贴砖，其外观与普通砖瓦房屋一样，其室内却为窑洞景观（图 7-5-35、图7-5-36）。此类民居较传统窑洞具有开窗自由的优点，采光与通风均优于窑洞，同时又因为采用生土坯，因此具有冬暖夏凉、加工简单、造价低廉的优点，是一种典型的绿色生态建筑。在当今倡导资源节约型的社会中，窑房拥有良好的发展前景[①]（图 7-5-37、图 7-5-38）。

图 7-5-36　窑房断面 2

① 靳亦冰，马健，王军．甘肃陇东地区生土民居营建研究 [J]. 建筑与文化，2010：10.

图 7-5-37 窑房建造过程 1

图 7-5-38 窑房建造过程 2

二、独立式砖窑洞建造技术

（一）概述

以砖为主要材料的独立式窑洞主要分布在山西省的广大地区及陕西省的渭北、陕北地区。

山西省沿吕梁山区与晋中平原地区分布着大量的独立式窑洞。山西省煤炭资源丰富，使烧砖技术在山西非常普及，使得山西砖箍窑盛行。砖砌窑洞种类丰富，"上拱下窑""下窑上房"的窑洞类型，丁字拱、十字拱、扶壁拱等特殊的拱券类型在山西省均有分布。

山西省的砖窑是独立式砖窑的集大成者。不但砖的砌筑工艺高超，对砖的精细加工也到了炉火纯青的地步。加上晋商雄厚的经济实力，山西省独立式窑洞的装饰极尽奢华，出现了像王家大院、乔家大院等精品窑洞建筑（图 7-5-39）。

渭北黄土台塬地形区位于黄土高原南缘，属典型的温带大陆性季风气候，冬季严寒，夏季酷热。砖木结构平房的保温性远不如窑洞，不能很好地起到避暑御寒、舒服生活的作用。

土坯窑洞、石窑洞、砖窑洞是渭北平原地区独立式窑洞的三种形式，其力学原理大体一致，尤其以砖窑居多。

独立式窑洞在陕西省澄城县颇多，是当地人最为常见的一种民居形式（图 7-5-40）。传统的陕北独立式窑洞以石窑多见，近年来由于石材开采成本提高，大多数农户以砖代替石材箍窑。

（二）建造技术构成与施工流程

1. 晋西及晋中地区

山西省的砖窑分布地区较广，独立式砖窑主要分布在晋西及晋中地区。从结构形式来说分为单层窑洞和双层窑洞两种，现就两种结构形式的窑洞分别介绍其施工流程。

1）单层窑洞

单层的独立式砖窑建造步骤分为三个阶段，分别为准备部分、主体部分和辅助部分（图 7-5-41）。

（1）相地选址

关于相地选址的问题在文章上述章节各类型窑洞的建造中都有提及，此处不再赘述。

（2）挖地基

首先要平整地形。砖石独立式窑洞与土基窑洞不同，需要对地基进行处理。按照窑洞的开间确定窑腿

图 7-5-39　山西独立式砖窑

图 7-5-40　陕西澄城县独立式砖窑洞

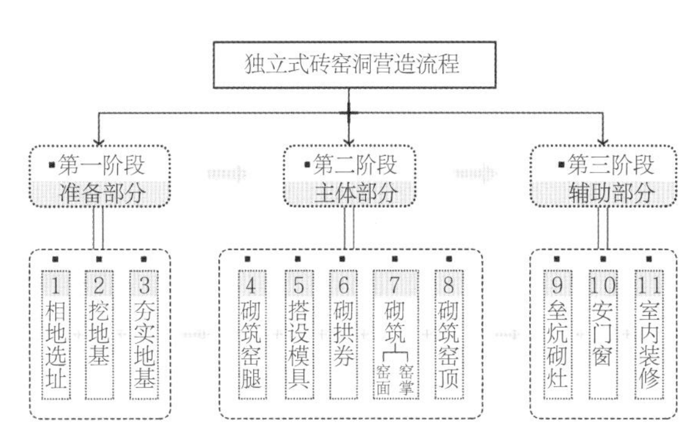

图 7-5-41　独立式砖窑洞建造流程图

的位置，向下挖至少 1m 的深沟作为地基。若在冻土层较深的地区，应挖至冻土层以下。若窑洞为两层，则地基深度至少为五尺（约 1.5m），两侧边桩（两侧的窑腿）的宽度一般为 4 尺 5（约 1.5m），中桩（中间的窑腿）宽度约 2 尺 4 或 1 尺 8（约 88cm～60cm）（图 7-5-42）。

（3）做地基

地基的处理方式有以下三种：第一是用石块将地

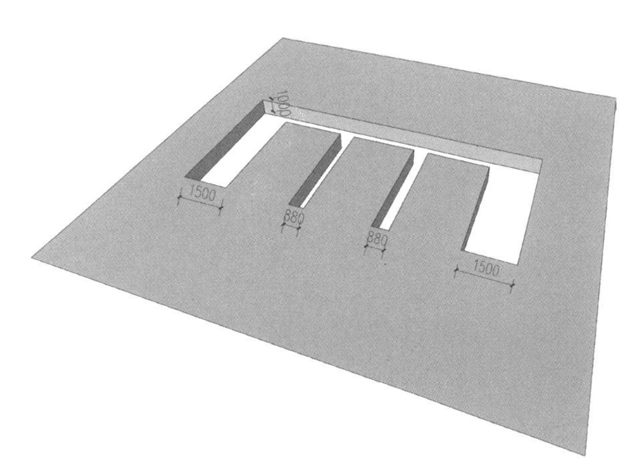

图 7-5-42 挖地基示意图

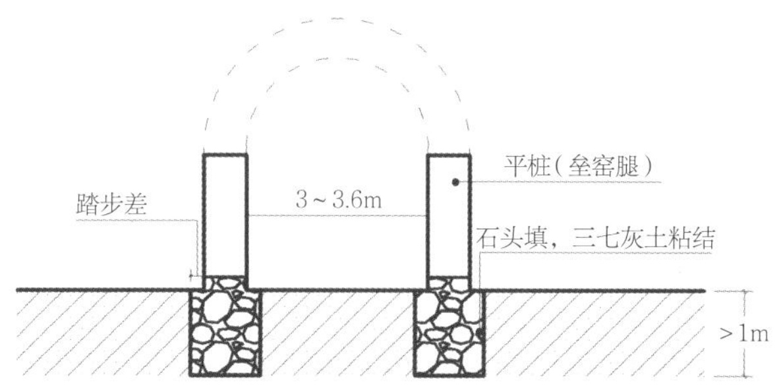

图 7-5-43 踏步差示意图

基填满，用三七灰土（30% 白灰，70% 黄土）作为填缝与粘合剂；第二是干摆石头，之后向下灌三七灰土；第三，如果条件有限，没有石块做基础，可用三七灰土夯实。每 30cm 夯实一次，大概夯实三四次，基础即可成型。一般不用砖做地基。

（4）砌筑窑腿

在地基的上部砌筑窑腿，当地人称这一步骤为起平桩。通常地基的宽度要宽于窑腿的宽度，这个相差的宽度称为踏步差（图 7-5-43）。如果地基范围受限，那窑腿的宽度至少要和地基等同，不可宽于地基。

（5）支楦

窑腿垒到平桩的位置，开始搭模具，即支楦。传统的做法是搭木梁。在拱脚的位置横向、纵向分别搭两道木梁，下部用石头作为支撑，这称为头架梁。向上 20cm 左右以同样的方法搭建二架梁，二架梁与头架梁之间由石块支撑。同样的方法再向上搭建三架梁（图 7-5-44）。用木条沿纵深方向，从拱脚的位置向上，贴着木梁依次排列，形成圆弧形。用黄泥加纤维絲或者麦糠、麦秆，搅拌均匀，在模具上涂抹均匀。常见的圆拱有单心圆和双心圆两种。

①单心圆：在头架梁的中点，用绳子固定，以中点到窑腿的距离为半径作圆弧。得到的弧形是一个标

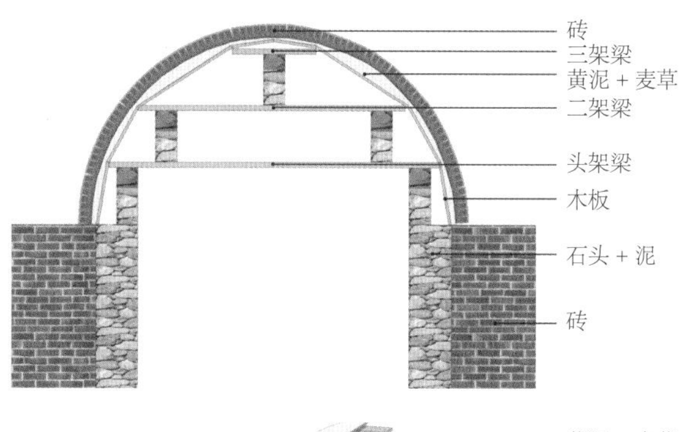

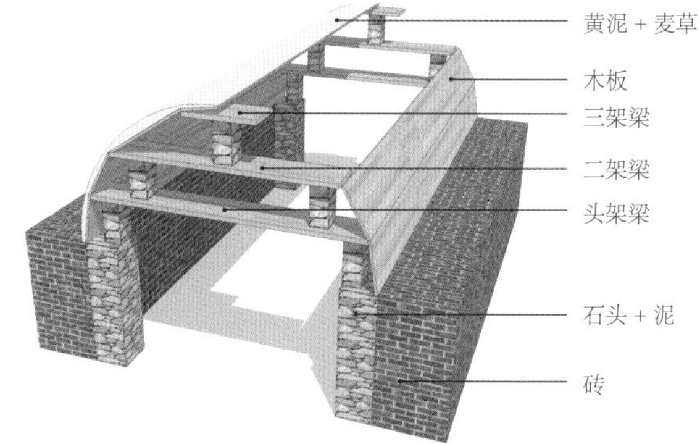

（a）三架梁搭建示意图

（b）三架梁搭建过程

图 7-5-44 三架梁示意图

准的半圆形。

②双心圆：在头架梁的中点分别向两侧退 5 寸的距离，通常以两窑腿中间的距离作为标准，一尺退一寸确定交口（两圆心之间的部位）位置，在窑口平装高度水平线上居中位置取 O1、O2 两点，设窑口线段两端点为 A、B，以 O1、O2 为圆心，$AO1=BO2=R$ 为半径作弧，两弧相交于一点，即组成一完整的双圆心弧线。三圆心拱则是在双圆心拱的基础上再内切一个小圆，三个圆的边缘彼此衔接平滑（图 7-5-45）。

由于拱券砌筑时下部有模具支撑，上部未承受负荷，所以在拆模后拱券因自行承重而产生结构变形。为避免此种现象发生，工匠常在砌筑时有意增加拱券高度，以便在拆模后拱券经变形可回归到原设计位置[①]。

确定好拱形模具的弧度后，沿着圆弧的方向，将模具上用黄泥涂抹光滑，形成弧线圆润的模具。

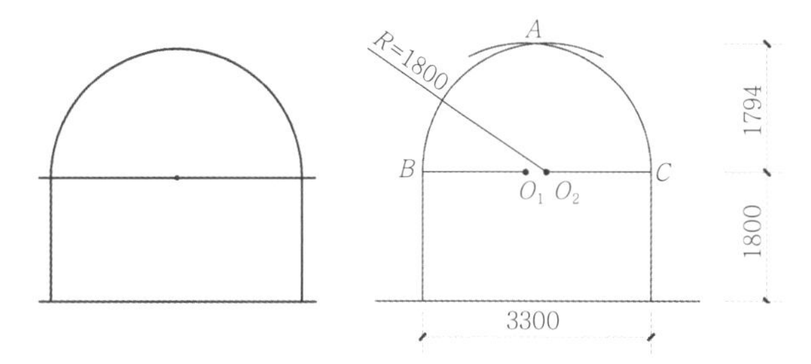

图 7-5-45　单心圆、双心圆示意图

（6）砖砌拱楦

在搭建好模具后，在模具上部砌砖。拱券为横向砌筑，为了保持模具的荷载稳定，不发生变形、偏移的情况，在砌砖时，可以前后左右同时砌筑。砖的摆放，应当前后交错排列，相互穿插咬合，用泥或砂浆粘合。在工艺上，要注意灰缝的均匀和砖形状的选择，使得拱顶结构整齐、严密。整个拱券合拢后，取出模具即可（图 7-5-46）。

随着营造技艺的进步，传统的搭建模具方法也有了改进。在搭建模具的时候不用搭满整个窑洞的深

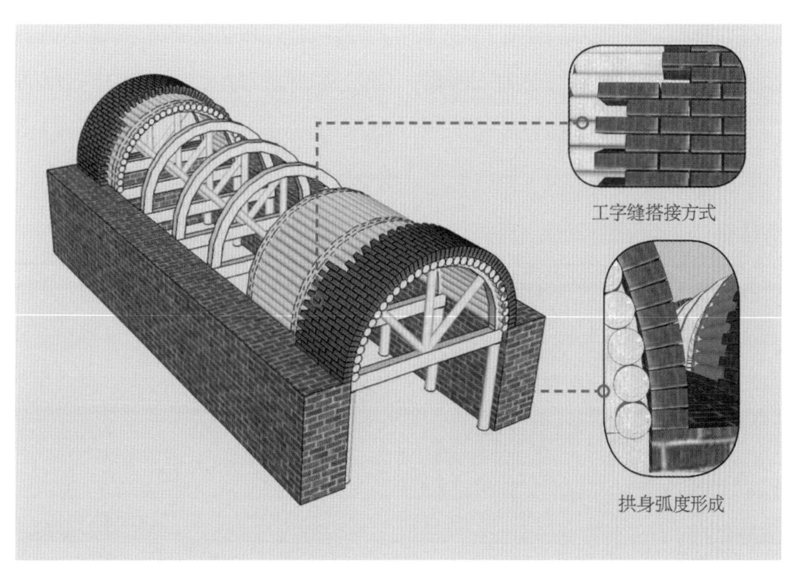

图 7-5-46　独立式窑洞拱券砌筑

① 李媛昕. 太原店头古村石碹窑洞建筑营造技术分析 [D]. 太原：太原理工大学，2013.

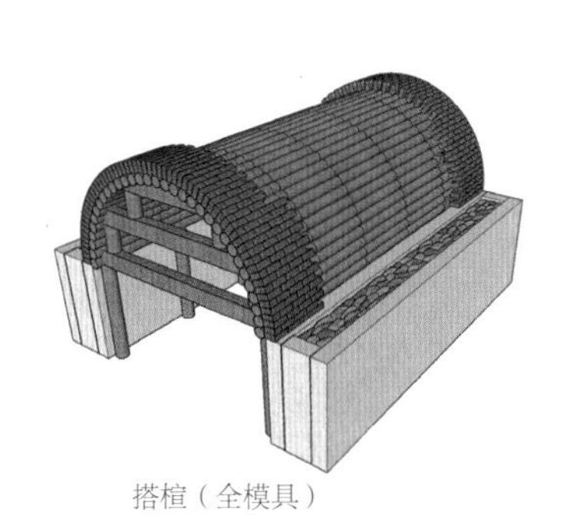
搭楦（全模具）

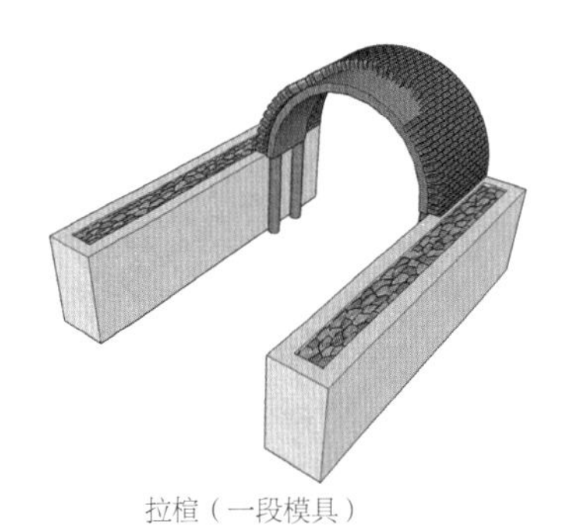
拉楦（一段模具）

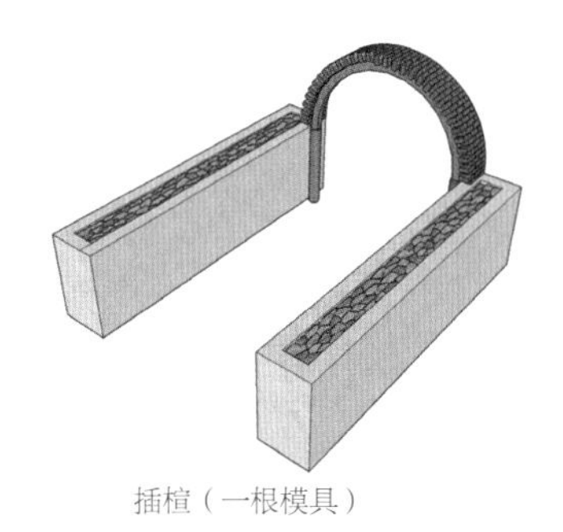
插楦（一根模具）

图 7-5-47　独立式窑洞演进过程

砖窑口石部分　石窑口石部分

图 7-5-48　合口石示意图

度，只用搭建一段。搭建模具的方法与前文相同，在这段模具上砌砖，砌好一段后，将模具后移，再搭建下一段，直至搭满整个拱券。一孔窑洞约分为三段砌筑。一段砌筑完后，再平移模具。新砌砖缝要与前一部分的砖错缝，这一方法在山西地区称为“拉楦”。

后来，传统的搭建模具变得更为简便。只需要根据窑洞的宽度、拱顶的高度、拱形的弧度提前用木板或者木条预制好拱形模具。模具的宽度约为 20cm。沿着模具从两侧向中间摆放砖石，一段砌好后向后拉模具继续砌砖，直至砌好整个拱券。这种方法称为“插楦”（图 7-5-47）。

（7）砌口石（窑脸券边）

口石指的是窑洞外部表面，沿着窑脸拱形外圈的砖石。石窑和砖窑由于材料的不同，在砌筑口石的过程中略有差异。

①石窑：口石需提前修整成外大内小的形状。每一块口石，用石灰泥浆或砂浆粘结，由两侧向中央聚拢。靠近龙口的位置干摆口石三四块。若石头之间缝隙稍大，则插入大小合适的楔形石片，称为合口石（图 7-5-48）。

②砖窑：在砌筑口石时，每一块砖头用石灰泥浆或砂浆粘合。砂浆内薄外厚，以此形成圆弧形状（图 7-5-49）。砖窑口石分为单合顶和双合顶，双合顶更为坚固、美观（图 7-5-50）。

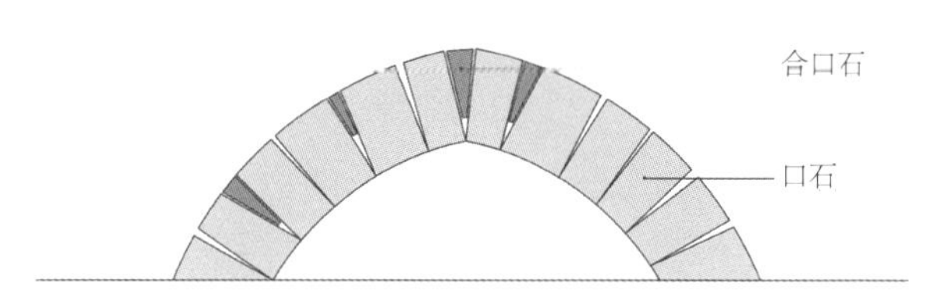

图 7-5-49　砖窑石窑口石砌筑

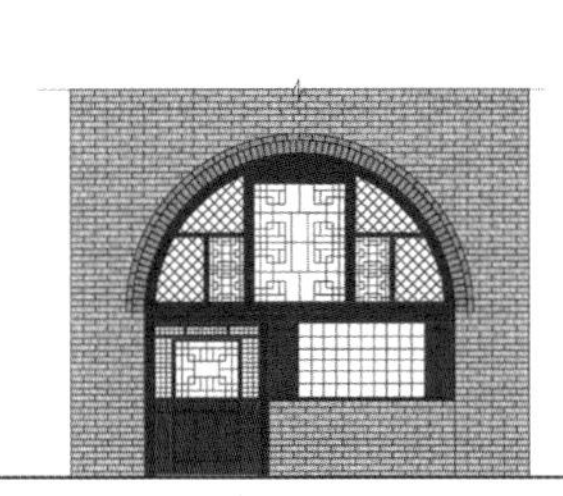

（a）单合顶口石券边

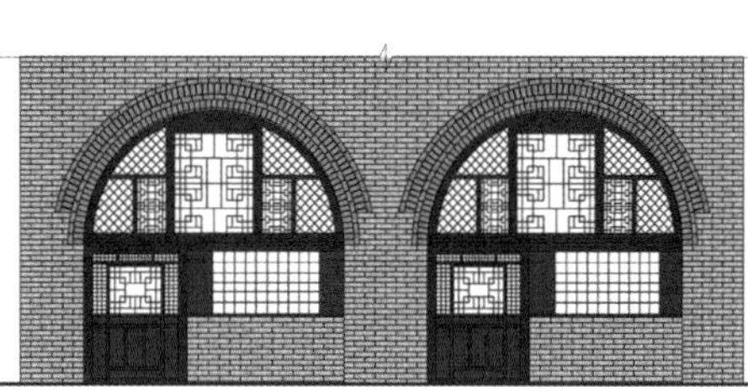
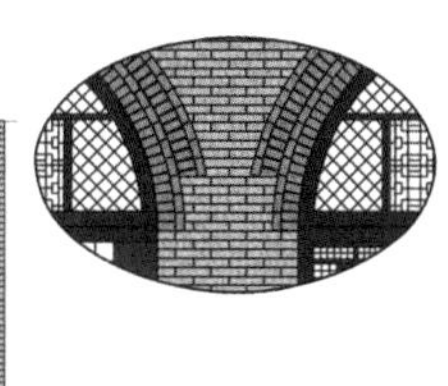
（b）双合顶口石券边

图 7-5-50　单合顶、双合顶示意图

（8）砌面石

面石即窑洞正立面的墙体，要求砌筑水平高、砖缝横平竖直，工字缝砌筑（图 7-5-51）。两家相邻建窑时，若相接的部位无法遵循工字缝的原则，可在空缺部位放置小一些的砖块或石块，有时也会出现对缝的情况。当地流传的建造俗语“长木匠，短铁匠，泥匠短下泥补上”，说的就是这个意思。

（9）窑顶覆土

独立式窑洞四周墙体砌筑完成后，在两窑腿相接的位置，内部用砖、石、泥土等填充，夯实，称为“锁叉”。现在多用灰渣填充，轻便，保温。近年来，砖箍窑的窑腿采用 370～500mm 厚的砖墙。

“锁叉”满后向拱顶覆土，当地称之为“平脑畔”。覆土的目的是使拱在受压力下更加稳固。同时由于黄土保温的特性，使得窑洞冬暖夏凉，且覆土越厚，窑洞的保温性能越好。覆土过程中需要不断地夯实，窑腿部位需用力夯实，拱顶的位置要轻轻夯实。近年来窑顶覆土采用三七灰土夯实，更有利于防水。

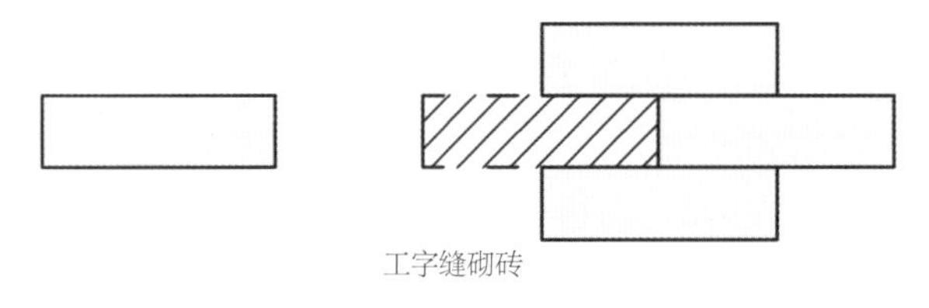

图 7-5-51　工字缝砌砖方式

砖窑顶部则用水泥砂浆和白灰做底泥，上部用砖平铺。现在多用水泥砂浆铺设，并做出一定的坡度，用于排水（图 7-5-52）。在窑洞拱顶向上 60cm（约三层石头）的地方留出水口，每孔窑洞留一个（图 7-5-53）。

图 7-5-52　窑顶排水

图 7-5-53　出水口

（10）砌筑窑檐、女儿墙

山西地区独立式窑洞窑檐的处理方法多样，主要有以下几种方法：

①简易窑檐：这种窑檐是在窑洞拱顶之上覆土基本完成之后，插入青石板，上面再用三块砖砌或土坯筑简易的女儿墙。这种窑檐是最简便的处理方式，造价最低廉，仅满足最低的使用要求，在经济条件较差的地区修建窑洞时往往采用这一形式（图7-5-54）。

图7-5-54 简易窑檐

②花栏女儿墙：山西地区的花栏女儿墙由青砖砌筑，与窑洞顶部相接的部分有简单的出挑，上面用青砖砌筑成十字花的形式，高度约为两层半的十字花。局部地区存在其他形式的砖花样式。这样的窑檐造型美观，简洁大方（图7-5-55）。

③穿廊挑石：这种窑檐的处理方式在陕北地区比较常见，山西地区的做法与陕北地区有相似之处。不同的是山西地区的挑石往往有精美的雕刻（图7-5-56），在山西碛口镇李家山村的东财主院，还有双层挑石的做法（图7-5-57）。

④明柱抱厦：这种窑檐处理方式在山西地区多见。窑檐底部做明柱支撑，这样的窑檐宽大，形成窑洞宽敞的前廊（图7-5-58、图7-5-59）。山西汾西

图7-5-55 花栏女儿墙

图7-5-56 挑石雕刻

图7-5-57 双层挑石

县师家沟村，至今还保留着完好的双排明柱形成前廊以及上下两层前廊的做法（图 7-5-60、图 7-5-61）。山西窑洞建筑中有不少木雕装饰构件，窑檐的处理上也可见到木雕构件（图 7-5-62），这使得山西窑洞的艺术价值得到提升，出现了很多窑洞建筑的精品。

⑤双层窑檐：除以上几种常见的窑檐外，个别地区还有一些特殊的窑檐类型。在山西省武乡县史家垴村的旭阳院中，笔者见到了由砖、瓦、土坯共同组成的双层窑檐（图 7-5-63）。

（11）安装门窗、室内装修

独立式砖窑洞砌筑窑面时需提前预留出门窗洞口的位置，待木匠做好门窗后进行安装。具体门窗的做法前文已有详细描述，此处不再赘述。

传统的山西独立式窑洞室内装饰讲究。粉刷时并不涂抹底泥，直接在砖上粉刷白灰。在窑腿中间会掏挖壁柜形成储藏空间，壁柜的门采用做工考究的雕花木门，着以鲜艳的颜色。山西窑洞室内装饰常用的颜色为红、黑、橙、绿，色彩沉稳、浓郁，具有较高的艺术性（图 7-5-64 ~ 图 7-5-66）。

如今窑洞的内部装饰较为简单，通常用细砂 + 白灰作为底泥，先抹一层。再用纯白灰 + 麦草或者玻璃丝，进行表面粉刷。如此粉刷一新的窑洞，更为明亮，但其艺术性较之传统的窑洞室内装饰，则逊色不少。

2）双层窑洞

在山西地区，窑洞类型丰富，除了单层的窑洞之外，还常见双层窑洞，也称为“上下拱窑”或者“窑上窑”。具体的营造流程如下（图 7-5-67）。

图 7-5-58　木结构檐廊式 1

图 7-5-59　木结构檐廊式 2

图 7-5-60　双排明柱前廊

图 7-5-61　双层前廊

图 7-5-62 木雕构件

图 7-5-63 双层窑檐

图 7-5-64 窑洞室内壁柜门

图 7-5-65 山西窑洞室内

图 7-5-66 山西平顶窑室内

图 7-5-67 上下拱窑

（1）一层窑洞

一层窑洞的做法与单层窑洞相同，不同之处是在地基开挖时就要根据窑洞的层数决定地基的宽度，这部分内容在前面有过详细叙述，此处不再赘述。

（2）二层底部支撑

双层窑洞，上一层窑洞通常会比下一层退后，留出檐廊的位置，因此上层窑洞的下部后方，会有架空的部分，需要做支撑。支撑的做法有如下两种：

一种做法是：根据窑洞的开间和进深确定上层窑洞外墙的位置，根据外墙的位置，从地坪开始向上用石块或砖头砌筑围墙。石头的砌筑为双摆石，砖为50砖墙（图7-5-68）。

围墙内部先用砖、石、土等填埋约1.5m，再用三七灰土夯实，高度一直到与一层窑顶平齐的位置。

另外一种做法是：在二层窑洞的底部再箍一孔小的窑洞，既可以起到支撑的作用，又可以存放杂物（图7-5-69）。

（3）做二层窑洞的基础

一层窑洞的窑顶覆土完毕后，去掉虚土。在桩（窑腿）的位置向下挖约20cm的深度，向内开沟。向下挖的宽度要比桩略宽，先用三七灰土夯实20cm后再用砖砌到与窑顶平齐的位置。吊铅垂线与一层的桩对齐，向上起二层的窑腿（图7-5-70）。另外一种是在底层窑腿中部继续向上砌，使上下层窑腿连贯，目的是让受力更合理，虽然施工更为复杂，但安全可靠。

（4）其他做法与一层窑洞相同，此处不再赘述

2. 渭北地区

1）选址

渭北独立式窑洞建造的第一步是选址。选址主要从资源和气候的角度进行考虑。首先要选择土源充足的地方，这样才易于就地取材。渭北地区窑洞朝向多为南向，地势略高于周围，避风向阳。选址无太多风水上的考虑，但是各户的选址会根据村庄的整体规划有所调整。

开始建造窑洞的时节也很重要，要避开寒冷的冬季和连绵的雨季，以防止冬天土壤因为温度过低而结

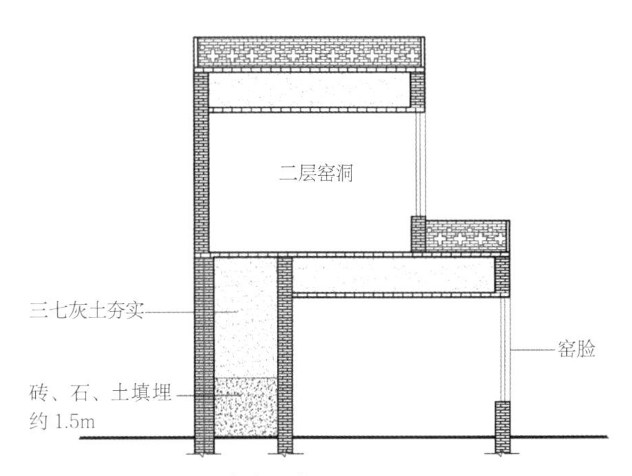

图7-5-68　石砌围墙底层处理

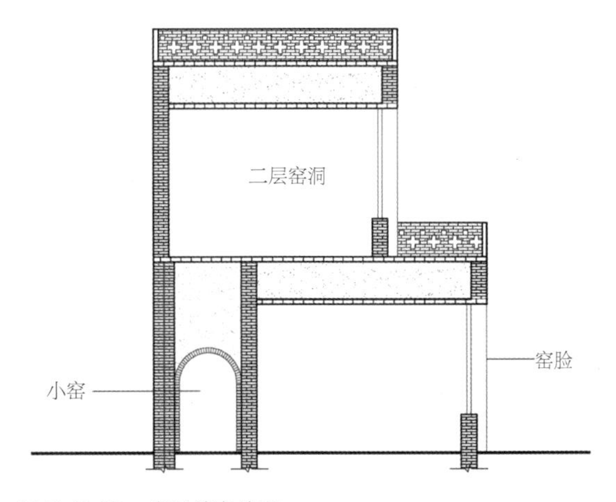

图7-5-69　底层箍窑处理

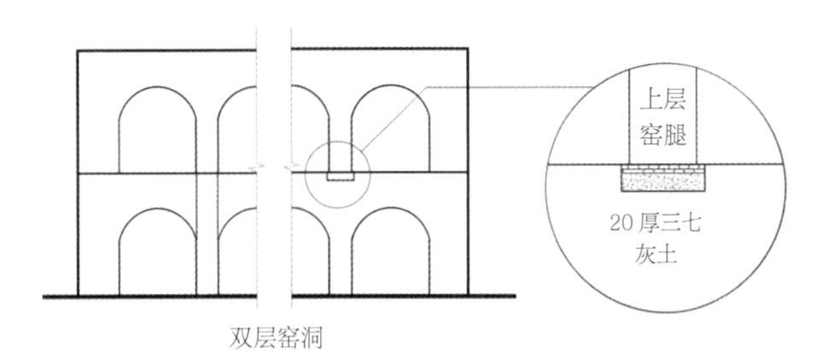

图7-5-70　二层基础做法

冻或是雨季土壤太湿影响窑洞的坚固性。最适宜建窑的时节为春季。

2）规划

渭北地区的窑洞孔数不同于陕北地区，一般不受奇数的限制。窑洞的孔数是由各家宅基地的大小而决定的，一般来说每户农家约有 7 分地（13m × 25m），而渭北地区窑洞尺寸偏大，按此面积规划，每户多为两孔窑洞（图 7-5-71）。

3）打边桩

渭北地区窑洞建造的第一步为打帮，帮即通常所说的边桩。边桩就是平衡窑洞拱顶水平侧推力的两堵很厚的夯土墙。夯土墙的制作方法和之前基本相同，用椽子做模具，填土，夯锤夯实，依次向上。一般来说，帮的宽度大于 2.5m，高 2.5m 以上，根据经济能力，越高越好。按照同一方法依次打好两侧的帮（图 7-5-72）。

图 7-5-71 渭北窑洞立面

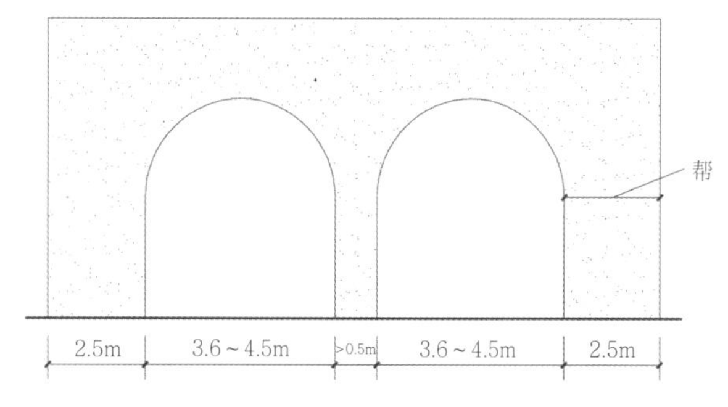

图 7-5-72 边桩（帮）示意图

关于用于夯土的土质选择，各地遵守的规律基本相同：打帮使用纯土，土壤要保持一定的湿度，评判的标准为抓握成团，落地散开，根据匠人的经验作直观的判断。

4）放线

根据事先规划好的窑洞的尺寸和孔数，用白灰在地面上画出窑腿的位置。渭北地区的窑洞开间较宽，多为 3.6 ~ 4.5m，砖窑的窑腿较细，一般 0.37 ~ 0.5m 即可。

5）做基础

根据窑腿的宽度和位置挖地基。在窑腿的位置向下开挖凹槽，用灰土填埋，之后用夯锤夯实。填充地基的土多使用纯土，宜加入 2 份的石灰做成 2∶8 的灰土。应向土中加入适当的水，保持一定的湿度，具体的湿度要求与夯土墙土的湿度一致。

6）砌筑窑腿

砌筑窑腿需从两侧的边桩开始。为使窑腿墙与夯土边桩墙拉结牢固，在边桩的内侧由下向上垒砖，每垒九层，在土墙上开槽，横插入一块砖，从前到后依次排开。砖与土墙之间用小砖块和泥塞实，依次向上，称为“爬砖”，这一方法与山西地区“七层一刃”的砌筑方式基本相同（图 7-5-73）。

接下来是中间的窑腿，一般砌 37 墙或者 50 墙。

7）搭建模具

现在的模具多用已经预制好的拱形模具，模具上部是弧形的木板，木板宽约 20cm，厚约 4cm。

将模具搭于窑腿上，约 2m 的距离搭一架模具。在模具木板上按照工字缝砌砖。砌砖之后，将模具拆下，向前移动 2m，按照上述做法，继续插缝砌砖，依次类推，直到尽头用半砖将缝补齐（图 7-5-74）。

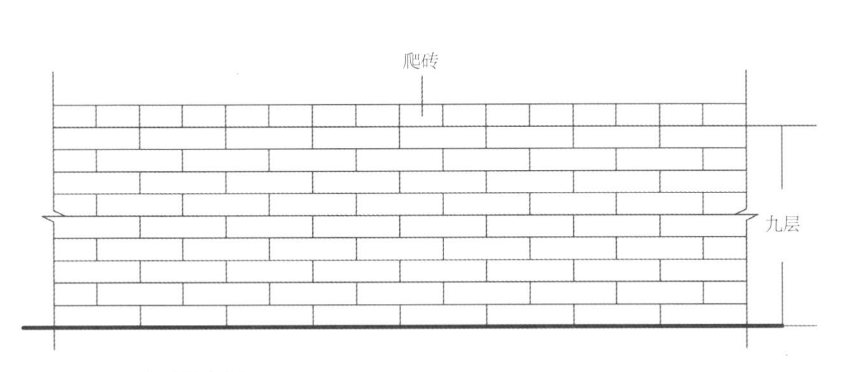

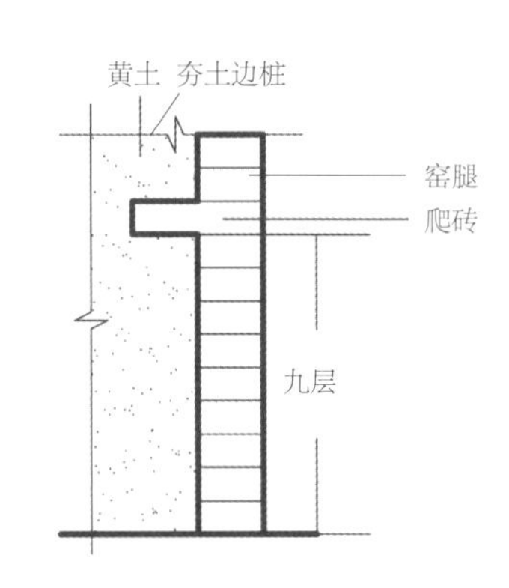

图 7-5-73 爬砖示意图

图 7-5-74 每 2m 明显的砌砖接缝

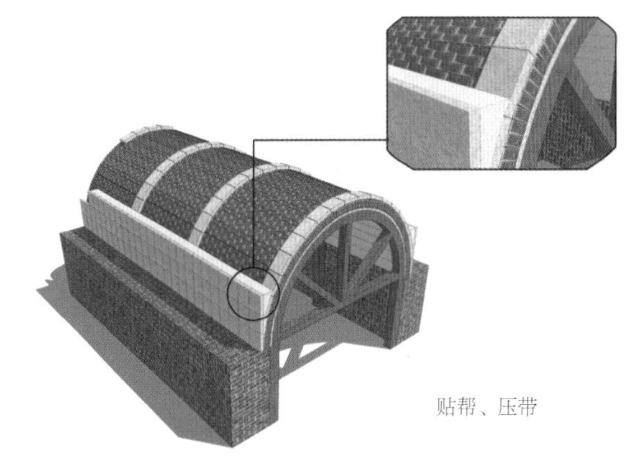

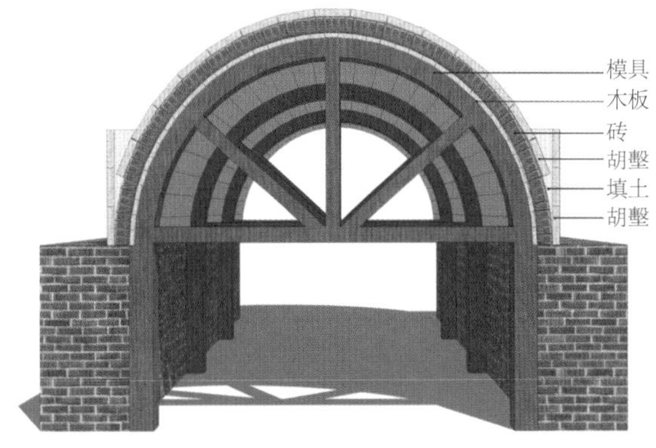

图 7-5-75 贴梆、压带示意图

8）贴帮、压带

在拆模具之前有一重要的步骤叫作“贴帮、压带”（图 7-5-75）。这个步骤主要是给砌好的拱施加一定的压力，使砖缝在自重的压力下结合紧密、牢固。待拆除模具后，窑洞顶部的砖能够承受一定的压力，不会垮塌变形。

具体的做法是在模具上将窑顶的砖砌筑好之后，用胡墼（土坯砖）在下部约 1m 高的部位贴着砖砌筑。1m 的高度约三块胡墼（胡墼尺寸约为 30cm×24cm），用泥浆将胡墼和砖之间填实粘结起来，两侧相同。在 1m 之上，用单块的胡墼沿着窑洞顶部的拱形依次摆开，用泥浆粘结，使胡墼与砖紧贴。这个步骤称为“贴帮、压带”。完成之后，即可安全地拆除模具。

现在这个步骤多用编织袋装土压顶代替胡墼，但是目的都是为了保证拆除模具后窑洞顶部的坚固。

9）覆土

在窑腿、拱顶全部做好后，就可以给窑洞进行顶部覆土。覆土的过程分为以下几步：

①第一次覆土高度约 20cm，覆土时，拱顶部位的厚度要高于两侧，一般中间为三篓的土量，两侧各一篓土。人工踩实，忌用夯锤。即使是人工，仍要注意，在拱顶部的时候一定要小心轻踩。

②第二次覆土高度约 30cm，中间与两侧土量依旧遵循 3∶1 的比例关系，之后人工踩实。

③第三次覆土将顶部找平，踩实即可，一般窑顶覆土 1~1.5m。

上述做法是传统的覆土方式，现在新建窑洞顶部覆土多采用三七灰土夯实，防水效果更好（图 7-5-76）。

10）砌窑背、窑面

窑背可以用 37 砖墙整体砌筑，也可以用厚约 1m 的夯土或者土坯，两侧贴砖。这种土砖结合的方式保暖性更佳。砌砖的多少视经济状况而定，经济条件好的家庭，会将窑洞的四周全部用砖砌筑；经济条件欠佳的家庭，可以看到两侧帮的部位会保留夯土裸露（图 7-5-77）。

11）烟道

渭北地区窑洞的烟道有两种方式，一种在砌筑窑腿的时候预留，通往窑顶；另一种将烟道直通到窑脸，沿着窑脸垂直向上伸出窑洞顶部（图 7-5-78）。

12）晒窑

在窑洞的砌筑过程中，通常会用大量的泥浆作为胶粘剂，因此在窑洞基本修好之后，要晾晒一年以上，使窑洞彻底干燥，防止之后窑洞返潮，或者出现开裂、变形。现在建造窑洞的砌筑过程中多用水泥砂浆作为胶粘剂，干燥晾晒的时间可以缩短。

13）修面子

修面子包括安门窗、修窑檐等。门窗的做法和前文提到的做法并无太大差异，此处不再赘述。

14）窑顶防水

传统窑顶防水仅靠素土碾压夯实，每次雨后都要

图 7-5-77 夯土裸露

图 7-5-76 窑顶覆土施工照片（来源：贾华生摄）

图 7-5-78 窑脸烟道

碾压修整，保持排水坡度。现在的窑顶防水多在窑顶铺 50cm 三七灰土夯实，也有用石棉瓦平铺，找坡安排水道，留出落水管，落水管将雨水直接排到院内。

在缺水的渭北地区，窑洞院落特别注重雨水的收集和利用。雨水沿落水管流入院内的排水明沟，收集到的雨水顺着明沟流入菜地。菜地分为两三个区域，从窑洞到院门，地势逐渐降低。每一块菜地安置一个放水小闸门。浇灌的时候，雨水先流过最高的一块菜地，顺着小门进入菜地内部。如果浇灌满了或是不需要浇灌，关闭小门，雨水就会顺着排水沟流入下一块菜地，最后没有用完的雨水会汇入院内的水窖。对雨水的收集和利用体现了渭北地区人民的营建智慧和朴素的生态观（图 7-5-79、图 7-5-80）。

（三）地域性差异比较

山西省独立式砖窑和渭北地区独立式砖窑的建造技术和施工流程存在着较大的差异。

第一，首先在选址上，山西省的窑洞选址注重环境上的考虑，虽然一般窑洞的朝向为正南，但是院落的大门都会正对对面山脉的正中心，有的人家还会在侧面开小门作为聚财门。而渭北地区的独立式窑洞较少有风水上的考虑。窑洞的规划和布局多以宅基地的大小为标准，一般来说每户约有 5 分地（13m × 25m），加上渭北地区窑洞的尺寸偏大，这样的宅基地大小通常只能箍两孔窑洞。

第二，从窑洞的整体形态来看，山西的砖窑较为精巧，窑洞的尺寸、窑腿的宽度、覆土的厚度较之渭北地区都较小。而渭北地区的窑洞则较为厚重，不但窑洞的尺寸较大，在窑洞的两侧还有约 2.5m 宽的边桩。从建筑技术来说，渭北地区的独立式窑洞可以说是夯土技术和砖箍技术的结合。

第三，从建造细节来看，以窑洞内部窑腿的砌筑方式为例，渭北地区和晋中地区有相似之处。渭北地区窑洞内部砖墙砌筑的时候每砌九层砖就会将砖竖着，向窑腿上开槽插入一层，称为“爬砖”，也叫“九层一爬”。晋中地区也有相似的做法，为砌筑七层增加一层向窑腿内部插入的砖，称为“七层一刃”，这样的砌筑方式是为了保证结构的稳固。

第四，从窑洞的装饰艺术来说，山西的独立式砖

图 7-5-79 渭北窑院雨水收集

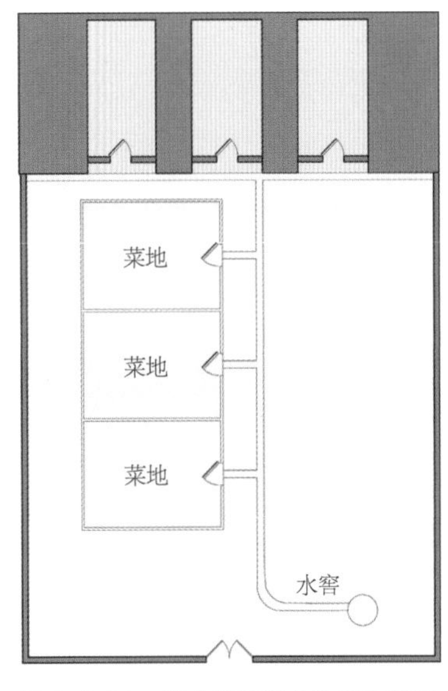

图 7-5-80 渭北窑院雨水收集示意图

窑较为精致、细腻，特别是像王家大院、乔家大院、西湾村、李家山等地的财主大院，窑洞的装饰更是极尽奢华。而渭北地区的独立式砖窑则体现了西北粗犷、质朴的艺术特色。窑洞的开间、高度都较大，整体较为厚重，窑面装饰较少。但在陕西长武县十里铺村的砖窑洞，窑面的砌筑较有特色，用红砖切角，拼成各种图案的拼花，丰富了窑洞立面的造型，在朴素中体现精致的艺术特色（图 7-5-81）。

图 7-5-81　十里铺窑洞砖窑面

三、独立式石窑洞建造技术

（一）概述

以石材为主要材料的窑洞主要分布在土质疏松、岩石外露、采石方便的地区，如陕西省的陕北地区和山西省的晋西、晋东、晋东南地区。

陕北地区的米脂和绥德两县已将窑洞的营造技艺申报了省级和市级的非物质文化遗产，在绥德文化馆拍摄的申遗宣传片《绥德石窑洞》上有这样的一段话："独立式石窑洞初为泥糊马面，即毛腿石、毛口石，平桩以上花墙石砌面，然后麦草泥封面。后有硬锤子石窑，面石、口石用手锤砸棱凿面，块块面石皆有小酒窝。硬锤子石窑缝隙整齐，错落有致，古朴大方。皮条錾石窑洞，马（码）头石奠基，面石、口石用铁锤出面。出面先用手锤打豁，然后在面石、口石上过线，再用铁錾凿石平面。皮条錾石窑线条流畅、匀称，比起硬锤子石窑更为平整、美观。流水细錾石窑的码头石、面石、口石线条细腻，四棱界限精准，建成的石窑工艺上乘。流水细錾石窑，马面有小巧玲珑的天地神楼、土地神楼，窑洞上方有长挑石、铁穿廊、大窑檐、砖花栏。"此段话简要描写了陕北独立式窑洞的特点，并对独立式窑洞的营建技术和施工流程作了简要叙述。

山西省的石窑洞多分布在晋东、晋东南及晋中地区。前文提到，晋东及晋东南地区的窑洞以土窑洞居多，除了土窑之外，当地百姓利用石头砌筑拱券窑洞，也较为普遍。晋中盆地，地形平坦，汾河穿境而过。如果地处盆地边缘，就以土窑为主要居住形式；地处汾河谷地，则用砖石砌筑窑洞。例如，汾州府的孝义县（今孝义市），就有"西乡半穴土而居，他乡或砌筑如窑状"的记载[①]（图 7-5-82、图 7-5-83）。

山西的独立式石窑洞从建造技艺上来说与陕北地区差异不大，但是山西地区有石窑上搭建砖木结构房屋的"下窑上房"（图 7-5-84）。下面就这两类独立式石窑洞的建造技术与施工流程作详细的介绍。

（二）建造技术与施工流程

1. 陕北独立式石窑洞

陕北独立式石窑洞营建方法较靠山式窑洞复杂，整个流程分为三个阶段，包括准备阶段、主体部分阶段和辅助部分阶段（图 7-5-85）。

① 王金平 . 山西民居 [M]. 北京：中国建筑工业出版社，2009.

图 7-5-82　山西石窑洞

图 7-5-83　陕北石窑

图 7-5-84　下窑上房

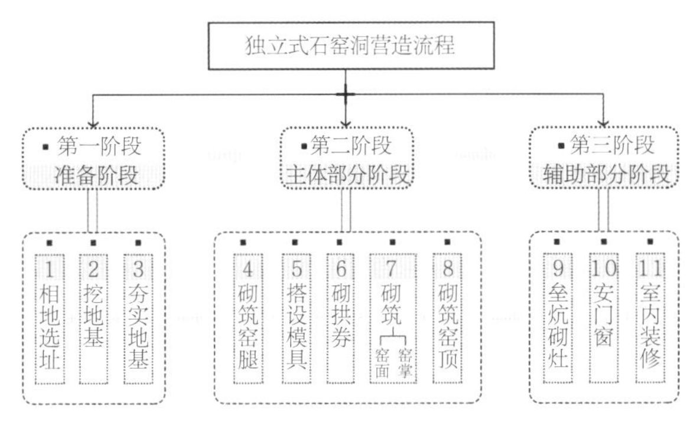

图 7-5-85　独立式石窑洞建造流程图

1）相地选址

独立式窑洞的选址延续并发展了靠山式窑洞的选址方法，但并不拘泥于梁峁沟崖之中，修建窑洞可以有更多自行选择基址的条件，并在此基础上产生出风水先生这一职业。按照传统风水观念，修建窑洞是关系到子孙后代和家庭发展的大事。窑洞开工前，必须先请风水先生看地势、定方向、择日子，施工过程中风水也起着极其重要的作用，并且在实践中形成了完整的体系。

2）挖界沟

选好基址之后，首先平整地面或削切崖面，开出一片平地，然后将窑院所在位置确定下来。根据家庭经济情况和人口情况对窑洞的孔数、布局、尺寸作出规划。陕北独立式窑洞的修建通常以三孔窑洞或五孔窑洞为一组，四孔、六孔较少，意在回避四六不成材的俗语[①]。根据规划，挖出界沟，也就是地基空间。以三孔窑洞为例，需要在地上挖出四条深 1～1.5m 的界沟，具体的深度可以根据当地的土质略有调整。界沟的宽度就是未来窑腿的宽度（图 7-5-86），为保证窑洞的整体稳定及承受拱顶的水平推力，两侧窑腿的宽度需加大，一般宽为拱跨的 1/2。两孔窑洞之间的窑腿宽度至少为一砖半宽，即 37 砖墙的厚度。

陕北山地独立式窑洞基础营建还有另外一种方式，当院内高差在一米以上时在有部分土崖可以利用的地形，将土崖顶部削平，按照窑洞的规划向内掏挖出四条巷道，作为窑腿基础空间，称为掏马巷（图 7-5-87）。

3）砌筑窑腿（起平桩）

界沟挖好后，开始砌筑窑腿，陕北人称之为起平桩。对于土质较硬的地区，地基不用特殊处理，可直接在界沟内砌筑窑腿。对于土质较软的地区，还需要处理地基，一般采用三七灰土夯实，或者毛石填充直到地坪的位置，才可以开始砌筑窑腿。

砌筑石窑腿时，先放入码头石。码头石是经过凿石加工的整块石头，要求宽度略宽于或等于窑腿的宽度，高度约 53cm。再用石头在码头石上砌起 1.5m 高的石头墙，即窑腿。一般中腿宽约 60～80cm，边腿宽约 150～240cm（图 7-5-88）。

4）搭模具

在砌筑好窑腿之后，就要在窑腿上部砌筑拱券。用木椽搭建半圆的拱形架子作模具，在架子上放上麦秆、玉米秆等覆盖物，再抹上泥巴紧固，这道工序称为支楦（也叫拱楦）[②]。另一种则是在修窑的土台上修出窑洞形状的土坯子，然后在土坯子上插石修建，这种工序称为“饱楦”。无论是支楦还是饱楦，都有共同的技术难点，就是首先要确定窑洞顶部拱形的交口线。陕北地区以半圆拱形窑顶为主。找拱方法可分为单圆心法和双圆心法。

单圆心就是通常说的半圆式，窑腿之间的距离确定了窑脸的宽度，通常情况下陕北地区窑脸的宽度约为 3.3m。在窑腿顶部的连线中央取一点作为圆心，

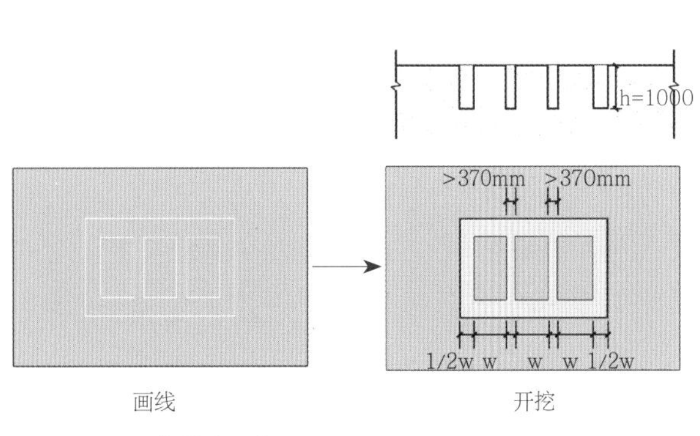

图 7-5-86　挖界沟示意图

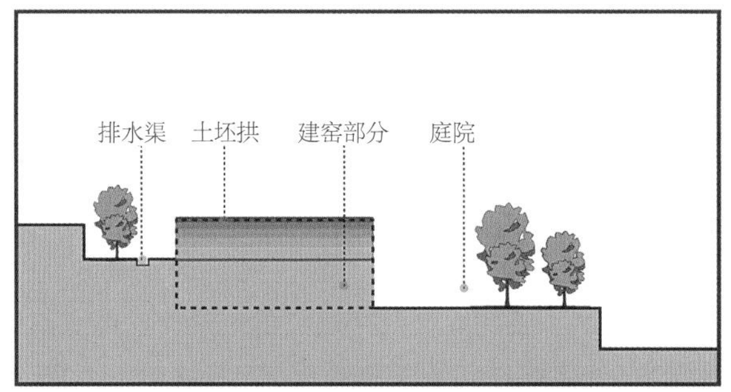

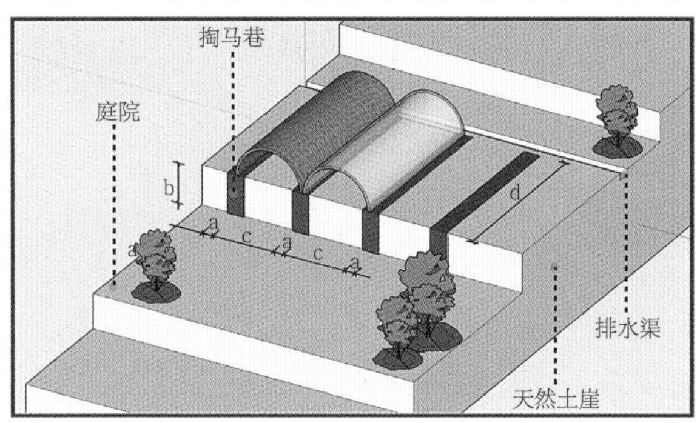

图 7-5-87　掏马巷示意图

① 李长江 . 米脂窑洞申遗附件 .
② 李长江 . 米脂窑洞申遗附件 .

（a）当地的青石

（b）加工后的青石

（c）正在砌筑的青石窑洞

（d）窑顶覆土的青石窑洞

图 7-5-88　当地青石在窑洞建造中的运用

以中点到一侧窑腿的距离作为半径画圆，这样在窑腿上部就形成了一个半圆形的拱券弧线。

双心圆拱也是陕北独立式窑洞常见的拱券形式。双圆心起拱首先也要找到窑腿顶部的连线中心点，在中心点两侧各取距离相同的两点作为圆心。以 3.3 m 的窑脸宽度为例，则在中心点两侧约 15cm 处各取两点，这个数据是当地居民在长期的居住生活和建造过程中总结出来的最合适的数据。以这两个点为圆心，点到另一侧窑腿的距离作为半径作弧线，两弧在窑退顶部的上方汇聚成一点，这个拱形就称为双心圆。

单圆心或双圆心形成的弧线就是窑楦的样式，圆心的高低直接决定了拱券的形态和高度。圆心越低，形成的拱形越平，拱形与窑腿的交点越明显，形成的侧推力越大。当圆心在窑腿顶部的连接线上时，形成的曲线与窑腿相切的连接点最为圆滑。陕北地区多见顶部稍尖的双圆心拱，其拱券高度均可略微调整，按主人家喜好，或高或矮。

5）砌拱券（坂帮）

支楦成功后，接着在窑楦上插石头片，即坂帮，也就是砌拱券的地方俚语。这道工序分为以下几步：插上 1m 高这段叫头帮，以上称二帮。头帮，二帮，安口（即在窑洞弧顶砌石头），添叉（即在两个窑洞相接的倒三角地带添砌石头），套顶（即在三孔窑洞顶以上加盖的第一层石头），依次进行并完成。这时在石头插摆的窑坯上灌大量泥浆或者砂灰填缝直至饱满，再垫上 2m 厚的土层，边填边夯，用石碾压平。最后搬掉模具（窑楦）或挖出土模，称倒窑楦，楦土挖尽后新窑的雏形便显现[①]。

① 李长江 . 米脂窑洞申遗附件 .

6）安口石、面石、压顶、垫背

圆拱砌筑完成后，再用精细加工的标准料石砌筑正立面，即“窑脸”，或用砖砌筑窑脸。一孔 3.3m 开间的窑洞一般需要 76 块面石、22 块口石。面石为宽 20cm，长 30~42cm，四棱界线精准的石块，严丝合缝，美观大方。口石即是窑洞圆拱形洞口砌筑的石块，上宽下窄呈梯形。砌筑口石的同时，在砌筑好的窑坯上浇筑泥浆或者砂灰，再在其上回填 1~2m 厚的黄土夯实，做排水坡坡向后部，称为压顶、垫背。压顶和垫背都完成后，将最后一块口石填入，即合龙口（合拢口）。

7）做窑头

合过龙口，才做窑头（即窑洞顶部安挑柱、压水檐石板）。

陕北地区多见由挑石、穿廊、窑檐、花栏组成的檐口，也叫穿廊抱厦。一般窑脸之上五块面石约 1 米的位置放置挑石，挑石三分之二的部分埋于窑洞主体内，三分之一露于外部，上置两根长圆木，称为穿廊。佳县一带分布有带有木柱廊的“明柱抱厦”，在窑洞外部形成一道外廊，冬季享受阳光，雨天可进行庭院劳作，更重要的是防止窑洞立面遭受雨水冲刷（图 7-5-89、图 7-5-90）。

也有些窑洞不做挑石，在窑脸上三块面石以上的位置直接做窑檐。窑檐上为花栏，装饰窑面，于简朴中蕴含灵秀之美（图 7-5-91、图 7-5-92）。

8）盘炕砌灶、安门窗、室内装修

接下来是裱窑掌、盘炕、做锅台、垫脚地、粉

图 7-5-89　姜耀祖宅穿廊挑石

图 7-5-90　佳县木头峪村明柱抱厦

图 7-5-91　砖砌窑檐窑洞

图 7-5-92　普通无挑石窑洞

刷、安门窗。

（1）盘炕。陕北地区独立式窑洞进深多在5～7m左右，因此火炕设于窑洞入口处外侧，紧邻窗户向阳，以获得充足光照，其后部空间作为储藏之用；使用掌炕的窑洞，由于前部设灶，后部为炕，为了保障炕面采光，因此其进深相对较小，通常控制在4～5m左右。同时，由于炕体距窗较远，因此南向窗户必须开成满拱大窗。

火炕属于我国北方传统生活元素之一，既有良好的冬季供热效果，又蕴含了丰富的文化内涵，在西北寒冷地区传统农宅中得以广泛普及。

火炕往往肩负着起居、就寝、餐饮的综合功能，因此火炕的位置是影响传统窑洞室内布局的重要因素（图7-5-93、图7-5-94）。

按照火炕在建筑平面中的位置关系，其室内空间大致可以分为三种：第一种分为前后组合式，前区为灶台—碗架—水缸等灶具置于一侧，另一侧则是放置细软的箱柜和储粮的“五谷仓”，室内后区则为掌炕，主要分布在黄土高原北缘地区窑洞；第二种为并置式（入口从侧窑进入），从前至后依次是窗—炕—灶台—案板，另一侧则是椅子、桌子、柜子，主要分布在黄土高原南缘地区窑洞；第三种为混合式，屋门偏于一侧设置，进门后一侧为炕，另一侧为室内主要活动场地，布置柜子、沙发、桌椅等家具，这种方式在各类窑洞建筑中较为常见[①]（图7-5-95、图7-5-96）。

（2）内部装修。窑内用白灰粉刷墙面，用磨光的

图7-5-93　窗前坑

图7-5-94　窑洞室内后掌炕

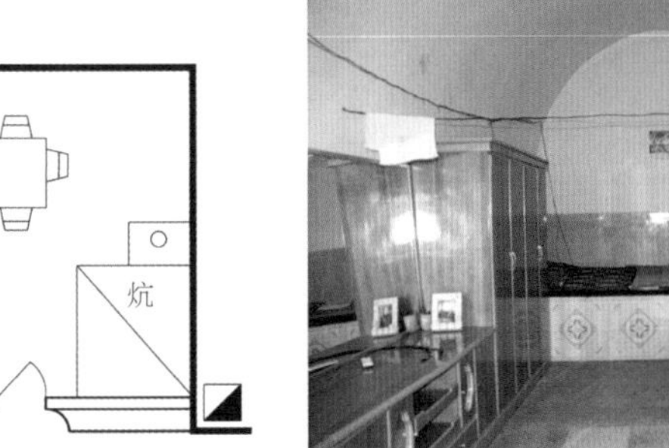

图7-5-95　炕位于窗边布置

图7-5-96　炕位于窑掌布置

① 李钰.陕甘宁生态脆弱地区乡村人居环境研究[D].西安：西安建筑科技大学博士论文，2010：141-142.

石板砌锅台，围炕沿，显得结实、美观，现也有用瓷砖铺地板、贴炕围和锅台的。

陕北地区对于安门窗尤为重视，讲究“腰三漫四”，一般做好的门窗要择良辰吉日正式安置。安放时，主人贴红对联鸣炮祝贺，同时为感谢工匠，给其一块被面或几十元喜钱作为心意。入住前，也有安土神的旧俗，即在窑前焚香燃纸，叩头致诚，意为祈求窑洞平安、人畜太平[①]。

陕北地区多为一门一窗、一门两窗式。门窗由上下两部分组成，上半部分为半圆形状，又称圆窗，是由开窗、偏窗和方窗构成；下半部分由门和座窗以及座窗下部的砖或土坯垒起的矮墙构成。陕北地区窑洞多采用掌炕，因此建筑窗户多为满樘窗，窗户面积大约 3m²，大门居中，周边均为固定扇，尽量向室内后部空间提供足够光线，窗棂图案有简有繁，花样多变，寓意吉祥（图 7-5-97）。

2. 下窑上房

一层为独立式石窑洞，二层为木屋架体系的房屋，这样的建筑被称为“窑上房”或者“下窑上房”。

窑上房结构保持了传统窑洞的建筑形式，在此基础上又进行创新，修建为二层楼式建筑，延续了窑洞建筑的优点，并创造了多变的建筑空间组合形式。

下层窑洞均为石砌筑结构，上层房屋有些为石砌筑结构，有些为砖砌筑结构，但无论何种墙体的房屋，均采用木屋架体系。窑匠们将石砌体结构作为竖直方向的受力构件，充分利用了石材良好的抗压性能，而且窑上房的建造对石料要求并不高，普通质地均匀的河刨石即可满足；他们将木材作为平面受力构件，自重减轻，扬长避短，充分发挥了两种材料的优越性，又可获得较大的室内空间，使建筑平面更为灵活。这种建筑省工省料、建造方便，而且从外观看石碹窑洞与窑上房组成统一整体，使得建筑显得十分高大、阔气，是当地具有代表性的建筑形式（图 7-5-98）。

（三）地域性差异比较

晋东、晋东南及晋中的独立式石窑洞都是平地起窑，没有自然的山体作为依托。而陕北地区独立式窑洞的建造有两种，一种也无自然山体可利用，平地起窑，这种类型的石窑洞在建造方式上来说，二者并无太大差异。陕北地区还有一种独立式石窑的建造方

图 7-5-97　窑洞满樘窗

图 7-5-98　下窑上房

① 李长江 . 米脂窑洞申遗附件 .

式，就是有一定高度的土崖壁可以利用，在建造的时候将土崖壁平整好，在崖壁内掏挖出窑腿空间，窑腿之间的土体顶部削切出圆拱的形态，再用石头箍起来，这样节省了模楦的制作。

陕北窑洞的窑檐多为条石托木挑檐，称为“穿廊抱厦”，而山西地区的窑洞外部多见一层木檐廊，称为“明柱抱厦”，这在陕北佳县也很常见。就檐下构件来说，山西地区的挑石多有雕刻，还有双层雕刻挑石。而陕北挑石多数简朴大气无雕饰，仅在米脂县杨家沟马家新窑有龙纹雕刻挑石，也算是一个特例。

第六节 小结

本章节分析了独立式窑洞产生的自然、社会及人文条件，并对独立式窑洞在中国的总体分布作了介绍。将独立式窑洞按照主体建造材料分为土窑洞、砖窑洞和石窑洞三类。土基式独立式窑洞主要分布在山西省的晋东南地区和宁夏西海固地区，砖砌独立式窑洞主要分布在山西省的晋西、晋中地区和陕西省的渭北地区，石砌独立式窑洞主要分布在陕西省的陕北地区。各地独立式窑洞的营建步骤见表 7-6-1。

各地独立式窑洞建造步骤 表 7-6-1

<table>
<tr><th colspan="3">类型</th><th>石窑洞</th><th colspan="3">土窑洞</th><th colspan="2">砖窑洞</th></tr>
<tr><th colspan="3">区域</th><th>陕北</th><th>宁夏</th><th colspan="2">山西</th><th>渭北</th><th>山西</th></tr>
<tr><td rowspan="16">施工流程</td><td rowspan="3">基础部分</td><td>1</td><td>相地、选址</td><td>选址</td><td colspan="2">相地、选址</td><td>选址</td><td>相地、选址</td></tr>
<tr><td>2</td><td>挖界沟</td><td>预制土坯砖</td><td colspan="2">平整地形</td><td>打边桩</td><td>挖地基</td></tr>
<tr><td>3</td><td>（夯实地基：土质软的地区）</td><td>放线</td><td colspan="2">放线</td><td>挖地基</td><td>夯实地基</td></tr>
<tr><td rowspan="9">主体部分</td><td>4</td><td>砌筑窑腿</td><td>夯筑墙基</td><td>砌筑窑腿（预留烟道）</td><td>预制土坯砖/制作夯土墙</td><td>砌筑窑腿</td><td>夯筑窑腿</td></tr>
<tr><td>5</td><td>搭模具</td><td>砌窑拱</td><td colspan="2">搭模具</td><td>搭模具</td><td>搭模具</td></tr>
<tr><td>6</td><td>砌拱券</td><td>草泥抹顶</td><td colspan="2">砌拱券</td><td>砌拱券</td><td>砌拱券</td></tr>
<tr><td>7</td><td>砌口石</td><td>外墙维护（砌窑巷）</td><td colspan="2">—</td><td>—</td><td>砌口石</td></tr>
<tr><td>8</td><td>锁叉</td><td>—</td><td colspan="2">锁叉</td><td>—</td><td>锁叉</td></tr>
<tr><td>9</td><td>砌面石</td><td>砌窑面</td><td colspan="2">砌窑面、窑掌</td><td>砌窑背、窑面</td><td>砌面石</td></tr>
<tr><td>10</td><td>窑顶覆土</td><td>—</td><td colspan="2">窑顶覆土</td><td>窑顶覆土</td><td>窑顶覆土</td></tr>
<tr><td>11</td><td>合龙口</td><td>—</td><td colspan="2">—</td><td>合龙口</td><td>合龙口</td></tr>
<tr><td>12</td><td>砌窑檐</td><td>—</td><td colspan="2">砌窑檐</td><td>砌窑檐</td><td>砌窑檐</td></tr>
<tr><td rowspan="4">辅助部分</td><td>13</td><td>盘炕砌灶</td><td>盘炕砌灶</td><td colspan="2">盘炕砌灶</td><td>盘炕砌灶</td><td>盘炕砌灶</td></tr>
<tr><td>14</td><td>安门窗</td><td>草泥抹面</td><td colspan="2">安门窗</td><td>晒窑</td><td>安门窗</td></tr>
<tr><td>15</td><td>室内装修</td><td>安门窗</td><td colspan="2">室内装修</td><td>室内装修</td><td>室内装修</td></tr>
<tr><td>16</td><td>—</td><td>室内装修</td><td colspan="2">—</td><td>窑顶防水</td><td>—</td></tr>
</table>

独立式窑洞的建造步骤分为基础部分、主体部分和辅助部分。在基础部分，独立式土窑洞仅需平整地形，而砖石窑洞则需要对基础进行处理。对于“窑上房”、“窑上窑”这种特殊的类型，底层窑洞的顶面也需要进行基础处理。独立式窑洞建造的主体部分和辅助部分大致相同（图7-6-1），但因材料的不同在建造的细节上有所差异。这些差异主要集中在窑券的建造及窑檐的处理上，个别的流程也会存在一定顺序上的不同。砖石独立式窑洞更加注重对窑面和窑檐的处理，形式多样。对砖、石的精细加工使得独立式窑洞出现了很多建筑精品。

由于各地独特的地形地貌、文化资源等，各地的独立式窑洞呈现出了多样的艺术风格。陕北地区多见石窑，石窑洞从砌筑窑身到面石的处理都独具陕北特色，显示出陕北人民粗犷、古朴的特色；山西地区由于煤炭资源丰富，烧结砖工艺普遍，山西的窑洞材料以砖为主。加上晋商文化的影响，使得山西的独立式窑洞建筑种类丰富，工艺精湛，装饰艺术工艺高超，是独立式窑洞的精华；渭北平原的独立式窑洞从建造过程、窑洞的尺寸到院落的布局，皆有不同于其他地区的特色；陇东、宁夏、内蒙古地区的窑洞，由于自然气候条件恶劣，经济欠发达，窑洞建筑首先满足居住的需要，材料和形式都比较单一和简陋，较少装饰元素（表7-6-2）。

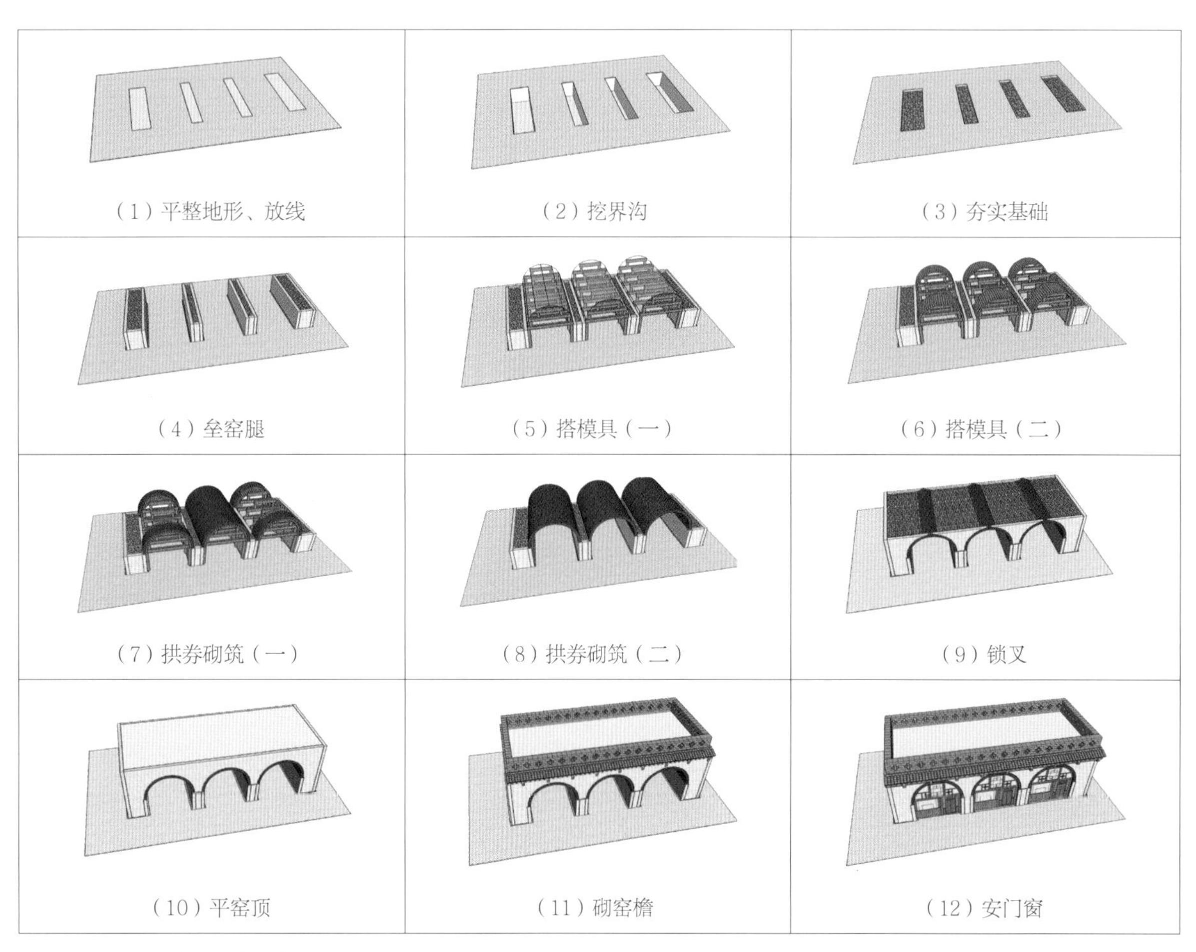

图7-6-1 独立式窑洞建造步骤示意图

各地独立式窑洞艺术分析表　表 7-6-2

区域	主要材质	色彩	拱券形式	装饰特色	艺术风格
陕北	石	土黄、青	双心、半圆	面石处理	粗犷
山西	砖	青	半圆、双心	雕刻艺术	精致
渭北	砖 / 土	黄、红	半圆	砖砌面艺术	质朴
陇东	土	土黄	尖拱抛物线	—	质朴
宁夏	土	土黄	抛物线	—	简易

独立式窑洞是三种窑洞建筑中受地形地貌影响最小的一种，所以分布最为普遍。对各地区、各类型独立式窑洞建造技艺进行收集和梳理，对于独立式窑洞这一建筑类型的发展和传承有着重要的意义。

第八章

传统窑洞民居的文化风俗

黄土高原地区历史悠久，文化灿烂，多民族多元文化冲撞融汇，形成且孕育了丰富而灿烂的地域文化。而传统窑洞民居作为地域文化的载体，受社会文化、民俗文化、外来文化等影响，展现出各自独特的一面。而传统窑洞民居本身也承载着多种民俗民风和非物质文化遗产。本章从影响窑洞民居的各种因素入手，探讨了其对于窑洞建造的影响。梳理了窑洞民居所承载的各种非物质文化遗产和民间活动，研究了风水观念对于窑洞建造的影响及各地窑洞民居在建造中表现的各种营建习俗，展现了传统窑洞民居所蕴含的深厚文化底蕴和地域特色。

>>

第一节　影响窑洞民居的社会文化因素

黄土高原地区是华夏民族祖先生息、繁衍的重要地区之一，也是窑洞民居诞生与发展历史较早的地区。其独特的地理区位，正好处在中原农耕文化与北方草原游牧文化的交错地带，历史上，古戎羌、北狄、鲜卑等民族频繁进退于这处舞台，使其成为各民族密切交往的地区。多民族、多元文化在这里冲撞融汇，自成风貌，孕育、产生了丰富而灿烂的地域历史文化。其兼有游牧文化与农耕文化，东西方文化以及多民族文化在这里交流融合，形成了独特的复合特征，塑造出风格迥异的区域精神和人文性格。因此，该区域的窑洞民居也深受其社会文化因素的影响而展现出各自独特的一面。其中，以陕西、山西、河南、甘肃、宁夏地区的窑洞民居文化最为突出。

一、地域历史文化

陕西省地处我国内陆，濒临黄河中游，110 万年以前就有人类生活在这里，是中华民族的摇篮。1963 年发现的“蓝田猿人”，是国内发现最早、最完整的头盖骨化石。约三四万年前，关中地区的原始人类逐步进入氏族公社时期。1953 年发现的西安半坡遗址，就是六千年前母系氏族公社的一座定居村落。公元前 28 世纪左右，黄帝、炎帝曾在陕西活动。公元前 21～前 16 世纪的夏朝时期，陕西就有扈国、骆国出现；公元前 11 世纪，周武王灭商，在陕西建都约 350 年。此后，又有秦、西汉、西晋、前赵、前秦、后秦、西魏、北周、隋、唐等 13 个王朝在陕西建都，时间长达 1180 年。

在我国先秦历史文献记载中，最早出现的建筑居住形式就是窑洞居室。陕北建造窑洞据史料记载始于周代时的半地穴式，秦汉后发展为全地穴式，即现在的土窑；明朝中叶，开始用石块做窑面墙；明末清初，当地人仿土窑模式建起了石砌窑洞。现在也有用彩色瓷砖添窑面和分割厅室及上下两层楼房式的新窑洞，住着更加舒适。陕北窑洞是适应黄土高原地质、地貌、气候等自然条件而产生的特色建筑，体现了“天人合一”的自然辩证法则。

河南省位于黄河流域腹心地带的中原地区，凭借其便利的地理位置和优越的地理环境，在中华文化形成和发展中发挥了无可比拟的重要作用。从南召猿人开始，中华民族的祖先就在这块广袤的土地上繁衍生息。中原地区具有悠久的历史，是中华文明的重要发祥地之一，其传统的窑洞民居建筑又是宝贵的民族文化遗产。在中原窑洞民居分布地区中，东有巩义市的北宋皇陵，西有灵宝市的黄帝陵，中间有九朝古都洛阳，还有散布在各地的文化遗迹：如陕县的庙底沟文化遗址、渑池县的仰韶文化遗址、巩义市的裴李岗文化遗址等，都充分反映了在这块土地上孕育的灿烂的华夏文明和浓厚的文化积淀。

2005 年 7 月，三门峡市文物考古研究所在三门峡经济技术开发区发掘了一座结构独特的民居汉墓。这座汉墓呈“U”形，三面分布多个墓窑，约 300m^2，全部用青砖砌成，墓顶为穹隆形。这座墓的年代在西汉晚期至东汉早期之间，距今已有约 2000 年的历史。对地坑院的文字记载，比较早且详细的资料当属南宋绍兴九年（1139 年）朝廷秘书少监郑刚中写的《西征道里记》一书，谈到当时河南一带的窑洞情况时说：“自荥阳以西，皆土山，人多穴居。”并介绍当时挖窑洞的方法：“初若掘井，深三丈，即旁穿之。”又说，在窑洞中“系牛马，置碾磨，积粟凿井，无不可者”，这些介绍为地坑院的历史提供了有力的文字佐证。

如今“穴居”地坑院在河南省三门峡境内保存较好，至今仍有100多个地下村落、近千座天井院，保持着“进村不见房，闻声不见人”的奇妙地下村庄景象，其中较早的院子有200多年的历史，住过六代人。窑洞是天然的温度调节器，冬暖夏凉，特别是它建造简单、价廉，对昔日贫穷的乡民来说，这样的建筑是再理想不过的了。所以，地坑院千百年来受到黄河岸边豫西山区人们的喜爱，这是黄土高原地带生活的人对黄土深深的依恋之情。地坑院这样简单的居住环境，中国北方的“地下四合院”，是中华文明中的精彩篇章。

山西省坐落在黄土高原东部，是华夏文明的发祥地之一，拥有众多古遗址，号称“地上文物中国第一”。窑洞在晋商大院中也拥有着独特而具有魅力的传统文化与风貌格局，其中以平遥古城、灵石县王家大院、汾西县师家沟村等为典型[①]。晋北五台山和晋西北地区以及吕梁山区，窑洞仍旧是当地村民的主要居住方式。这些窑洞的门面多用砖石砌筑，显得坚固、气派，砖雕艺术与木制门窗雕花线格，赋予山西浓郁的民俗气息。

甘肃是华夏始祖伏羲氏的诞生地，并于此造文字、创历法，开创了人类文明之先河。考古发掘的大量文物证明，20万年前的旧时器时代，就有先民在甘肃活动。秦安大地湾新石器时代早期文化遗址的发掘表明，早在7800多年以前，甘肃的古老先民就用勤劳的双手和高度的智慧，在生产斗争中创造和丰富了我国独具特色的民族文化，成为黄河流域灿烂文明的开端。汉代以后，张骞出使西域，汉武帝置河西四郡，促进了河西走廊由游牧向农耕的转变，开拓了著名的“丝绸之路”，使甘肃一度成为中西文化交流和欧亚商贸往来的热土（图8-1-1）。

甘肃陇东是黄土高原区黄土最深厚的地方，境内董志塬号称“天下黄土第一原”，是甘肃境内民居窑洞最多、最稠密的地方。这里村庄鳞次栉比，窑洞密密层层，如挂在云霓中的洞天神府，似镶嵌在黄土高原上的颗颗明珠。“远来君子到此庄，莫笑土窑无厦房。虽然不是神仙洞，可爱冬暖夏又凉”，这是清代进士惠登甲赞美甘肃庆阳窑洞的一首诗。甘肃庆阳的窑洞多为土窑洞，一般农民只要舍得花力气都能修得起。这种窑洞的好处是“冬暖夏凉，四季皆宜”。当地民间流传着“没有三十年不漏的瓦房，却有数百年安然无恙的窑洞”之说。由上可见，窑洞以其经久耐用、冬暖夏凉、修筑费用低等特点与陇东人结下了不解之缘。

宁夏得名始于元代。元灭西夏，于至元二十五年（1228年）改西夏为“宁夏”，寓意平定西夏、稳定西夏、西夏“安宁”。宁夏历史渊源深厚，是中原文

图8-1-1 甘肃敦煌莫高窟（来源：杜超英摄）

① 杨思佳.初探山西民居的建筑形式与价值[D].石家庄：河北师范大学，2012：12-13.

化与草原文化的过渡地带，又是河套文化与丝绸之路的交融区，加之地形复杂多变，民族众多，因此在漫长的历史过程中形成了多元的文化格局。

近年对宁夏海原县菜园村新石器时代遗址及墓葬群进行的大面积发掘显示，其窑洞房址距今约有4500年以上的历史，是现存黄土地带窑洞民居的直系祖先。20世纪80年代以来，考古学家在宁夏海原县菜园村新石器时代遗址发现了古人类的居住遗址，分为窑洞式和半地穴式两种。其中，保存最好、规模最大的窑洞式房址面积达$25m^2$。此处挖掘出的原始窑洞式房屋，不是在自然垂直的断崖上掏挖的横穴，而是在黄土阶地的陡坡上削出一段断崖，然后向斜下掏挖而成。

宁夏土窑洞多集中在西海固地区，这一地区干旱、多风沙，是苦甲天下的著名贫困地区。这里的各族人民利用黄土高原的便利条件，营建靠山窑、窑上窑、半地坑窑，以最经济的手段获取适宜的居住空间（图8-1-2～图8-1-5）。

图8-1-2 宁夏菜园村（来源：《宁夏菜园》）

图8-1-3 西海固地区风貌

图8-1-4 窑上窑

图8-1-5 窑上建房

二、宗教信仰

黄土高原地区是我国少数民族分布较为集中的区域，拥有回、藏、东乡、裕固、保安、蒙古、土、撒拉等数十个少数民族，其中，东乡、裕固、保安、撒拉为西北特有的少数民族，宁夏回族人口总数位居全国首位。宗教是少数民族特色文化的有机部分，建筑则是民族文明个性的体现。黄土高原地区伊斯兰教、佛教、道教、天主教和基督教五大宗教俱全，历史悠久，信徒众多，分布广泛。其中，回族、维吾尔族、东乡族、撒拉族和保安族等信奉伊斯兰教，藏族、土族大部分信奉藏传佛教，而汉族中的部分群众信仰佛教、基督教、道教、天主教等（图8-1-6~图8-1-8）。

图8-1-6　甘肃夏河县回民客厅

宗教信仰反映到居住建筑上，往往以装饰陈设最能体现文化的内涵。信仰伊斯兰教的宁夏的回民，素以清洁、文明著称，他们在窑洞的陈设、布局、装饰及生活的点缀方面，富有独特的特点。他们喜

图8-1-7　新疆吐鲁番民居装饰

图8-1-8　吐鲁番吐峪沟窑洞室内

欢在庭院里种植花草；室内装饰也别具特色，一般家庭的西墙上都悬挂具有伊斯兰艺术特色的工艺制品以及克尔白挂图。

三、社会经济

窑洞民居的发展与当时的社会经济因素有着密切的关系，其中最为突出的是山西晋商文化对于民居发展的推动作用。

自明代以来晋商之路遍及全中国，另外还开辟了中亚、蒙古、俄罗斯、欧洲、东南亚、朝鲜、日本等数条重要商道。从乾隆三十年（1765年）起，在晋商的推动下，逐渐形成了一条以山西、河北为枢纽，北越长城，贯穿蒙古，经西伯利亚，通往欧洲腹地的陆上国际茶叶商路。明清晋商资本之雄厚，经营项目之多，活动区域之广，活跃时间之长，在世界商业史上都是罕见的。

晋商受儒家思想的影响很少有举家搬迁的情况，通常为几名男性在外经营，将妻儿家眷留在老家，发家之后再回家买地盖房养老。于是，便有了山西众多精美、气派的大院古堡，祁县乔家大院、榆次常家庄园、灵石王家大院等都是有名的晋商大院，也是晋商实力雄厚的实证。

晋商在民居建设中得益于其雄厚的经济基础，促进了建筑技术的发展，带动了整个晋中地区建筑水平的提高，把他们的信念、理想、追求寄寓其中，形成了规模大、布局严谨、空间形态规整、建筑式样及装饰独具特色的民居建筑（图8-1-9）。

宁夏南部西海固地区，干旱少雨，土地贫瘠，人民生活贫困。窑洞建筑在历史上的一段时间曾是西海固回族人民的主要居住方式，这与清朝同治年间回民

图8-1-9　山西灵石县窑洞院落

起义后，清朝将领左宗棠把回民安居在这片山区地带后，回族人民的自然生存本能和曾经在陕西挖窑洞居住的生活习俗有关。①

四、民俗文化

高原沟壑雄奇而苍凉，这里是游牧文化与农耕文化的交汇处，在与大自然的残酷搏斗中造就出了豪放、粗犷的人群，也诞生了极富特色的黄土文化。秦腔、信天游这些黄土高原的声音，以其豪放而嘹亮的气势倾倒世人。在黄土高原极度贫乏的物质条件下，苍凉的沟壑间便诞生了无数天然本色的歌声。黄土高原广大地区的民间社火是集歌舞、锣鼓、表演于一体的群体娱乐艺术。辞旧迎新之际，辛勤劳作一年的人们以各自的表达形式抒发欢庆丰收的喜悦，表达祈求平安吉祥的美好愿望。在社火队伍中尤以锣鼓形式最能表达黄土高原的阳刚气势和黄土神韵，例如：威风凛凛的山西威风锣鼓、豪放热情的陕北安塞腰鼓、刚健壮观的兰州太平鼓，都以其阵势宏大、鼓声沉重悠远、表演粗犷潇洒强悍而威震四方。锣鼓声中，龙腾虎跃的步伐与美表现得酣畅淋漓，让人惊心动魄②。

在黄土高原的民俗文化中，剪纸艺术是家家户户喜欢且最为普及的民间艺术。剪纸，也称窗花，历史悠久，代代相传。陕北的安塞剪纸、洛川剪纸、山西的汾西剪纸都名扬海内外。剪纸，也称窗花，历史悠久，代代相传。春节是妇女显示技艺的最佳时节，窑洞的窗户、室内就是剪纸的展览室，剪纸内容多为吉祥如意、六畜兴旺、五谷丰登之类。嫁娶装饰洞房时，“喜字花”剪纸总是不能少的，大红的剪纸为荒凉贫瘠的土窑洞增添了盎然春意。

黄土高原地域广阔，民俗文化丰富多彩，构成中华民族优秀的非物质文化遗产（图 8-1-10～图 8-1-12）。随着社会的进步，如今有些习俗已经消失，有些依旧在流传，例如，陕北及山西各地的娶亲习俗与丧事习俗，随着社会的发展已淡化；而像陕北民歌、社火、剪纸这些民间文化又在新的社会条件下得到发展，使其从民间习俗中脱颖而出成为新时代的艺术，成为人类文化宝藏中的璀璨明珠。

图 8-1-10　豫西窑洞剪纸 1

① 刘伟．宁夏回族建筑艺术 [M]．银川：宁夏人民出版社，2006.
② 侯继尧，王军．中国窑洞 [M]．郑州：河南科学技术出版社，1999.

图 8-1-11　豫西窑洞剪纸 2

图 8-1-12　窑洞人家

五、祭祀习俗

生活在黄土高原的人们，在千百年的生产与生活中有多种祭祀的民俗，与中国北方多数地区一样，中原的汉民族属于多神崇拜。城隍土地神、门神、灶神、财神、关帝都曾建庙祭祀，在每户农家小院，对土地神、灶神的祭祀是不能缺少的，现仍保留着“祭灶”的传统（图 8-1-13、图 8-1-14）。

(a)　(b)

图 8-1-13　山西窑洞佛龛祭祀

图 8-1-14　延川县刘家山村窑洞寺庙

祭灶，是中国民间影响很大、流传极广的习俗。旧时，几乎家家灶间都设有“灶王爷”神位。民谣中“二十三，糖瓜粘”，指的就是每年腊月二十三或二十四日的祭灶，有所谓“官三民四船家五”的说法，也就是官府在腊月二十三日，一般民家在腊月二十四日，水上人家则在腊月二十五日举行祭灶仪式。

河南民间讲究“祭灶必祭在家”，有“祭灶不祭灶，全家都来到”的俗谚。祭灶时，凡在外的人都要回家。祭灶历来由男人主祭，民间传说，月亮属阴，灶君属阳，故“男不祭月，女不祭灶”。但安阳等地，也有家庭主妇作为主祭者。祭灶日晚上，家家用豆腐、粉条、白菜、海带等做成“祭灶汤”，端至老灶爷牌位前，然后再供上用糖糊或麦芽糖制成的芝麻酥，称“祭灶糖”。祭灶后，全家老幼一起享用祭灶糖、共进晚餐。

第二节 窑洞民居建造文化的传播与交流

纵观窑洞建造的发展史，窑洞建造技术的传播与交流，其影响因素主要有以下三点：人口的迁徙，民族间的融合，战乱与兵灾。

一、人口迁徙促进建造文化的传播

汉族的先民长期以来一直居住在中原地带，即现在的陕西、甘肃、山西、河南一带，这一带均是我国黄土层较为丰富的地区。窑洞作为穴居发展延续至今，居住形式有其显著的优势。由于最初人们建造窑洞时建造技艺较为简单，只需有体力挖土工具便可实施，同时又具有合理的拱券形结构受力，使其对工匠的要求较低，使得窑洞成为中原地区的原始先民迁徙到新区域的首选居住建筑形制。在人们长久以来使用窑洞的过程中，由于其冬暖夏凉、低技建造、稍加维护便可长久使用等优越性，使得这一带的居民对这种古老的居住形式产生了深深的依赖性，以至一些人在离开故乡到平原或城市中定居，建造自宅时，仍会选择窑洞这一居住形式，山西平遥县城大量建造精美的窑洞民居很好地说明了这一点。

在人口迁徙的过程中，匠人的流动促进了不同地域窑洞建造文化的交融互通。在陕北有一些经典窑洞庄园受山西窑居文化的影响，重视建造细节和空间层次感，如米脂县姜氏庄园、常氏庄园、杨家沟等。近年来，随着旅游业的发展，河南巩义窑洞建筑也借鉴了许多陕北窑洞的优点并传播发扬[①]。

二、民族融合促使建造文化的交流

在黄土高原陕北的沟壑地区，历史上是游牧民族与农耕民族的冲撞与交融之地，至今在民风习俗上仍保留着游牧文化的特征。再加上特殊的地理环境以及薄弱的经济条件制约，其窑洞建筑受农耕文化与游牧文化的共同影响。这里大多数民居住户分散，院落开阔，少有中原四合院的封闭沉闷。各家院落以简朴的四五孔靠山窑为主体建筑，组成一个基本单元，许多住户连院墙都没有，窑前一块平坦的场地，既是院子，也是秋收时打碾、晒粮食的场地。

山西吕梁山区与陕北相似，多采用半封闭或开放型院落庭院制式。院落或一家，或数家，沿山体等高线呈线性布置，其面宽大、进深小。院中或设牲畜棚，或堆放收获的农作物。院落有院墙者，多为石砌墙或木栅墙，墙高不及窑洞高度的一半。有些农宅不设院墙或大门，直接朝向开阔天地，敞亮异常，被戏称为“敞口院子”。民国 18 年（1929 年）的《横山县・风俗志・住居》记载：“院墙喜宽敞，甚至一宅占地十亩以上。”（图 8-2-1）

村落中各种民俗活动大多直接在各家各户院落中开展，充分体现出游牧民族豪放不羁性格的影响。这些坦荡、开阔、顺等高线层层展开的院落，构成黄土高原山区壮丽的聚落景观（图 8-2-2）。

① 颜艳．河南省巩义窑洞建筑研究 [D]. 武汉：华中科技大学，2013.

图 8-2-1　山西吕梁山区窑洞聚落 1

图 8-2-2　山西吕梁山区窑洞聚落 2

图 8-2-3　山西吕梁山区窑洞聚落 3

三、战争对建造文化的影响

躲避战乱、兵灾也是促使窑洞发展的重要因素。洛阳古都的兴衰，同历史上改朝换代有紧密联系。从战国、秦汉、隋唐，直至近代，历史上许多大战役，都是在洛阳进行的，如隋李密率军 30 万兵屯邙山，与王世充大战于洛阳。当时城内数十万居民，避祸他乡。如此之多的民军，短期内解决居住问题，唯一可行的办法就是挖窑洞。

汉末献帝初平元年（公元 190 年）三月，董卓胁迫献帝迁都长安，造成："中野何萧条，千里无人烟"；晋永嘉之乱，繁华的洛阳城又化为一片瓦砾；唐安史之乱，洛阳也遭到了严重的破坏；北宋时期金人南下，洛阳又沦为战场；明末李自成的义军攻克洛阳，城墙被毁。每次战争所波及的面决非只限于洛阳城，多数人民惨遭杀害，而侥幸生存者均逃避荒野之地求生（穴居避祸）。这也是促使窑洞民居发展的重要原因之一。因此，民谚中有："大乱住乡，小乱归城"之说。

四、外来文化对建造文化的影响

窑洞民居与其他类型民居一样在其发展历史中同样受外来文化的影响，陕北杨家沟马家"新院"与河南巩义市张宅即是典型案例。

（一）杨家沟扶风古寨马家"新院"

马家"新院"由马祝平主持修建，于 1929 年动工，到 1939 年未竣而停，原设计的二层楼房未建（至今可见其二层柱础）。马祝平曾留学日本，在建筑学方面见识颇广，他吸收西方建筑的造型特点，结合陕北窑洞自行设计，并聘请当时名匠李林圣领工，施工极其严格，即使一石一木，如不合意也须另选。

“新院”建筑背靠30m的崖壁，人工填夯形成宅基庭院。主体建筑为一排坐北朝南的十一孔石窑，正中三孔主窑突出，两侧六孔缩进，边侧两孔再前伸，平面呈倒“山”字形（图8-2-4）。立面挑檐深远大方，挑檐石上精雕飞龙祥云，搭檩飞椽，檐随窑转，回转连接，檐顶青瓦滴水，窑顶砖栏透花女儿墙（图8-2-5a）。主窑两侧开小门，正面外露四根通天石壁柱、三套仿哥特式窗户（图8-2-5b）。

主窑内部空间相通，分寝室、书房、会客室；方形石板铺地，地下砌烟道。室外建地下火灶，用于冬季取暖，又可保持居室清洁。窑内还设暖阁、壁橱，主窑东侧窑墙上开出拱形洗澡间。窑前月台宽敞，放置纳凉饮茶所需的石桌。院落树木扶疏，东侧建城堡式寨门，额提“新院”二字（图8-2-6）。马窑“新

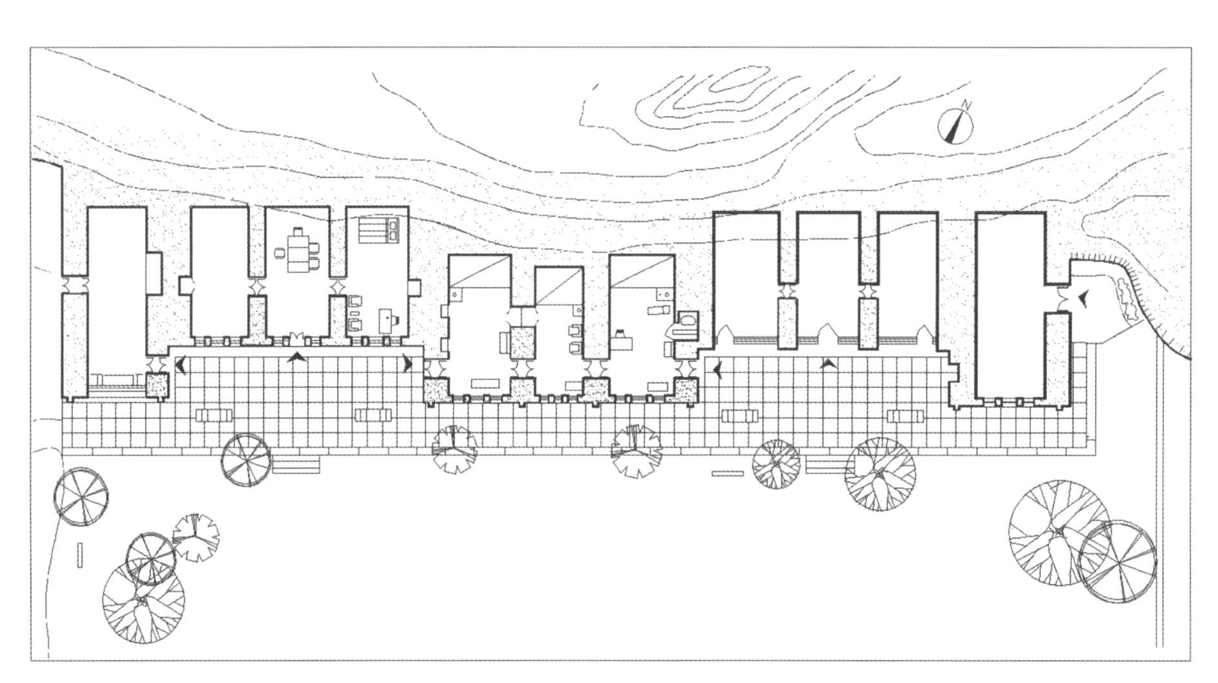

图8-2-4 马家“新院”平面图

图8-2-5a 马宅窑洞正立面

图8-2-5b 马宅窑院

图 8-2-6　马宅窑院门楼

图 8-2-7　马宅窑前月台

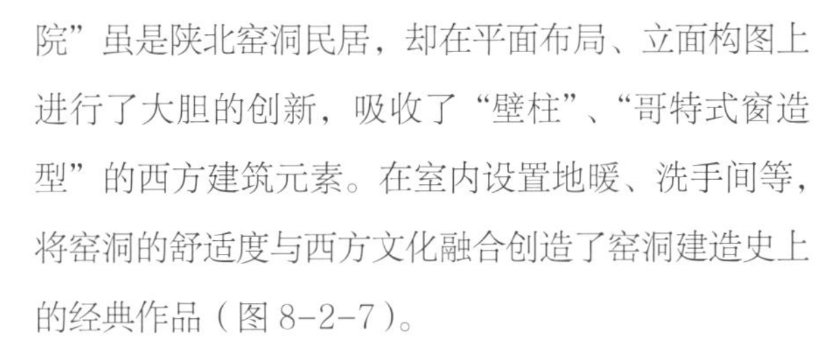

院”虽是陕北窑洞民居，却在平面布局、立面构图上进行了大胆的创新，吸收了“壁柱”、“哥特式窗造型”的西方建筑元素。在室内设置地暖、洗手间等，将窑洞的舒适度与西方文化融合创造了窑洞建造史上的经典作品（图 8-2-7）。

（二）河南巩义市琉璃庙沟张祜庄园（建于清朝末年，距今一百多年。）

张宅建于距今百年时，是我国资本主义萌芽初期，伴随当地采煤工业的兴起和发展而建造的一处大型城堡式宅院（图 8-2-8）。

图 8-2-8　巩义市琉璃庙张祜庄园

宅院分东、西两部分，窑洞为三层，窑房结合，规模庞大且完整。东部为内宅，一、二层为居住窑洞。三层为粮仓，仓顶是打麦场，有竖向孔洞，谷、麦可自动流入仓内。仓前为晒谷场。西部宅院当年实为煤矿管理机构，具有公共性质。西端设敌楼，可达窑头，窑头周围设自卫性建筑。平面布局仍保持巩县民居“宽场窄院”和窑洞位于轴线主要位置的传统特色（图 8-2-9、图 8-2-10）。

其结构体系主要是发挥砖砌拱券窑洞和砖砌崖面的砌体护墙作用，黄土的结构功能已退居次要地位。特别是西部，由于公共性质的要求，洞体深而且宽，为解决采光、通风问题，洞口设大型门连窗。洞顶为砖砌平拱券，砖砌窑腿宽 1m，窑顶覆土甚薄，已是靠山砖砌楼式窑房。东侧为居住窑洞，砖砌半圆窑顶，显示了当地匠师随着生产发展，为满足新功能要求的造窑技术（图 8-2-11）。

东侧居住房屋和窑脸处理及内部空间安排，仍为传统形式。西侧窑脸和敌楼顶部线脚有西方“巴洛克”特点（图 8-2-12）。二层楼的屋顶采用舒展的卷棚歇山顶（两侧屋顶为硬山加四坡水），设回廊，

① 侯继尧，任致远，周培南，李传译．窑洞民居 [M]．北京：中国建筑工业出版社，1989.

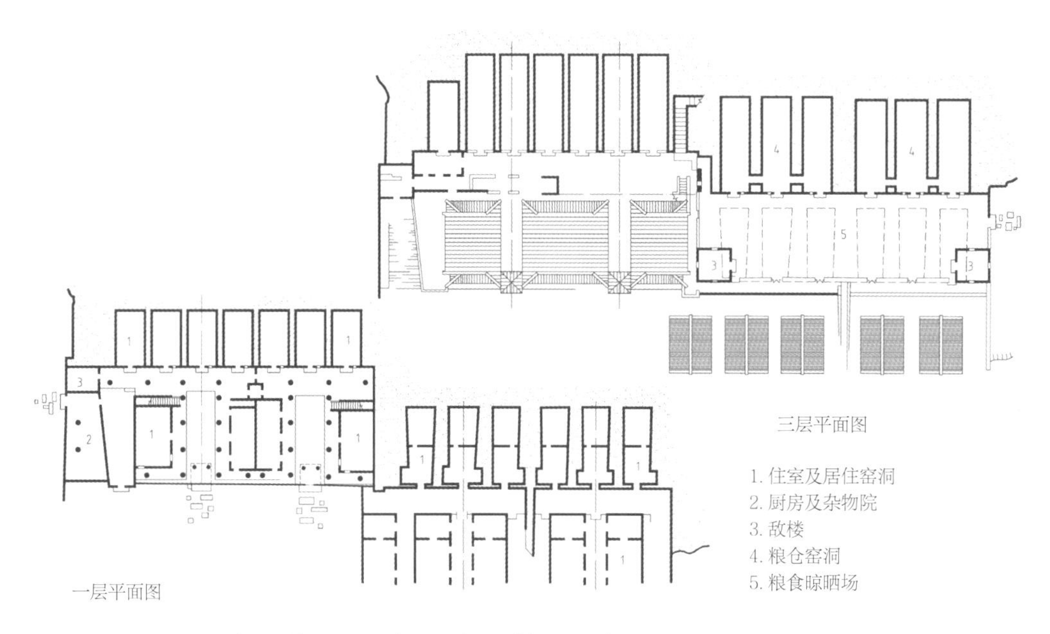

图 8-2-9　巩义市琉璃庙张祜庄园平面布局（来源：《窑洞民居》）

图 8-2-10　巩义市琉璃庙张祜庄园中庭实景

图 8-2-11　巩义市琉璃庙张祜庄园平拱照片

图 8-2-12　巩义市琉璃庙张祜庄园窑脸外景

具有中国府邸建筑特色。入口洞门又为园林建筑风格，表现了业主乐于炫耀富豪的本能，整个建筑群风格不甚协调①。张祜宅院窑洞建筑中西合璧的风格体现了当时西方建筑风格传入国内对建筑技术的影响。

第三节　窑洞民居中的非物质文化遗产

非物质文化遗产是指被各群体、团体或者个人所视为其文化遗产的各种实践、表演、表现形式、知识体系和技能及其有关的工具、实物、工艺品和文化场所。黄土高原是华夏民族文化的发源地，人们在处理人与自然的关系的过程中，采取了各种手段和措施，由此衍生出丰富的非物质文化遗产，成为窑洞聚落生态文化重要的组成部分。

一、剪纸艺术

在众多的民俗艺术当中，剪纸最具代表性，具有悠久的历史，它反映了人们的意识形态和价值追求，成为一种特殊文化符号的象征。剪纸之所以受到青睐，在于其制作工艺简单，造型精美，成本低廉，内容能够包罗万象，在陕北、关中、豫西、甘肃等地广为流传，成为窑洞室内装饰的一大亮点。杜甫曾对剪纸有极高的评价：“暖水濯我足，剪纸招我魂”。

剪纸在我国各地因地域文化特色不同，表现出各自独特的魅力。北方剪纸线条不像南方剪纸那样玲珑剔透，线条粗犷，其味天真而浑厚。甘肃地区的婚俗剪纸艺术中，经常把葫芦等代表吉祥祝福的器具作为喜欢的内容，陕西地区一般把寿桃、莲花、鱼作为剪

① 侯继尧，任致远，周培南，李传译．窑洞民居 [M]. 北京：中国建筑工业出版社，1989.

纸的内容，象征长寿、富贵。

剪纸艺术造就了窑洞独特的生态聚落文化，窑洞也成为承载和传承这种民间美术的物质载体。黄土高原自然环境恶劣，剪纸为人们的日常生活增添了生机。逢年过节，妇女们便拿出自己的绝活，在窗户及常用品上粘贴经过精心设计、象征喜庆的各式剪纸，将窑洞装点得热闹非凡，成为聚落中一道亮丽的文化生态景观。各式各样的剪纸作品，内容繁多，寓意着“吉祥如意、六畜兴旺、五谷丰登之类”等，民间剪纸艺术具有浓郁的乡土气息和深刻的文化内涵，它所折射出的时代背景、社会心态、民族心理和审美情趣，已远远超出了剪纸艺术本身的价值和意义。

二、布堆画与农民画

延安的布堆画艺术堪称陕西一绝，尤其延川县因拥有这种独特的美术形式而被称为“中国现代民间美术画乡”。布堆画的创造源于人们生活节俭的优良习惯，早先用剩的布头都舍不得丢弃，积攒起来通过劳作者的聪明才智，合理地将各色布头拼成生动的民间图案。图案可缝制在枕头、垫肩、钱包及烟袋上，内容多以民间传说、喜剧人物、民俗生活、花鸟鱼虫为主，采用贴块、拼接、镶花、缝合等工序表现出形象夸张、场景生动的画面内容，传递出纯朴、厚重的民间情感。在漫长的冬天，家家窑洞门上的布门帘也是布堆画展示的载体，为寒冷萧瑟的冬季增添了亮丽的风景。

陕北的农民画洋溢着热情奔放的色彩，糅合了现代绘画的理念，重视构图形式与色彩的对比效果。窑洞院落的生活场景常是作画重要题材，画面中融入了真情实感，把对生活的美好向往编织在画面里，构思奇特、大胆张扬，深受人们的喜爱，也成为当地的文化产业。

三、民谣

建造窑洞的过程中除工匠建造的技术口诀外，更多的是庆贺完工、祝福吉祥之类的民谣。陕北地区建造窑洞即将完工，合龙口时一般会唱歌谣。合龙口是新窑主体工程完工后的一件特别重要的事，通常都会举行隆重的仪式来庆祝。

四、社火、舞蹈

在黄土高原广袤的土地上，民间歌舞要数陕北的社火和闹秧歌最有特色了，从每年正月初二、初三开始，几乎要闹腾整个正月。这种集体娱乐的形式堪称华夏民族狂欢节，场面壮观，气势宏大，其扭动的身姿与变化多端的队列组合在民间歌舞中独领风骚。

（一）社火

陕北社火是春节等节庆期间，民间的自演自娱活动。陕北民间在节庆期间的歌舞活动统称为耍社火，也称“社火”为“闹秧歌”、“闹红火”。社火活动中唱的曲调称为社火小调。社火品种有陕北秧歌、转九曲、唱大戏、跑旱船、沿门子、耍狮子、玩龙灯、跑驴、锣鼓、高跷等。

社火来源于古老的土地与火的崇拜。它产生于原始的宗教信仰，是远古时期巫术和图腾崇拜的产物，是古时候人们用来祭祀拜神进行的宗教活动（图8-3-1）。

（二）舞蹈

陕北安塞腰鼓舞是一种民俗文化。在古时，戍边守塞的士卒，在战斗时用腰鼓来助威，鼓舞士气，战斗胜利后，用它来欢庆。随着岁月流逝和时代的变迁，腰鼓渐渐成为一种纯粹娱乐的工具，特别是每年春节，陕北地区的劳动人民用打腰鼓的形式来欢庆丰收，增添节日的欢乐气氛。此外，最为普及的舞蹈要数陕北秧歌，以载歌载舞的形式来表达喜庆与丰收的欢快（图 8-3-2）。

五、雕刻

（一）石雕

石雕艺术在陕西、山西的窑洞建筑中使用较普及，其造型独特、历史悠久，在中国传统石雕中独树一帜，起着重要的作用。陕北石雕主要由两部分构成，一种是石窟佛像雕塑，以圆雕和镂空雕刻为主，如延安清凉山石窟、子长县的钟山寺石窟。另一种是窑洞的建筑装饰构件，如木质柱础、抱鼓石等。

山西石雕在窑洞构件上使用外，还有许多乡村精美的石雕牌楼（图 8-3-3a）。柱础为民居的建筑支撑结构，为了防止柱脚发生磨损、腐蚀，专门在柱子下端所垫的石制基础，有圆形、方形及八角形，四周多雕刻花纹。抱鼓石是大门两侧门框下的石墩，起加固门窗的作用，露在外侧的部分被雕刻成石狮、青龙等纹饰（图 8-3-3b）。

（二）木雕

陕北窑洞建筑木雕是建筑构造的重要表现形式，不同的木雕形式依附于独特的建筑环境，具有极强的民俗民风，体现着陕北人民的文化生活和精神向往。在《营造法式·雕刻制度》中，对木雕的描述非常详细，木雕技法可分为混雕、剔雕、线雕、透雕和贴雕等。最具有代表的雕刻有：①门楣木雕，如雀替、斗栱；②门匾雕刻；③门窗雕刻，如门扇、门簪、铺首。在窑脸装饰中，这些雕刻起到了全方位

图 8-3-1　陕西民间社火（来源：李志萍摄）

图 8-3-2　陕北腰鼓舞、秧歌舞

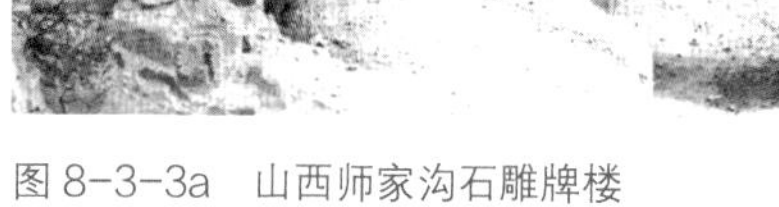

图 8-3-3a　山西师家沟石雕牌楼

图 8-3-3b　陕北米脂县门墩石

(a)

(b)

图 8-3-4　山西汾西县窑居檐廊、窗棂木雕

的装饰作用，除窑洞的门拱弧线之外，最具代表性就是各式的门窗花格造型，体现了浓浓的黄土风情（图 8-3-4）。

（三）砖雕

砖雕是除石雕和木雕之外的另一种别具特色的雕刻类型。因砖块的质地较松软，容易加工雕刻，在民居中被普遍应用，花纹种类比石雕更加丰富和精巧。砖雕常被应用在屋脊、瓦当、兽吻、滴水、影壁、神龛等部位，装饰性强。（图 8-3-5）

(a)

(b)

图 8-3-5　山西窑洞砖雕装饰

第四节 窑洞建造中的民俗特征

一、营建习俗

（一）下沉式窑洞建造前选址时的习俗

1. 祈祷仪式：建造地坑院是一个家族的大事，宅主与家人十分重视。因此宅院动工首先要请堪舆家“看日子”，为工程的开始选择良辰吉日。而在当天仍然有许多仪式在开始之前需要完成，主人需在吉日的吉时吉刻进行祈祷仪式，表达了人们对土地、对自然的敬畏与依赖。

2. 动工仪式：在祈祷仪式之后人们会在基地内燃放鞭炮，主人会在中心和四个角用镢头各挖三下，表示破土动工正式开始，接着大家就可以在天心的各部分同时开挖。这一举动有双重意义：抽象意义——表达宅主人敬畏天地；实际意义——可以初步探明基地内的土质分布情况而选择正确有效的开挖方式。（图 8-4-1）

（二）陕州区地坑院的营建习俗

1. 相地、方院：由堪舆家勘察地形，按照“后靠前蹬”、“上高下低”的要求，确定宅型；依据“庙正院不正”原则，方位稍偏，长宽尺寸含五（土）。另外，地坑院具有区别于其他民居独特的模数制，营建过程中使用的土工尺子，长 5 尺，和古代男子的平均身高相似。通过其数值和尺度控制，保证各建筑部位与人体活动需要的空间协调平衡。

图 8-4-1 动工仪式 （来源：陕州区文化局，张琦摄）

2. 下院、打窑：由人工粗挖，精修刷洗后，形成“嵌斗式”天井；窑洞口呈“抄手式”抛物线状，“前高后低”、“前宽后窄”。另外，地坑院窑洞在营建过程中有严格的尊卑秩序，主位的窑要高大，针对这一规则有相应的口诀：地势“上高下低”，天井“上宽下窄”，主窑为“九五窑”，其他为“八五窑”；为解决通风采光，窑洞要“前高后低”、“前宽后窄”。

3. 饰边、碾场：用砖、瓦裱、衬砌券口、窑腿、拦马墙等，其中挑檐建造遵守口诀“一拔二牙三跑四抄五扣”；拦马墙外用石磙压实找坡。

4. 安装、粉饰：安装要“扑门仰窗”；窑壁和崖面分层用麦秸泥粉刷。

5. 排水、砌炕：靠近厕所打一直径 80cm，深 6m 渗坑排水；窑内炕灶相连，土坯垫层为“灶三炕四”，当地人讲究炕的尺寸都含“七”（与妻同音），视为合乎地方传统规矩。[①]

二、民俗禁忌

窑洞民居建造的过程中有很多约定俗成的禁忌。这些禁忌制约着人们的思想和行为，体现在房屋设计和建造的各个方面。

在陕北、山西地区，窑洞营建过程中有许多非常重要的习俗，主要体现在选址、开工日期以及合龙口、暖窑以及窑洞尺寸的字眼。

① 陕县文化局《国家非物质文化遗产申报表》.

图 8-4-2 合龙口仪式（来源：贾生华摄）

（一）合龙口

合龙口是指在窑脸上安放最后一块口石，是建窑过程中最隆重热闹的仪式为合龙口，也叫“合拢口”（图 8-4-2）。合龙口必选合适的日期，一般在中窑举行，即在套顶时中窑窑顶留下一块石头的缺口，谓龙口。并准备五谷、笔墨纸砚、锡箱等具有美好寓意的物品，表达人们的向往和追求：“五谷”象征年年五谷丰登；笔墨纸砚则表达了主人希望后世子孙能够金榜题名；锡箔则意味着主人一家今后的生活平安健康，兴旺发达。①

（二）暖窑

暖窑是指窑洞建造完成后，主人迁入新居时，亲朋好友备礼祝贺，喝喜酒。暖窑的头天晚上亲朋好友都来饮酒玩乐，俗称“吵窑”。贺喜的人拿一瓶酒两盒烟，也有拿一块肉，时下已经流行送礼，称为添财。大家在酒席上尽情的畅饮说笑，有的即兴唱起酒曲儿，真可谓酒暖人心，人暖家庭，欢歌笑语，热气腾腾，彻夜不停。②

（三）其他

山西窑洞民居同样反映了人们约定俗成的诸多禁忌。这些禁忌制约着人们的思想和行为，体现在房屋设计和建造的各个方面，如择地、择日、破土、奠基、起墙、上梁、封顶、装饰以及入口的位置、房间的间数、房屋的高度等都有相关的禁忌。基址避免选在干燥无水处或背阴潮湿的地方，同时也避免草木不生的地方。认为凡是城门口、监狱门口、百川口等地方绝不是建房的佳址。但若在山区，有些住房受地形限制并非要选在坐北朝南的地方，一般东西南北哪面高，哪面就是主屋的方向，其余则是配房，这是出于人们崇高的心理支配。对于几家相邻而建的房屋，忌南邻和西邻高于自己。

山西不少地区如果一家的房子比另一家低了，那么要在中间的屋顶上多筑一砖高，或修筑一个类似庙宇的小建筑，以保持平衡。另外，也有“居不近市”的说法，显然是受“以农为本”的思想影响。总之，这一类禁忌反映了人们躲战乱，免灾害，争邻里和谐的社会心理③。

在豫西一带，下沉式窑洞的门还有三忌：一忌窑院大门直对大路，门都应该开在“延年”方位上，但也有极个别院子的门洞开在主窑对面的下主窑位上，进院如进皇宫一样，即“忠义门”、“相门”。此类门洞的宅院，普通农户人家是不会采纳的；二忌门洞坡道成直线，坡道应有弯度且弯向应环抱窑院，不能向外；三忌门洞内口直对居室窑门。

① 宋昆．平遥古城与民居 [M]. 天津：天津大学出版社，2000.
② 李长江．米脂窑洞申遗申报文件，2015，6.
③ 宋昆．平遥古城与民居 [M]. 天津：天津大学出版社，2000.

三、民间信仰

河南三门峡市陕州区，东临洛阳距仰韶文化遗址仅 50km，在传统文化的传承方面，受中原文化影响较大，堪舆观念对于传统民居的指导作用在这里尤为明显。地坑院窑洞作为一种从数量、规模上占据主导地位的传统民居形式，正是这种传统文化品性最直接、最朴素、最恰切的体现。

窑洞院落修建时根据宅基所处环境中的总体地势走向、村中的水口位置综合宅基面积等因素，选定基址，再按“八卦”之“坎”、“震”、“离”、“兑”四正，及四隅“坤”、“乾”、“艮”、“巽”方向为窑院定名。

按“高一寸为山，低一寸为水”的理念，要求主窑“背有靠山，前不蹬空”，上主窑坐落在八卦四正中哪个方位的字上，就称其为什么宅院。总体分为动宅和静宅两大类：动宅又称东四宅，包括以东为主的震宅，以南为主的离宅，以北为主的坎宅和以东南为主的巽宅，这类窑院以矩形居多。静宅院又称西四宅，包括以西为主的兑宅，以西北为主的乾宅，以西南为主的坤宅和以东北为主的艮宅，此类窑院以方形为主。

不同院落其入口、渗井、灶房等不同功能窑洞的位置也很有讲究，如北坎宅的入口肯定在东南角，这于北京四合院中常见的“坎宅巽门”是一个道理，均由五行八卦决定：宅的地势如果与前朱雀，后玄武，左青龙，右白虎的相应，最为吉祥，可得福禄。与之相应，就是后部玄武位置地势要高，左青龙位置最好有水，右边白虎位置宜有道路等。所以，北坎宅的白虎位为入口而与之相对应的青龙位则为院中的渗井。

窑的主次位置，门洞窑、主窑和厨房窑的相互关系在各个不同的窑院均有讲究，不能随心所欲。这些对风水理念的严格恪守，形成了陕州一带地坑院，在平面布局上与渭北、晋中南等地区地坑院窑洞的明显差异。

陕北地区，每家每户均在两孔窑脸中间的位置设置小型空窑（佛龛），供奉土地山神。在窑洞室内，由于炕灶在窑洞中极为重要，所以农户人家多敬灶神。每家都在灶台上设置了灶神之位，并依照传统习俗按时供奉。（图 8-4-3）

以三门峡陕州区官寨头村为例，官寨头村占地 36.6hm^2。总体地势西高东低，一条发育完全的天然冲沟，自北向东再向南依次环绕整个村落。沟深处可达百米，沟底部有泉水，具有典型的黄土高原冲沟聚落景观特征。这里的居民根据地形条件选择建造各类窑洞，包括靠崖式窑洞、独立式窑洞、地坑院窑洞。

官寨头村地坑院涵盖了按照“八卦”方位划分的四种宅院类型，但从平面布局来看，每种宅院中都将入口、厕、畜、杂等放在朝向相对较差的东侧及南侧，而北侧及西侧一般用于起居生活。村落中的宅院选址除考虑基本的地势与交通因素外，还尽量遵循当地的风俗习惯。以上均造就了地坑院窑洞院落在保持基本形制一致的前提下呈现丰富多样的平面布局，同时也造就了地坑院窑洞村落多样统一的景观效果。（图 8-4-4）

图 8-4-3　榆林市绥德县党氏庄园窑洞土地龛

图 8-4-4　官寨头村地坑院

四、等级观念

在中原文化区，山西、河南、陕西关中民居往往体现着封建礼制的等级观念，这实际上是与农耕经济的生产方式分不开的。远古的农业需要由氏族的家长组织一定规模的集体劳动，以维护家长的地位，这样便借助祖先崇拜的方式形成等级观念，并加强血缘关系。较大的家族往往设有公共祠堂，并按年辈的长幼推选族长由族长负责祭祖先、修祠堂、立坟茔、造族谱、制族规等社会活动。但也有不少地方，受北方游牧族生活习俗的影响，家族观念并非十分突出。此外，以村为单位的民间自治组织在山西也很发达，到清代更趋完备。"社制"便是其中的一种，这种组织具有完备的组织机构和等级秩序，一般由"纠首"行使行政权力，主持以村为单位的祭神、庆典、庙会、社戏等活动。等级观念表现在社会方面的有天、地、君、亲、师等尊卑顺序；表现在家庭内部的则为长尊幼卑、男尊女卑、嫡尊庶卑。这种思想对住宅内部空间组织及其外部的院落组织无不具有潜在的约定关系，所以对于居住建筑形态的影响作用是非常显著的。如在山西，则常常体现为上窑为尊，下窑次之，倒座为宾的等级秩序。一般来说，主窑正中间的一孔是整个窑院中等级最高的主窑。按照传统的伦理纲常，过去的正中主窑为长辈居住，子女住在左右两边，窑院中很少有专门作为客厅的窑洞，正中主窑兼有客厅的功能。而大户人家窑院较多，会分成会客窑院、起居窑院和杂物窑院等。

五、崇文心态

在山西、陕西一带，通过科举仕途改变生活环境是最为有效、立竿见影的手段，所以当地乡民处处流露着对文化的敬意和对书卷纸墨的珍惜，而且"耕可致富，读可荣身"的观念也很突出，所以在一些砖雕、木雕、剪纸、炕围画等艺术形态中，常常可以看到以"劝学"为主要内容的表现题材，比如"三娘教子"，"渔樵耕读"、"连中三元"等。而且在一些匾额和对联上也常有体现，如"耕读传家"，"天下第一等人忠臣孝子、世上头二件事耕田读书"等。此外，在不少自然村落中，还常常建有文昌阁、魁星楼、文峰塔等一类的建筑物，希望村中能多出文人，这无不体现着当地乡民的一种崇文心态[①]。（图 8-4-5）

图 8-4-5　山西张壁古堡，魁星楼文昌阁

① 《山西民居》.

第五节　小结

我国传统窑洞建造技艺的发展，是一代代居民由自然及人为等多方面因素共同决定的，其中不仅仅体现了自然条件对于建筑发展的重要作用，更体现出了人对自然的适应、改造能力在窑洞建造技艺多样化发展中的重要作用。由于文化风俗各方面的影响，丰富了窑洞的建造技艺，促进了窑洞的发展，成就了我国传统窑洞建造体系在人类居住史上举足轻重的地位。

第九章

传统窑洞民居建造技艺的改良和当代应用

传统窑洞民居作为中国众多建筑类型中极其特殊的一类，有着很高的价值，而传统窑洞民居的建造技艺作为窑洞民居得以形成和发展的技术保障，应当被传承和发扬。随着时代的发展，传统窑洞民居因其固有的一些缺陷，逐渐遭到废弃和破坏，使这一特殊的建筑类型面临消失的危险，而窑洞民居的建造技艺也将随之失传。本章对窑洞民居建造技艺的价值及传承方式进行了论述。重点分析了传统窑洞民居建造技术上面临的主要问题，并针对这些问题提出了改良方法，使传统窑洞民居更适合时代的发展，也使窑洞民居的建造技艺得到传承和改良。

>>

第一节　传统窑洞民居营造技艺的价值及传承

一、窑洞营造技艺的价值

（一）生态环境价值

在当今社会快速发展的情况下，大多数村民选择弃窑盖房，窑洞已经逐渐被人们从记忆中舍去，但窑洞的营造技艺作为一种非物质文化遗产有着重要的社会价值，并且随着社会的进步，生态文明的价值观逐渐被人们接受，窑洞建筑在发展过程中也随着当今社会的发展进行着更新和改良。窑洞建筑本身则具有冬暖夏凉的生态价值，尤其是生土窑洞的生态价值最为突出，窑洞所包含的生态思想和价值意义都值得我们借鉴。首先，它利用了原生态的土地，最大限度地减少了能源消耗，同时又节约了土地，对于生态环境起到了良好的保护作用。窑洞独有的乡土特色，是当今建筑设计的创作源泉。

窑洞建筑的生态环境价值具体可以从以下几个方面体现出来。

1. 根据环境地貌不同而因地制宜

窑洞分为三种类型：靠崖窑洞、下沉式窑洞、独立式窑洞。根据不同地貌特征生成不同的建筑形式，与自然结合为当地居民提供了舒适的居住空间。

2. 土地资源得到很好的利用

对黄土资源的利用是窑洞建筑中最为重要和突出的一点。居民仅需要体力就可以在黄土中挖出居住空间，用最简便的方法解决了生存所必需的居住空间、储藏空间以及水窖等。同时，挖出的黄土又可以夯打成土坯，进而砌筑窑洞，砌筑炕、灶等必需的生活设施。在黄土高原沟壑地区对坡地的削挖又可以产生珍贵的平坦地面、台地和院落等。也可以用来作平整的耕地，填平高低起伏的地面。

3. 独特的“减法”结构

靠崖窑和地坑窑都是利用开掘黄土得到地下空间，是名副其实的地下建筑。挖掘出越多的黄土，意味着洞穴内部与地下空间就越大。由于黄土容易开挖，一口窑洞基本上一户人家就能够独立负担，因此窑洞建筑拥有明显的经济性特点，比其他房屋的建造成本要低得多。另外，下沉式窑洞位于地表面下方，窑顶的土地也能够拥有多种用途，所以这种减法的方式在本质上来看就蕴含着很多节省土地的潜力。

4. 适合人类居住的冬暖夏凉的特质

黄土的恒温性拥有很好的隔热与储热效能。当外界温差变化大时，窑洞内部的温差变化却很微小，冬季以做饭的余热就可以满足取暖所需。

5. 自然生态中的和谐景观

“进村未见房，闻声不见人”是对于传统的地坑窑洞村落的真实写照。与一般地面上的建筑相比较，靠崖窑洞在建造的过程中不会大规模地破坏植被，也不会有明显突兀的外在建筑实体；从整体上看，靠崖窑洞沿山的走势，建筑群呈等高线状态分布，潜藏在博大的黄土下面，与大地相融于一体。无论是从远处看起来层层叠叠、依山沿沟的靠崖窑群，或者是俯视的星罗棋布、虚实相间的天井窑群，都给人一种粗犷、古朴、人与自然和谐相处的景观美感。

6. 建筑材料的循环利用

现代建筑基本上以砖、钢筋、混凝土等不可再生材料为主，而砖与混凝土在生产时排放大量的二氧化碳。这些现代材料在提供多样的空间形式的同时，也给环境带来了严重的污染，包括固体污染和气体污染。传统窑洞建筑以生土为主要建造材料，生土是可循环资源，地坑窑废弃时还可以填平，种植农作物，可重复利用。建造独立窑洞的土坯砖，当建筑拆除时，这些建筑材料可很快还原于大地。如今窑洞的建造技术充分结合现代建筑技术，以及新型环保材料，大大提高了窑洞的耐久性、舒适性和生态性，使之具有更多的社会价值。

（二）文化艺术价值

窑洞是分布于黄河流域陕西、山西、甘肃、宁夏等地区的典型民居样式。不同地域的窑洞都有其各自独特的风格和特点。窑洞建筑包含着历史沉淀下来的古老艺术，承载着不同地区的历史、文化和艺术价值。

在山西地区至今保留的传统窑洞建筑中，最精彩的莫过于它的装饰艺术了，雕刻、雕塑以及彩绘随处可见，材料上分为石雕、木雕以及砖雕。雕塑方法则有圆雕、浮雕、镂空雕、透雕、线刻等，内容既表现自然界的花草树木、花鸟虫鱼等，又表达吉祥如意、步步高升等含义。传统窑洞建筑中的雕刻分布在窑洞檐廊的斗栱、雀替、挂落上，在窑脸照壁、柱础石、门罩等部位，内容丰富，千姿百态。窑洞院落内的艺术装饰，所表达的题材也是各种各样，它包括：四季花卉、二十四孝、八仙过海、辈辈封侯、竹梅双喜、安居乐业等，这些装饰大量采用了象征、隐喻、谐音等手法，为后人留下了饱含乡土气息的文化内涵（图 9-1-1）。

山西汾西县师家沟村的建筑装饰中，处处显示着中国农耕社会中的伦理道德。建筑装饰在影壁上的天官赐福，窗上的文房四宝，门上的二十四孝图，寓意家庭幸福、子孙后代升官进取等。陕北窑洞石雕源远流长，历史悠久，其写意的造型、流畅的线条自成一脉，在中国传统石雕艺术中占有重要位置。

由于窑洞的类型各不相同，独立式、靠山式、下沉式分别具有其不同的文化艺术价值，讲究的是“天人合一”的思想。它的文化民俗历经上千年来的传承，具有很高的文化价值。窑洞村落中诞生的民俗是我国重要的非物质文化遗产，如陕北民歌、陕北社火、安塞腰鼓和剪纸艺术等，至今为我们带来了无尽的艺术享受。

窑洞在中国建筑史上是一种十分独特的、原生态的建筑，不论从聚落形态、建筑特点、空间形态还是建造方式上窑洞都具有其特殊性。其营造技艺流传至今，已形成一个完整的系统，文化底蕴丰富、独特，尚有待深入发掘。而研究、保护其营建技艺，对发展新型建筑技术、创建适宜人居建筑新形式、实现人与自然和谐相处均具有重大意义和借鉴价值。

总之，虽然不同地区的窑洞类型多有不同，但窑

（a）山西省汾西县贴金村某窑居院落檐下斗栱

（b）山西灵石县王家大院窑洞装饰

图 9-1-1 山西地区传统窑洞立面装饰

洞本身的营造技艺作为窑洞民居实现的技术手段，是一种珍贵的非物质文化遗产。在传统窑洞民居的营建中，无论是房屋的建造还是装饰，处处凝结了窑匠们的智慧结晶，其卓越的营造技艺使得传统的民居完整、精美地呈现出来。

二、窑洞建造技术传承方法

随着社会的发展、经济的进步以及人民生活水平的提高，越来越多的人离开窑洞新建房屋，窑洞的营造技艺失去了生存的土壤。很少有年轻人愿意学习修建窑洞的技术，老的窑匠招收不到新的学徒，窑洞的营造技艺面临失传的危险。窑洞的营造技艺作为一种古老的建筑技术，应当被保留和传承下去。在当今传承中华优秀传统文化的国家战略决策下，关于窑洞营造技艺的保护仍没有引起社会的广泛关注。针对如何将窑洞的营造技艺传承下去，提出了以下措施：

（1）将窑洞营造技艺申报省级或是国家级非物质文化遗产。窑洞民居在山西省民居中是非常重要的一部分。因其类型多样，在全国的窑洞民居中都有非常重要的地位。在陕北，米脂县和绥德县是窑洞之乡，是西北地区窑洞民居的典型代表。在那里，已经将窑洞的营造技艺申报了省级和市级的非物质文化遗产。河南三门峡地区对下沉式窑洞建造技艺也申报了省级非物质文化遗产。因此，各地应把自己有特点的窑洞营造技艺申报列入省级非物质文化遗产名录。确定传承人，使其有计划地传承下去。

（2）对现存的古老窑洞结合传统村落的保护，建档造册进行适当的维修完善，不再破坏，保留原生态面貌。

（3）将窑洞民居的营造技艺集结成册，著书立说，以便留存。这也正是本书的目的。

（4）将窑洞营造的过程、工艺、工具等都以图片或是影像的方式记录下来，进入数字化博物馆，方便后人学习。

（5）充分利用各种媒体，对窑洞营造技艺传承进行宣传，引起广泛的社会关注。

（6）举办窑洞匠人交流会，将各地区的窑匠集中起来，相互交流营造技艺的相关经验，也可以研究讨论古老技艺如何优化。

（7）公开寻找窑洞营造技艺传承人，举办培训班，为窑洞营造技艺培养新的接班人。

（8）以窑洞民居为载体，开发新型窑洞旅游度假村，对窑洞建筑进行再设计，使更多的人重新认识窑洞。

（9）建造新型窑洞示范基地，对窑洞建筑及其建造技术进行创新性转化和创造性的发展。

第二节　传统窑洞民居建造技术面临的主要问题

由于后工业时代人居环境受到越来越多的破坏，并且城市化进程的不断加快，乡村人居环境受到前所未有的变化与挑战。首先，受城市生活方式的影响，农村人的思想观念以及生活方式都发生了变化，经济允许就会“弃窑建房”。其次，从传统窑洞本身而言，通风不畅、采光不足、潮湿阴暗以及传统窑居院落的住户分散、交通不便等问题已经成为许多人不喜欢住窑洞的原因。甚至一段时间，窑洞被认为是一种落后和贫穷的象征，在陕西渭北、河南豫西农村开始出现大量的“弃窑建房”的现象，只有年迈的老人仍然居住在传统的窑洞中。窑洞的闲置又加快了损坏的速度，很多的传统窑洞民居都已经破败不堪，传统的窑洞村落也在逐渐消失（图 9-2-1）。

图 9-2-1 破败的窑洞村落

图 9-2-2 新建房屋破坏窑居风貌

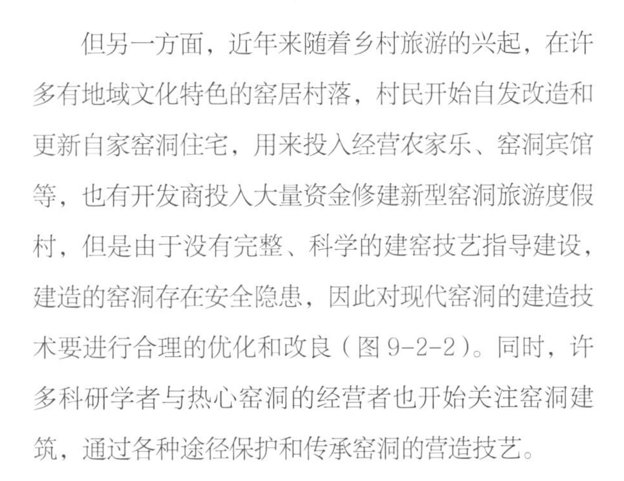

但另一方面，近年来随着乡村旅游的兴起，在许多有地域文化特色的窑居村落，村民开始自发改造和更新自家窑洞住宅，用来投入经营农家乐、窑洞宾馆等，也有开发商投入大量资金修建新型窑洞旅游度假村，但是由于没有完整、科学的建窑技艺指导建设，建造的窑洞存在安全隐患，因此对现代窑洞的建造技术要进行合理的优化和改良（图 9-2-2）。同时，许多科研学者与热心窑洞的经营者也开始关注窑洞建筑，通过各种途径保护和传承窑洞的营造技艺。

窑洞虽然经历了几千年的演变，但是对于现代人的生活来说，窑洞还面临着一些需要解决的问题和挑战。如在窑洞的结构安全性方面，在应对自然灾害的能力方面，以及窑洞室内的舒适度方面，都需要进行深入的研究与创新实践。

一、结构安全性

窑洞建筑在结构安全方面有其优势也有不容忽视的缺陷。大多数窑洞依靠山体建设，黄土的湿陷性是窑洞地基灾害的主要原因。近些年由于黄土高原地区实施了退耕还林的生态恢复政策，效果显著，自然环境改善，降雨增多，加上自然变化，局部地区涝灾较多，以至于使排水设施不到位的窑居村落山体滑坡，使得窑洞建筑受到了威胁，甚至倾覆倒塌。在夏季雨水过多，黄土山体因雨水过度而使土体含水饱和，山体容易滑坡导致窑洞坍塌。西北地区的黄土湿陷性较强，其结构性和欠压密性较弱，经过雨水的长期渗透，容易出现地基不均匀下沉致使窑洞整体开裂甚至倒塌。

窑洞的侧推力问题：窑洞主要是土窑接口和砖砌、石砌窑洞，正常情况下受力主要是拱形受压状态，可以承受较大荷载，但窑洞往往是一排几孔连接在一起，形成整体稳定结构。拱形窑洞在受力作用下，在拱脚部位产生水平侧推力。多孔窑洞连续建造在一起时中间窑洞的水平侧推力相互抵消，仅需要在两端部窑洞的窑腿部加大厚度来抵消水平侧推力，就能确保整排窑洞结构的稳定性。其缺点是如果其中任何一孔窑洞倒塌，就会导致整排窑洞倒塌，这是窑洞结构自身的一大缺陷。

窑洞的抗震性问题：窑洞分布的山区中有很多是地震频发区，由于窑洞的结构材料主要是石材、土体、砖材，其抗拉性弱，塑性差，因此抗震的延性较差。抗震问题成了窑洞的一大缺陷，我们必须关注其抗震性能。而在三种类型的窑洞中，独立式受地震影响较大，而靠山式则受影响较小。

二、自然灾害的破坏力

（一）雨水侵蚀

黄土窑洞的寿命一般在60年以上，百年以上的窑洞很常见，现存的也有达三百年以上的。窑洞挖掘成型以后，需要经过一至两个春秋的稳定考验，如果关键部位没有产生大的裂缝并且不出现大的掉块，则可以认为是稳定、可靠的。

影响窑洞耐久性最重要的因素就是雨水的渗漏与侵蚀，窑洞的坍塌破坏多是由于闲置不用、自然风化腐蚀和局部漏水坍塌造成，个别土窑洞破坏则是由于土质差所为。黄土高原地区的年降雨量较少，属于半干旱区。但在7、8、9三个月的雨季，其雨量占全年的五分之四，偶尔还会连下几天暴雨。窑洞顶部覆土层厚度不够、顶部未作缓坡处理等都会导致窑洞顶部积水下渗，使窑洞整体因含水量多而结构强度下降，导致窑顶塌陷。一旦窑顶处理不好形成积水，雨水长时间渗入窑洞顶部，会造成窑洞顶部及窑脸的坍塌（图9-2-3、图9-2-4）。

建于20世纪80年代的陕北窑洞民居，没有按照传统经验设置具备良好的排水走向的排水沟槽等排水系统，窑顶覆土没有任何防水措施。在2014年秋季陕北连降40天雨，导致大量的独立式窑洞倒塌，同时由于地基的不均匀沉降许多窑洞裂缝，无法使用。在排水系统的处理上，传统村落杨家沟与师家沟传统窑居聚落，都是可以借鉴的良好范例（图9-2-5）。

（二）地质灾害

黄土窑居取之自然且融于自然，或依山靠崖，具有因地制宜、就地取材、施工简便等特点。黄土窑居的结构体系不同于中国传统建筑的木构架结构体系，没有梁柱支撑，而是“土拱”自支撑体系。

正是由于黄土窑洞特定的构筑材料和特定的结构支撑形式，土窑洞抵抗灾害的能力对自然地质条件非常敏感。遇到灾害性气候，很容易造成地质灾害性破坏，特别是我国的窑居分布区域中，有45%的地区地震烈度在7度以上。历史上地震灾害时有发生，使相当一部分窑居产生了不同程度的震害。

依照窑洞所处位置和构造方式的不同，其受到的灾害主要有以下几种。

1. 自然坍落

由于窑居开挖所处土层选择不当，当土质疏松、杂乱时，就很容易坍落。有的窑居在开挖阶段就出现坍落，有的窑居由于不注意养护，导致使用年限较短（图9-2-6）。

图9-2-3　窑顶渗水1

图9-2-4　窑顶渗水2

图 9-2-5　师家沟排水方式

图 9-2-6　窑洞自然坍落

图 9-2-7　窑洞地基下沉出现裂缝

2. 地基沉陷

窑洞在建造时由于季节的选择或土质的选择不当，在后期会出现窑腿整体下陷，或地基不均匀下降都会导致窑洞裂缝破损坍塌（图 9-2-7）。

3. 滑坡与崩塌

滑坡与崩塌是导致窑居毁坏最经常的方式。崩塌一般发生于窑背、洞门、洞侧墙以及拱圈、洞顶、接口部位，其中窑顶崩塌最为常见（图 9-2-8、图 9-2-9）。

4. 裂缝

裂缝是窑居最常见的破坏形式（图 9-2-10）。裂缝可能发生在边跨，也可能发生在中跨，可分为构造性裂缝和结构性裂缝，前者是由于热胀冷缩引起的比较浅层的裂缝，后者是由于拱圈断裂或错位而引起的比较深的裂缝，微小裂缝如不能及时处理，雨水渗入将加大破坏力度，也就是民间流传的窑洞不住人无法及时养护很快就会坍塌（图 9-2-11）。

三、室内舒适度

窑洞建筑最初是因人类被动地适应自然而出现的，仅仅是为了满足最基本的居住需求。随着时代的发展，人民生活水平的提高，对于居住环境舒适度的要求也在相应提高，相比之下窑洞自身的局限性造成室内舒适度较差，很难满足当代人的生活需求。

（1）生活设施缺失。现有的窑洞由于旧有的建制，加上排污设施缺乏，窑院内并没有符合现代生活习惯的厨卫设施。自给自足的农耕生活方式，使得窑院内普遍喂养牲畜、家禽，生活杂物随处堆放，院内杂乱无序现象普遍存在（图 9-2-12）。

（2）窑洞室内通风差，容易潮湿（图 9-2-13）。窑洞仅前脸开窗，内部空气不易对流，形成了自闭的

图 9-2-8　窑洞滑坡坍塌 1

图 9-2-9　窑洞滑坡坍塌 2

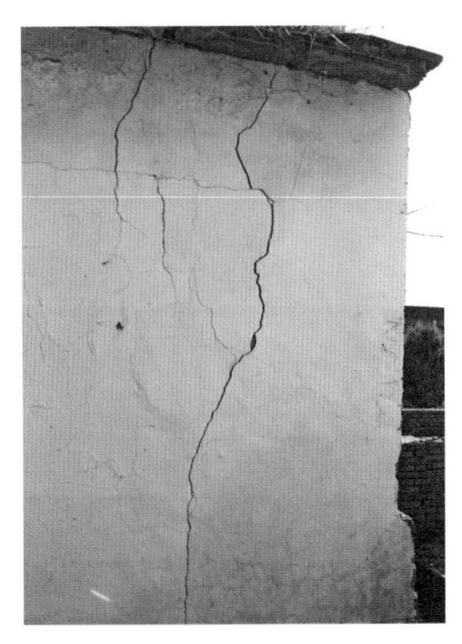
图 9-2-10　窑洞裂缝 1

图 9-2-11　窑洞裂缝 2

窑内空气。这使得越接近窑洞内部，空气质量越差。特别是在夏季，由于室外气温高、含湿量大，室内空气温度相差10℃以上，湿度在90%以上，在窑壁极易形成凝结水，因而在窑洞纵深后部角落经常产生霉味。

（3）室内光线暗（图9-2-14）。陕西渭北、河南豫西、甘肃、宁夏等地窑洞的采光面只有前面窑脸，开窗较小，加之窑洞的进深多在6m以上，因此室内光线较暗。并且窑洞内部做饭烧灶，把窑壁熏成了黑色，使得窑洞内部更加昏暗。

四、占地面积大

20世纪90年代以来，窑洞因为其看似占地面积较大而饱受诟病，尤其是传统的下沉式窑洞顶部的地面是不能种植植物的，因为雨水会顺着植物的根系侵蚀窑洞，为窑洞的安全带来隐患。所以，下沉式窑洞因为其对土地的利用率较低，所以一度被批判成为一种侵占耕地的建筑形式（图9-2-15）。而下沉式窑

图9-2-12 生活设施缺失的窑院

图9-2-13 窑洞内壁潮湿现状图

图9-2-14 窑洞室内光线弱现状图

图9-2-15 窑洞屋顶现状图

洞本身具备的优点也是显而易见的，如果能很好地解决窑顶防水的问题，便可以充分利用窑顶土地进行合理的种植，做到真正的土地零支出。同时，立体化的种植使得建筑与自然充分结合在一起，将下沉式窑洞的“生态基因”尽可能地转化创新出节能、节地型的新窑洞。

第三节 传统窑洞建造技术的优化与改良

一、结构安全性的改良

（一）地基的处理

独立式窑洞地基作为窑洞承载力的重要部分，地基处理技术的改进可提高窑洞的受力性能，增加窑洞的稳定性与使用持久性。地基的处理分三步：第一步用三七灰土进行夯实，第二步用毛石或砖砌筑，第三步打地梁。

一般黄土作为地基处理的材料加入少量石灰，经过人工地基夯实，适用于单层窑居建筑的地基处理。若地基为填杂土，严重不均匀，距持力层很深时，仅用黄土处理地基，承载力可能会出现不足的情况，为此要有提高承载力的措施。实践中常用 2∶8 灰土垫层地基、在灰土上铺碎砖或毛石垫层地基，其中 2∶8 灰土垫层和石垫层地基是常规地基处理技术。[①]

（二）承重构件性能改良，空间更灵活

窑洞顶部承重受力在窑腿上，拱顶的垂直压力通过窑腿传递至基础，通过提升构件和材料的力学性能，让整个承重结构性能提升。

在榆林南部城镇中传统的箍窑技术较当地农村已有很大的改进，但多适用于单层窑洞，为了适应多层窑居的发展方向，可加强结构构件的稳固性，采用一定的新型材料，如在部分结构构件中运用混凝土材料，对墙体局部进行加固。

在拱结构的选择上，应尽量采用圆弧拱以增加矢高，降低水平推力，减小支座位移，防止窑洞破坏。另外，尽量减小窑洞的开间尺寸以降低水平推力。[②]

在平面功能上，为了改善传统的起居条件，保证动静功能的分离，承重结构变得相对简单，内部空间不受承重结构的干扰，空间可灵活变化（图 9-3-1）。因而，考虑采用轻质材料划分窑居内部空间，居住者可根据自己的喜好与需要设计。材料选取也要易于维护，方便拆卸与安装，以备为日后空间的更新提供适应的变化。

（三）水平侧推力的改良

在拱结构的选择上，尽量采用圆弧拱以增加矢高，降低水平推力，减小支座位移。抵抗窑洞水平侧推力的措施主要有以下三种。

1. 增加尽端拱脚宽度

尽端拱侧面墙体在拱脚以上应保持足够强度和适当的厚度，在联排窑洞建造时，采用三跨连续拱或将更多的拱连成一排，边跨墙体要有一定的厚度抵抗侧推力。连续几十孔窑洞修建时，每隔 4～5 个窑洞为一组以厚墙进行分隔，以抵抗拱脚水平推力而引起水平位移，造成的窑洞裂缝或坍塌（图 9-3-2）。

2. 尽端加建平屋顶房屋

在窑洞两个尽端建造平屋顶房子，屋顶为现浇混凝土，利用平屋顶房子抵抗窑洞的水平推力（图 9-3-3）。

---

① 魏秦．黄土高原人居环境营建体系的理论与实践研究 [D]. 杭州：浙江大学，2008.

② 王娟．榆林南部地区城镇中传统窑居建筑更新与发展 [D]. 西安：西安建筑科技大学，2008：66.

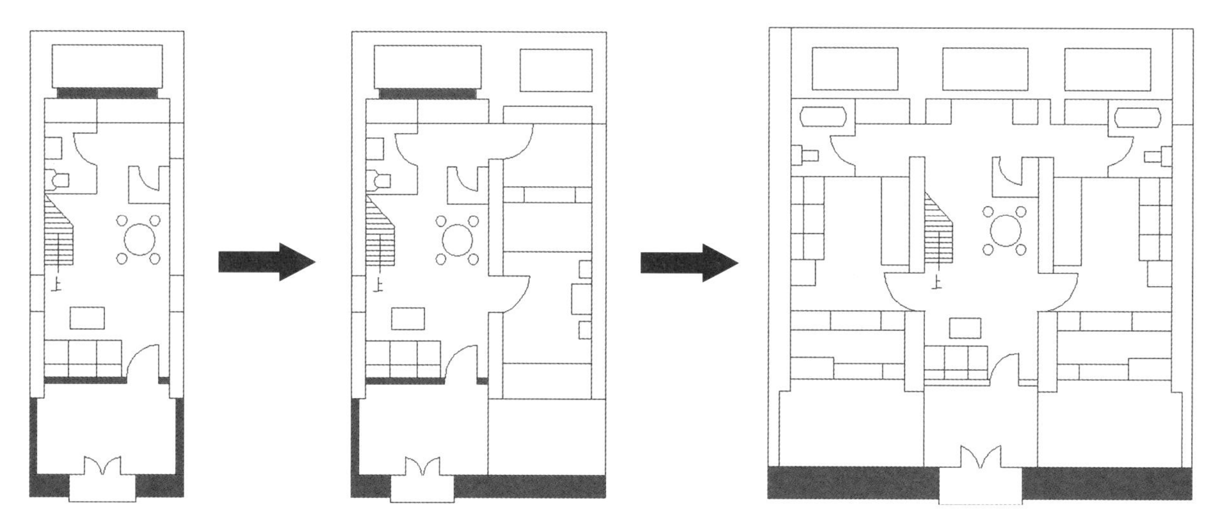

图 9-3-1　灵活变化的窑居空间（来源：《从原生走向可持续发展》）

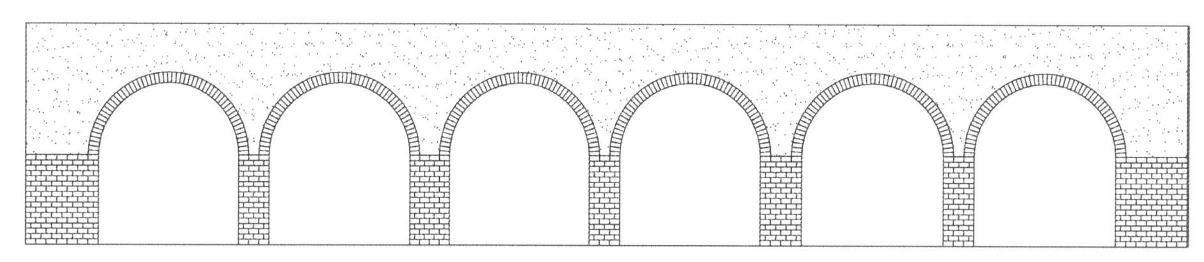

图 9-3-2　抵御水平侧推力方式 1

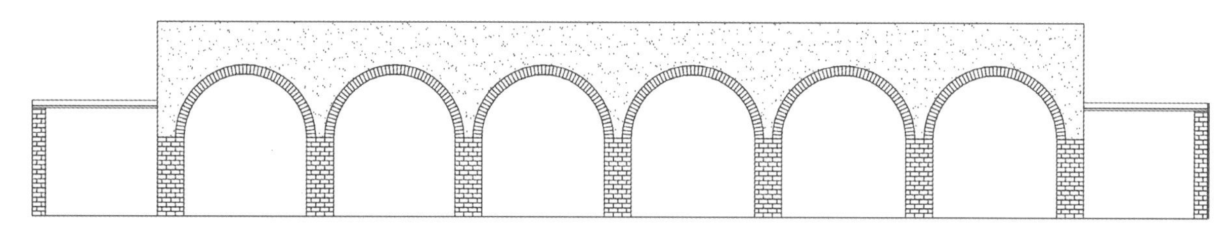

图 9-3-3　抵御水平侧推力方式 2

3. 尽端窑洞加设水平钢筋

在尽端窑洞内部靠近窑脸的窑腿起拱处设置水平钢筋，窑腿两端用钢筋进行牵引固定，窑洞大约固定三根 Ø20mm 的钢筋，水平钢筋在窑腿上部圈梁固定，使窑洞的侧推力向内互相抵消（图 9-3-4）。

二、耐久性及防灾能力的改良

在窑洞耐久性的提升上，一般可以通过以下几个方面来进行更新和改造。

（一）窑脸的翻新与修缮

近年来修建的窑洞大都进行了部分乃至全部的护面处理，这样处理后除了使整个窑洞显得更加美观大方外，同时提高了窑面抵御风吹雨淋的能力，所以有经济能力的人家在新修窑洞时，对窑面进行处理，并对既有窑面进行了不同程度的贴面修缮。新修窑洞也可通过窑面砌筑护面墙，来永久性地解决窑面风化剥

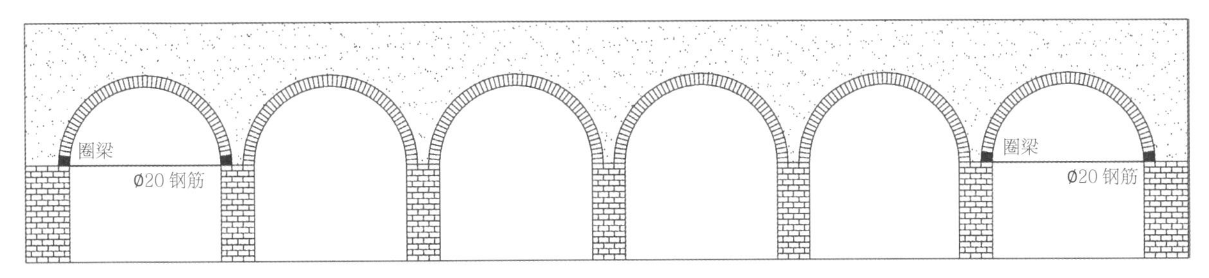

图 9-3-4　抵御水平侧推力方式三

落所导致的窑脸向窑内退进问题（图 9-3-5）。

图 9-3-5　崖面风化剥落迫使窑脸向窑内退进

有些窑洞对崖面进行了部分处理，围绕几个窑洞，在崖面砌筑了 12cm 厚的砖面裱层，从而使窑洞的美观程度有了明显提高，崖面的安全性也相应地得到提高（图 9-3-6）。

图 9-3-6　崖面处理照片

在陕西渭北、宁夏、甘肃陇东等地经常看到上百年的老窑洞，崖面没有任何处理，在崖面上部种植枣树及灌木，用植物的根系护崖，防止雨水冲刷，也能起到保护与耐久的作用（图 9-3-7）。

图 9-3-7　崖面未作处理照片

（二）窑洞内壁的加固

土窑洞的耐久性，在很大程度上取决于维护和保养，例如住人窑洞平时对不利于窑洞安全性的细小裂缝、小的破损进行维护，防微杜渐，就能耐久。而不住人的窑洞由于得不到维护，可能由于一个小的孔洞、渗水裂缝，就可能引起窑洞的破坏。

在黄土窑居者的更新改造探索中发现，黄土窑洞在居住过程中，会出现窑洞内壁土层脱落，针对轻微裂缝的情况一般采取如下几种措施。

（1）用木椽加固。

民间传统的加固方式可用两根直径约 15cm 的木柱在窑内支撑窑顶，或在拱券内壁顶端搭两根横梁再架两根次梁来进行加固（图 9-3-8）。

（2）用砖砌筑内衬加固。

（3）用土坯衬砌加固，建议用压砖机压制 MU10、MU7.5 的新型生土砖。对于洞壁裂缝和洞顶

图 9-3-8 旧窑洞的加固方式

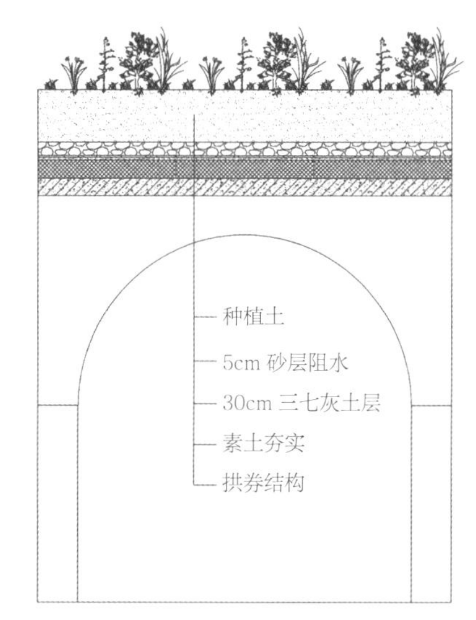

图 9-3-9 窑顶种植构造层

掉块等问题，旧窑洞可以用夯实土坯修复，也可用木支撑等加固方法加固。由于天然黄土自撑能力较强，黄土窑洞在开挖过程中能保持洞壁稳定，若局部破坏了可在窑洞洞壁衬砌土坯。陕西渭北一带的窑洞，特别是下沉式窑洞顶部塌陷时常用土坯砌拱修补窑洞，然后其上覆土夯实，就完好如初。

（三）窑洞洞口的加固

窑面的稳定关键在于保护洞口，其结构强度相对比较弱，尤其是刚建的新窑，洞口干裂速度比较快，土体干缩使表层与内部土体失去拉结作用，产生放射状裂纹，出现局部崩塌和掉块现象。一般来说，洞口的门窗、墙体，能起到支护作用，而不需另行加固，仅对门口裂纹采取措施即可。

（四）加强窑洞外围排水

靠崖式窑洞民居选址多位于山坡或者沟坡地带。如遇强度大的降水，排水不利时就会给窑洞带来危害。因此，应该做好窑顶、窑后壁、窑侧面的排水处理，迅速将雨水排走。

（五）做好防水处理

传统窑居经常会有渗水现象，故要做好防水措施。此外，在拱顶覆土、侧面填土与拱圈之间做防水层，防止雨水渗入拱圈，引起拱圈承载力降低。防水层可以采用干铺油毡或塑料布的办法进行，或在土层下增加 5cm 砂层，减缓土壤水分下移过程。窑顶经过长期的雨水渗透，在窑顶覆土厚度不是很充足的情况下，会出现渗水，导致窑洞内壁墙面剥落。最根本的解决方法还是做好窑洞的排水和防水处理，例如在窑顶覆土层增加防水层，防止雨水渗透量过大侵蚀窑顶拱券（图 9-3-9）。

做好窑洞顶部防水，还可以在窑洞的顶上种植植物。尤其是下沉式窑洞的顶部，不但可以进行农作物的种植，还可以在上部建造温室大棚等，这样会大大提高土地利用效率，解决下沉式窑洞占地面积大的问题，使下沉式窑洞真正成为一种节能环保的生态绿色建筑。

三、室内舒适度的改良

（一）窑洞光线的提升

黄土窑洞历经数千载演变，在其传统采光方面已有了一定的改进。旧式窑洞室内只能通过窗户采光，洞内的亮度取决于窗的面积大小，前部光线较好，后部则采光不足、光线偏暗；而新近修建的窑洞则大都通过窑面的“一门二窗”（在窑脸上镶砌门窗，一只低窗与门并列，上面再砌一只高窗，当地人也称之为天窗）结构、窑洞内壁的粉白和装修进行采光，而且随着窑洞建造技术的不断发展，其采光效果也越来越好，在考察过程中发现只要是现在有人居住的窑洞几乎都进行了窑洞内壁的粉白或装修，窑内光线充足，感觉明亮、畅快（图9-3-10）。

图9-3-10 室内光线对比图

（二）室内温度、湿度的改良

窑洞室内温度的改良：窑洞室内适宜的温度是人们选择这种居住形式的主要原因，因为窑洞的建筑材料和结构形式，窑洞的围护结构的热惰性和热阻系数均较大，土壤导热性能差的原因，使其本身始终保持了温热的稳定性。土壤越深，其温差变化则越小。

窑顶一般会有3m左右的覆土厚度，在夏天，当地表温度达到最大值时，这个温度向下传时就会因地下与地表存在一个相位差和振幅的衰减，时间上就会相对滞后，窑洞室内的温度相对于地表会比较低；冬天，同样的道理，窑室内温度会比地表温度高，这就是黄土窑洞冬暖夏凉的基本原理，窑洞建筑利用土壤传热较慢这一特性，达到了节能的效果（图9-3-11）。

窑洞室内湿度的改良：由于很多窑顶都有覆土种植，故土壤含湿量大，容易增加窑洞顶部的渗漏，以往也有用油毡、塑料薄膜进行防水处理的，但这又使得窑居室内湿气无法蒸发，使室内窑壁湿度增大。《黄土窑洞防水技术》中提出了窑顶防水的新方法。采用“双层结构”来改变水的入渗过程，减少雨水的入渗量，达到减渗、防渗的目的。“双层结构”就是指在同一土层内，由两种水平状的颗粒材料所形成的夹层土，如土中夹有水平层的砂或炉渣。经过理论计算和实践检验，其结论为：在土层表面下50cm处设置一层10cm厚的砂层或炉渣，这种做法不仅减缓和阻止了雨水的下渗速度和总量，而且降低了窑洞四壁及窑顶砂层以下土壤的含水量，这样，无疑解决了窑洞潮湿的问题。同时，砂层以上土壤的含水率增大了，并能保持一个相当稳定的时期，这无疑为窑顶农作物的种植提供了有利的条件。

黄土窑洞室内的湿度比较稳定，但是相对于舒适度来说，平均湿度会稍微有点偏大。主要是因为窑洞的进深较大，门窗较少，空气流动不畅；周围的土体含水率高，洞壁内释放水汽从而造成室内潮湿。另外，夏季外部湿度较大的热空气进入窑内，而窑洞内部墙面温度低也会产生结露现象，使得窑内湿度加大。但是随着窑洞室内通风孔的设置，加速了空气流动，这个问题已得到了良好的改善。

（三）优化自然通风和采光

利用自然通风，改善窑洞的潮湿和阴暗的缺点。

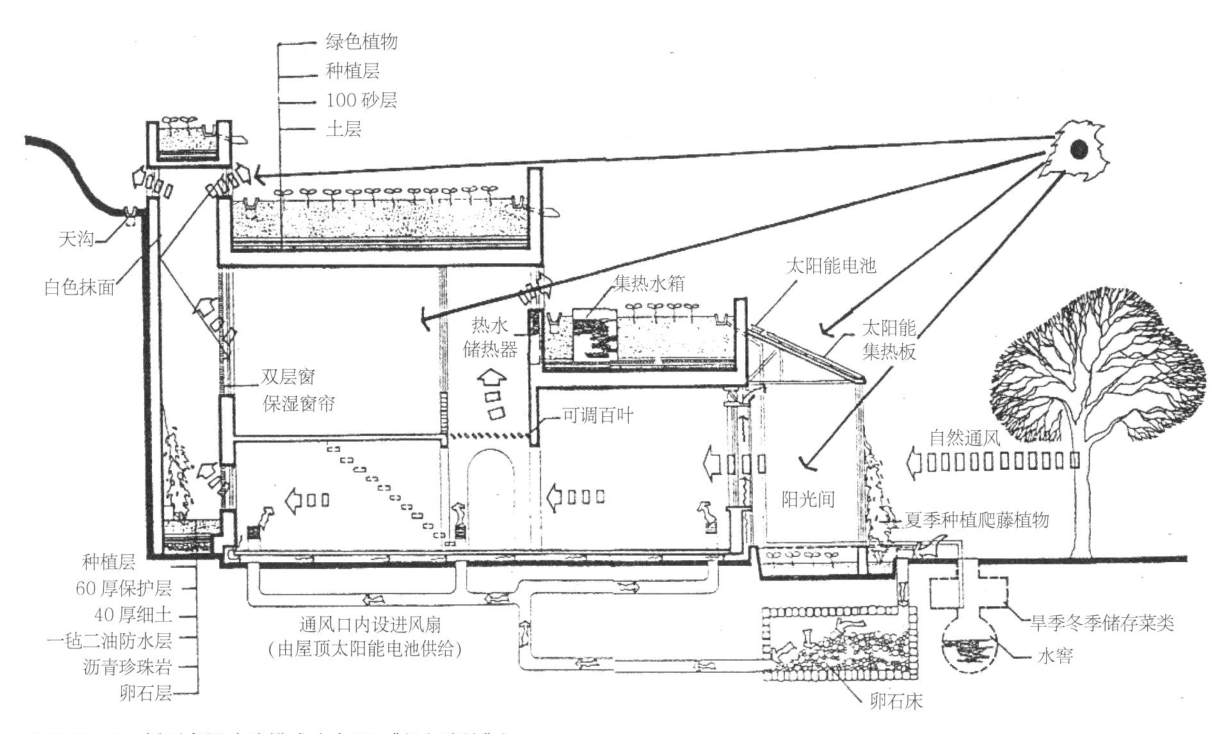

图 9-3-11　新型窑洞改造模式（来源：《绿色建筑》）

一是可在不消耗不可再生能源的情况下降低室内温度，带走潮湿、污浊的空气，改善室内热环境；

二是可提供新鲜、清洁的自然空气，有利于人体的生理和心理健康。实现自然通风和采光的方式有增大窗户的洞口面积、缩短窑洞进深和室内进行简单的粉刷等（图 9-3-12）。

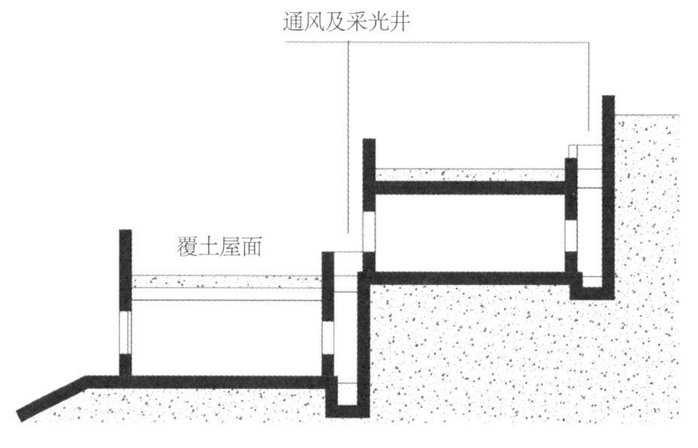

图 9-3-12　新型窑洞通风、采光剖面图

四、建造材料的改良

传统窑洞从材料上可分为土窑、砖窑和石窑，在对材料的优化与改良上包括很多方面，从窑洞的基础材料到装饰材料，以及窑洞各个部位的辅助材料等。

（一）土坯及夯土墙的改良

在材料的优化与改良上可从提高生土墙体的强度及耐久性方面进行改良，提高土坯和生土墙体的抗震性与抗剪强度。用现代技术弥补生土建筑防水性以及结构抗剪性较差的问题。

生土墙体的改性方法可以分为化学改性与物理改性两类。化学改性是指加入熟石灰、石膏、水泥、粉煤灰等改性剂与土粒子发生化学反应以提高生土墙体的强度与耐久性。物理改性是加入麦秆、稻草、竹筋、麻刀等植物纤维以增强生土材料之间的拉结作用，提高生土墙体的整体性，减小土体干裂。物理改性可以提高生土墙体的抗震性与抗剪强度。化学改性剂可以改善生土墙体的耐久性。物理改性和化学改性两者均可以减小墙体的收缩率，提高其抗裂性。

（二）新材料技术在窑洞中的运用

在吉县老窑洞的改造项目中，对整个老窑洞的窑面用水泥进行粉刷，遮盖以前老窑洞的砖砌窑面，并且对窑洞的门窗进行更换，用新材料代替旧材料。在拆除完旧窑面的木门窗之后，为新窑选用的是隔热断桥铝型材，是通过隔热材料（一般是塑料型材）把连接室内外的普通的铝合金型材从中间分隔开，一方面保证了窗体结构和强度，另一方面解决了铝合金导热快的缺点。室内热量的流失到断桥就被显著阻止，室内的温度和室外的温度通过铝合金型材这种导热材料直接交换，势必将消耗更多的能源用于调节室温。

此外，还可采用太阳能低温地板辐射采暖技术改造传统火炕，形成一套采暖、热水双联供系统。利用太阳能热水器的热水实现循环供暖，改善了窑洞内的环境，节约了能源（图 9-3-13）。

五、加工技术的改良

传统窑洞的加工技术基本靠人工完成，在建造窑洞时也很少采用机械化的工具，因此在过去修建一个窑居可能要花好几年的时间，而随着科技的进步建造窑洞的建造技术不断提升，加工技术也在优化与改进，大大降低了人力工程的消耗，节省了很大的经济成本。窑洞加工技术的提升主要体现在以下几个方面。

（一）建造工具的优化与改良

在过去，传统窑洞建造的工具大多是比较简易的，例如挖土工具大多是铁锹、镢头、镐（尖洋镐）、锄头等（图 9-3-14），挖掘工程进度较慢。

现在大量的挖掘工程都由大型机械代替，例如挖掘机、土料混合搅拌机。机械搅拌机很大程度上提高了工作效率，降低了人力成本（图 9-3-15）。

在窑洞的建造中，拱券是非常重要的一部分，在传统的建窑过程中，拱券模具是人工搭建而成，仅一次性地利用，传统的拱券模具搭建法，是用木板和石头搭建成拱券模具，具体做法：窑腿垒到平桩的位置，开始搭模具。模具首先是搭木梁，在拱脚的位置横向、纵向搭两道木梁，下部有石头作为支撑，这

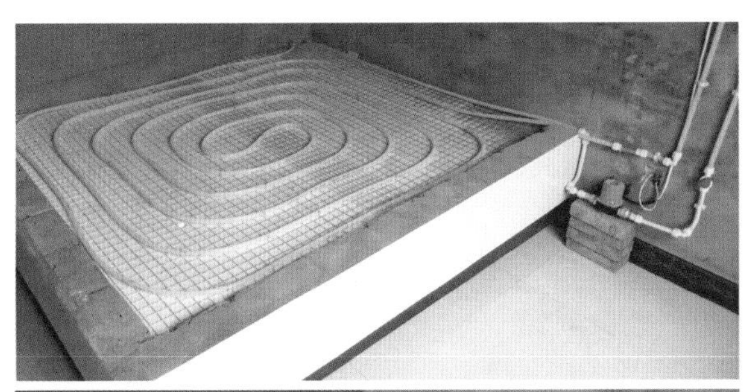

图 9-3-13　太阳能热炕

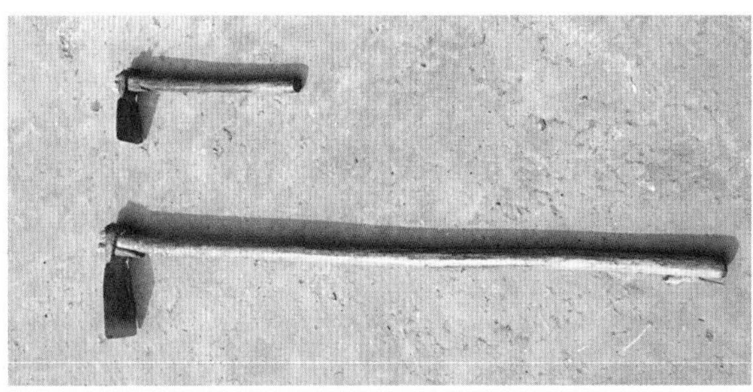
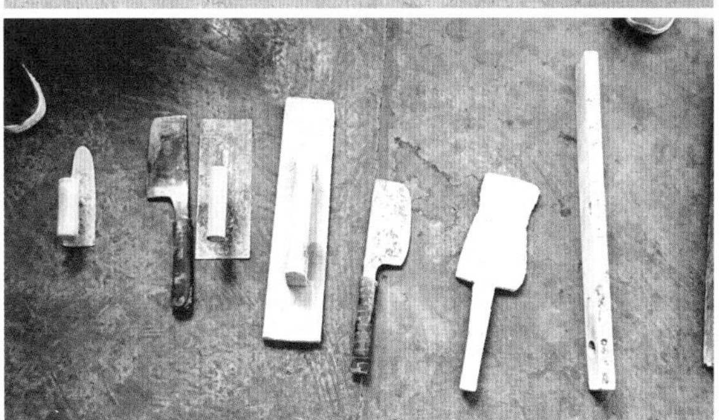

图 9-3-14　传统建窑工具

称为头架梁。向上 20cm 左右以同样的方法搭建二架梁，二架梁与头架梁之间由石块支撑。以同样的方法再向上搭建三架梁，用木条沿纵深方向，从拱脚的位置向上，贴着木梁一次排列，形成圆弧形，即是传统的拱券模具。随着时代的进步、科技的提升，现在建造窑洞时拱券的模具都是钢架制成的半圆形支架，既节省了许多建造时间，又降低了人力成本。且现在的拱券模具均为铁质模具，可多次利用，节省材料，节约资源（图 9-3-16）。

（二）建筑技术的优化与改良

在过去，很多的窑洞都是生土窑洞，窑腿由黄土夯筑而成，但夯筑是一种相对较慢的营建方式，这也正是为什么夯土建筑发展缓慢的原因之一。虽然夯土建筑厚重的保温墙有很高的附加价值，要花三个星期建造一个夯土建筑，这很难与现代建筑在建设效率上竞争。为提高夯土建筑的市场竞争力，开拓夯土建筑的应用平台，就需要提高夯土建筑的施工效率。夯筑工具的改进、施工方法的改善，都可以提高土墙的建造速度。

传统的夯土技术及土坯的制作方法是纯人工制作（图 9-3-17），选定土壤后，将土打碎，并调整湿度（将土捏在手内成团，击之即散），然后分 1～2 次倒入木模内，夯实脱模即成。工匠们的施工经验与技术水平一定程度上影响了工程质量，这带来很大的不确定性与主观性，而新型的夯土技术是机械施工，新型夯筑墙体设备（如气泵式夯筑锤、滚压机、装载机等）的运用大大提高了夯筑墙体的施工效率与精度。

图 9-3-15　土料混合搅拌机

图 9-3-16　钢架模具

（a）传统夯锤 1

（b）传统夯锤 2

（d）气泵夯锤

（c）电气泵

图 9-3-17　夯锤

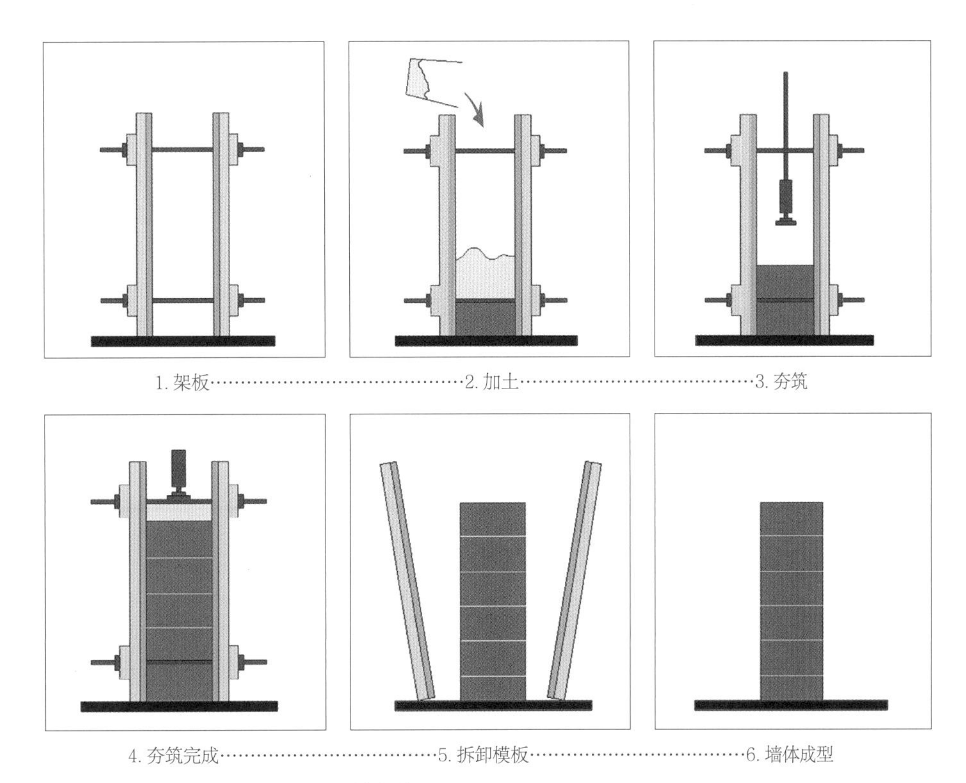

图 9-3-18　现代夯土模板使用的基本流程

制成的土坯耐压强度比手工制作提高了 3～4 倍，生产效率提高了 0.5～1.5 倍[①]（图 9-3-18）。

在靠山窑和下沉式窑洞的建造中大量的挖土工程已由人工改为机器挖土，在时间和效率上提高了很多，例如在陕县杜氏窑洞的改造中，利用机器大开挖，后平地起窑。

第四节　小结

窑洞建筑技术是其内部建筑空间的实现手段，早期的窑洞是在当时当地气候、环境、社会和经济条件下的产物，虽然有丰富的生态智慧，但也存在着不足之处，新型窑居的建设必须与现代科技相结合。首先，充分利用现代科技手段，优化和提升传统窑洞的建造工具和建造材料，从而提升窑洞的力学性能及结构的安全性，满足耐久和防灾的要求。第二，需要运用现代的科学技术加以改进，优化窑洞设计，提高窑洞的舒适度，使其更适应时代的发展和现代的居住要求。第三，将传统建造技术与当代绿色建筑技术相融合，提高窑洞的生态性，进一步强化窑洞节能、节地的可能性。例如，在窑顶设计种植层、滤水层和隔排水层，加强太阳能的可用性，沼气的开发利用等。第四，现代建造的材料、工具、技术上的改良为改善窑洞设计提供了可能性。通过将传统建造技术与当代建筑技术相融合也能对传统窑洞的建造技术加以传承。

① 张晓娟 . 豫西地坑窑居营造技术研究 [D]. 郑州：郑州大学，2011.

第十章

传统窑洞建造技术当代应用实例及展望

⊙ 窑洞建筑作为一种延续了数千年的建筑形式，因其具备冬暖夏凉、就地取材、与环境有机结合等优点，从古至今一直被黄土高原地区的人们认为是最适宜居住的民居形式。然而今天，由于城市化的冲击以及窑洞固有的一些缺陷，使得很多年轻人不愿在窑洞继续居住。可是在国内外仍有一些建筑师、开发商和村民，在传统窑洞建造技术上做了一些新的改良和探索。他们利用新技术和新材料，将传统的窑洞建筑加以改良，并且赋予新的功能，作为旅游开发或是民俗展示等，将传统窑洞建筑从民居拓展到了更多的建筑领域。

⊙ 这些新型窑洞和传统的窑洞不同，利用传统窑洞民居的形式，赋予新的功能和业态。近年来各地建成新型窑洞的同时，丰富了窑洞建筑的类型，并且将窑洞这一历史悠久的传统建筑，以一种全新的方式展现在世人面前，让越来越多的人认识窑洞，了解窑洞，为传统窑洞建筑的传承和更新提供了更多的实践经验。本章选取了当前国内新型窑洞建造的实例，并且分析这些实例在建造过程中的创新性及存在的问题，同时介绍了国外掩土建筑发展的情况，最后对新型乡土建筑的发展提出了展望。

>>

第一节 国内新型窑居旅游度假村

新型窑居旅游度假村指的是沿用传统的窑洞民居建筑类型，利用黄土高原独特的自然风光、地形地貌、民俗民风开发而成。同时，经过技术改良，避免了传统窑洞建筑的某些不足，使之更符合现代人生活的需求，在休闲娱乐、旅游观光的同时，体验黄土风情和窑洞文化。

一、案例分析

以黄土高原特有的自然风光和地形地貌为依托，利用传统窑洞民居和风土人情，为人们提供一个游览黄土高原自然风光，体验民俗风情，集休闲娱乐、旅游观光为一体的窑洞旅游风情园。其代表有郑州黄河游览区、陕西洛川黄土风情度假村、山西康乐谷窑居度假村等。

（一）郑州黄河游览区

郑州黄河游览区位于郑州西北30km处。南依岳山，北临黄河。具有雄浑壮美的大河风光、源远流长的文化景观。因作为地上“悬河”的起点、黄土高原的终点等一系列独特的地理特征，这里成为集观光游览、科学研究、弘扬华夏文化为一体的省级风景名胜。

位于郑州黄河游览区内的岳山，是一座黄土丘陵地，地处黄土高原与豫东平原的交界处，是黄土高原的终点，因此在这里分布着具有豫西窑居特点的乡村聚落，村民也以窑洞为主要居住形式。以窑洞为主题的建筑景点有三处，主要有：窑洞餐厅、桂园宾馆和窑洞宾馆（图10-1-1）。

1. 窑洞餐厅

窑洞餐厅是一处以餐饮和住宿为主的窑洞建筑群。总体布局：利用现有地形，建筑背靠黄土，内挖外砌，形成靠山接口式石窑洞。窑洞为双层，上层窑洞有19孔依次排开，西侧有楼梯相通。第二层向后退，利用一层的屋顶形成前院空间。窑洞总体布局依托地形特点，显得恢弘大气，远看与山地融为一体，在植物和黄土的掩映下，与周围环境融为一体。

结构形式：接口式石窑，窑洞主体进入山体的部分约2m，窑顶覆土厚度约60cm。

窑洞群由西侧两家和东侧一家组成，窑洞进深8m，开间3.5m，外部走廊约1.8m。西边窑洞餐厅的二层窑洞窑脸采用满堂窗的设计，并在内部再分割一道墙体，外墙和这道隔墙之间的窑腿打通，形成内部走廊空间。隔墙门窗形式基本和外部窑脸相同（图10-1-2、图10-1-3）。

图10-1-1 游览区内村民窑居

图10-1-2 窑洞餐厅一层内部走廊

图 10-1-3　窑洞餐厅二层外部

图 10-1-4　窑洞餐厅弧形采光玻璃窗

东边窑洞院落，一层建筑结构非窑洞，只在立面做出了窑脸的造型，内部为平屋顶。底层层高 4.5m，为跃层式空间，有楼梯相连。窑洞窑脸部分以弧形玻璃窗作为夹层的采光（图 10-1-4）。

装饰特色：其整体为石窑建筑，面石为灰色，一层和二层的顶部都有石质围栏。围栏刷白色涂料，仿汉白玉的材质，石柱上有雕刻。整体颜色清新淡雅。窑脸设计成满堂窗，窗棱深红色，安装玻璃，整体采光较好。窑脸的设计模仿传统窑脸的造型，窗棂的设计较为简单、平淡（图 10-1-5）。

2. 桂园宾馆

郑州黄河游览区内的桂园宾馆是一处以窑洞民居为原型的生态住宿宾馆。宾馆占地面积约 3500m^2，客房总数 30 多间（图 10-1-6）。

建筑环境：桂园窑居宾馆地处游览区的中部，黄土塬与黄河滩的交界处，地理位置依山面水，环境舒适宜人。由于黄土高原越往东部雨水越充沛，因此这里的自然环境与黄土高原的中西部相比，空气更加潮湿，植物更加繁茂（图 10-1-7）。

桂园宾馆属于窑居式建筑，采取了临街建房、靠崖筑窑洞，窑洞与建筑组成靠崖式四合院的形制，具

图 10-1-5　窑脸立面照片

有典型的豫西窑院的特点。因为豫西窑洞受当地自然气候条件的影响，降雨量与黄土高原西北部地区相比要多，因此在雨水较多的季节，窑洞潮湿无法居住时，不得不搬到东西厢房及临街房屋居住；而冬季或炎热少雨的日子，窑洞冬暖夏凉的特性更适合居住。因此，房屋与窑洞组成院落形成优势互补，院落一直是中国传统民居的主要空间形态。

外立面装饰：窑脸外设仿木结构的挑檐外廊（图

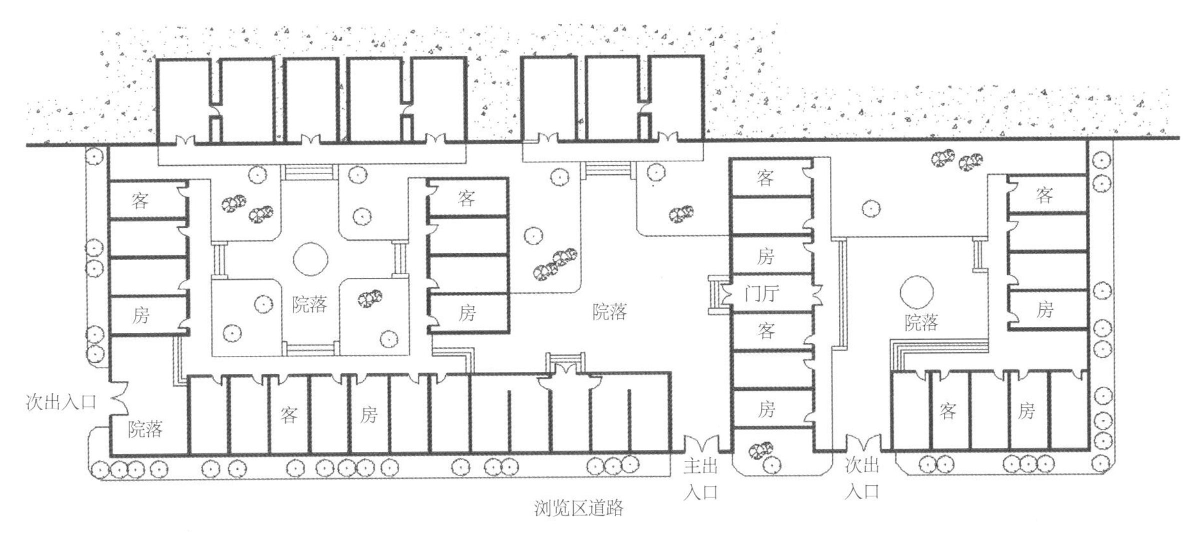

图 10-1-6　郑州黄河游览区内窑洞宾馆平面图

图 10-1-7　桂园宾馆入口

图 10-1-8　桂园宾馆窑洞立面

10-1-8～图 10-1-10）。外廊屋顶部分采用了硬山坡屋顶形式。屋脊两端兽吻、斗栱、红柱、雀替，完全是设计者对仿木结构的装饰性发挥，外廊有效地保护了窑脸。窑脸部分满砌灰砖，门窗采用大门窗，斜格式大红色窗棱，全部安装玻璃采光。与普通窑洞立面相比，窑居宾馆的立面更加精致、奢华。窑洞房间的结构，用沿窑洞纵深方向的一排拱形的钢筋混凝土梁加固，各梁之间现浇钢筋混凝土的拱形板，并在板顶做防潮层，既增加其安全性，又具有防潮作用。

室内布局：与一般宾馆的标间布局相似，卫生间位于房间的一侧，以墙体分隔。通风口位于房间的尽头，尺寸很小（图 10-1-11～图 10-1-15）。

3. 窑洞宾馆

其位于桂园宾馆的西侧，由两个完全一样的院落组成。院落环境优雅，石磨盘铺就的小路通往院落尽头的窑洞建筑。窑洞墙面青砖贴面，分外雅致（图 10-1-16、图 10-1-17）。

窑洞主体大部分在山体之外，少部分深入山体。

图 10-1-9 桂园宾馆窑洞挑檐外廊

图 10-1-10 桂园宾馆窑洞门窗

图 10-1-11 桂园宾馆室内 1

图 10-1-12 桂园宾馆室内 2

图 10-1-13 桂园宾馆室内 3

图 10-1-14 桂园宾馆卫生间

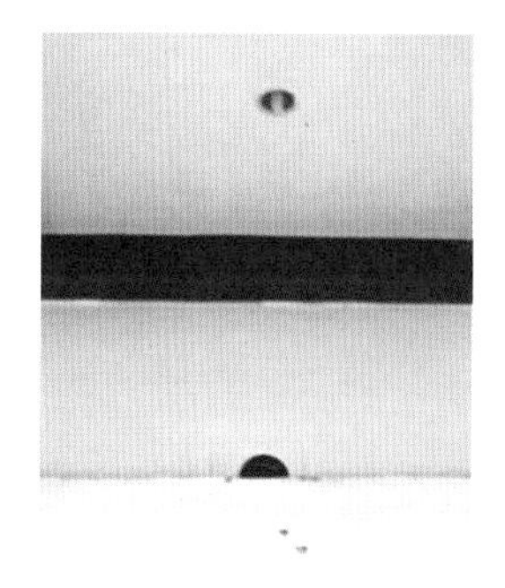
图 10-1-15 桂园宾馆通风口

图 10-1-16 窑洞宾馆院落

图 10-1-17 复式窑洞立面

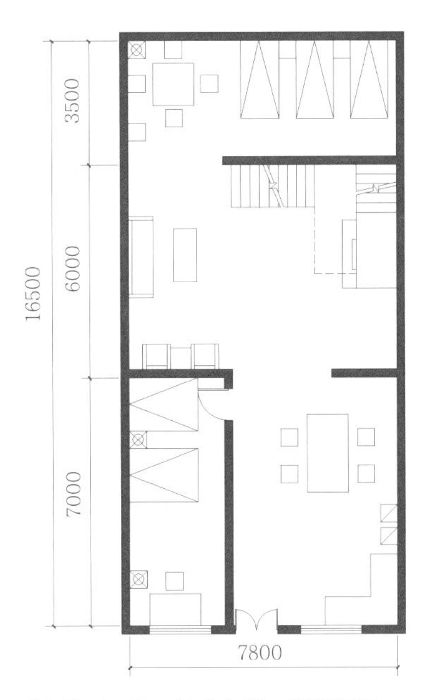

图 10-1-18 复式窑洞一层平面图

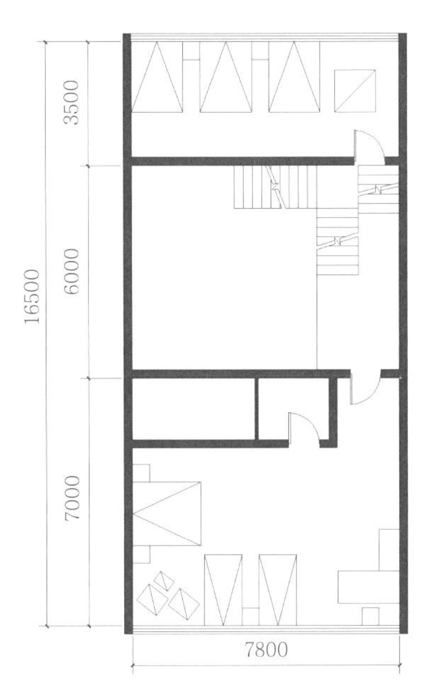

图 10-1-19 复式窑洞二层平面图

图 10-1-20 复式窑洞餐厅

图 10-1-21 复式窑洞楼梯

图 10-1-22 复式窑洞内部空间 1

窑洞室内开间约 7.8m，进深达 16m。室内分为上下两层。一层为客厅、厨房、卫生间、餐厅、棋牌室和一个由隔断分隔的居住空间（图 10-1-18）。二层由前后两个房间组成，前部为套间，由衣帽间，卫生间、卧室组成，其窗户就是窑洞窑脸上部的拱形部分，采光很好（图 10-1-19）。

另一间位于后部，采光通风都比较差（图 10-1-20～图 10-1-24）。窑洞内设施较完善，可以满足几个家庭旅游度假的需求。

（二）洛川谷咀黄土风情度假村

洛川谷咀黄土风情度假村位于洛川县城东南 5km 处的 210 国道和 304 省道交汇处，地理位置优越。是省级“文明村”，谷咀村自古以来民风淳朴、热情好客，在发展旅游产业中，首批推出的 30 多户农家乐小院形成了窑洞民宿村（图 10-1-25）。

群体布局：度假村位于谷咀村西的一片自然黄土

图 10-1-23 复式窑洞内部空间 2

图 10-1-24 复式窑洞内部空间 3

图 10-1-25 谷咀村西的黄土地质公园

高原沟壑地貌，地处生态环境保护区和黄土地质公园。整个村子的住宅布局为成排建造的砖窑，村内道路纵横交错，交通十分便利（图 10-1-26、图 10-1-27）。村内水、电、通信等基础设施较好。村内居住聚落周围为面积广阔的苹果园，村内小院均种植花草树木，村内道路两旁绿化构成林荫道。

图 10-1-26　洛川谷咀度假村全景

图 10-1-27　谷咀度假村内景

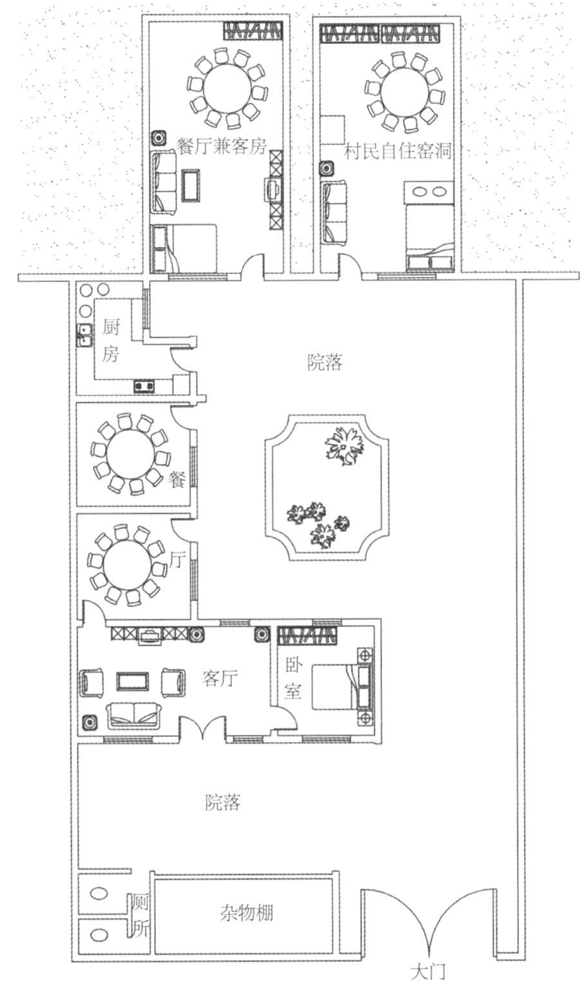

图 10-1-28　度假村某接待户平面图

院落单体：谷咀村全村为一排排整齐的独立式砖窑，一般一户三至四孔窑洞，窑洞前有一小院落。当地村民的窑洞既自己居住，也作为接待游客的餐厅和住宿处（图 10-1-28）。

室内装修：当地村民的窑洞已经按照现代的生活方式进行了改造，室内墙壁白色粉刷，有效地改善了室内采光；地面为水泥抹面；火炕靠窗布置，炕头布置了灶台，炕和灶台外表面均砌有陶瓷片，干净、易清理；室内家具样式基本上为现代家具，整个室内更加整洁、舒适。

装饰特色：窑脸的装饰上与陕北窑洞有些差别。洛川当地的传统窑洞，窑脸部分一般只开一门一窗和一个小天窗，不像陕北窑洞那样将整个拱券部分都做成满堂窗，这样做的目的是为了减少窑洞传热的界面面积，使窑洞内的热物理环境更好。窑脸上的小天窗一年四季基本开着，利于室内通风[①]（图 10-1-29）。

新盖的窑洞门框窗框材料多为铝合金或塑钢，很少用木材。立面上，由于当地有的窑洞的窑间子和窑脸被用砖石或瓷片整个砌平，处于一个垂面上，使许多窑洞的窑脸失去了传统窑洞的形象，拱券在立面上

① 李明．生态窑居度假村对黄土高原地区传统聚落复兴意义初探 [D]．西安：西安建筑科技大学，2006.

图 10-1-29 当地窑洞的窑脸装饰

图 10-1-30 度假村某接待户外观

不再显现出来，出现了立面形式与内部空间结构不一致的效果（图 10-1-30）。这是立面形式上的一种倒退现象，在外立面装饰上，没有继承传统窑洞与自然环境融合、和谐相处的效果，一些立面从瓷片的颜色到铺贴方式上，都与环境显得格格不入。这是由于目前村镇住宅建设多为村民自建、缺少专业人员的指导的原因。

窑居度假村保留了传统窑洞的外围护结构体系，因此在室内环境方面，仍然具有传统窑洞室内冬暖夏凉的热物理环境。尤其是冬夏两季：夏季，由于窑洞内凉爽的特性，度假村吸引了很多的游客来此吃农家饭、休闲度假；冬季，村民们住在窑洞内，只需要很少的燃料，就能保持室内温暖、舒适，有灶台的窑洞内，仅用烧水做饭的余热就能保证室内的采暖要求。窑洞内既不用装空调也不用装电扇、散热器等设施，节能环保。

（三）安塞黄土风情园

安塞县民间文化资源富集，特别是安塞腰鼓、安塞剪纸、安塞民歌、安塞农民画等民间艺术是最原始质朴的艺术形态，传统的陕北窑洞民居，更是黄土地上民居形式的代表。而安塞县的“黄土风情园”是一座集中展示窑洞文化的景观民俗风情体验园。

“黄土风情文化园区”位于安塞县城南端，延河西岸，靖延高速公路安塞南入口。园区依托“安塞腰鼓——中华鼓魂”的文化优势，汇集中国各地“鼓”文化艺术表现形式，并邀请世界知名鼓表演艺术家加盟，通过对世界鼓文化的组织、聚集和展示，提升安塞腰鼓文化及项目的国际化影响力，以更加大气包容的姿态将安塞腰鼓进行全方位塑造，使园区成为陕西、中国乃至世界鼓文化艺术的荟萃地、聚集地和展示地。推动延安文化旅游事业的蓬勃发展，以带动整个安塞文化产业体系的发展和完善，形成安塞的文化产业竞争优势。黄土风情文化园区定位于打造“中华第一鼓城”、“包茂经济带上的文化明珠”“黄土风情文化集中展示区”和“陕北人文风貌原生态体验区”。为此，该园区将依托延安的红色旅游优势和安塞县具有国际水准的民间艺术品牌，充分发掘高速公路经济动脉的潜力，打造集旅游、度假、休闲、娱乐、文化、展演于一体的高速公路休憩港和文化旅游度假基地，搭建一个可充分展示和发展安塞民俗文化资源产业化的平台。

园区内汇聚了陕北各式各样的窑洞 150 多孔，可充分体味这一风格淳朴独特的窑洞居室文化。窑洞建筑随山就势，层层向上，共有六层，都为陕北传统的石窑洞，门窗造型、建筑装饰都极具。在这里窑洞

图 10-1-31 安塞黄土风情园全景

图 10-1-32 安塞黄土风情园窑洞建筑群

图 10-1-33 园区内石窑洞

图 10-1-34 传统窑洞门窗形式

图 10-1-35 园区内安塞腰鼓装饰元素

不在作为传统的民居，而是结合了新的功能，或作为窑洞宾馆、或作为民俗风情体验馆，以适应时代发展的需求。

（四）延安杨家岭石窑宾馆

群体布置：延安杨家岭石窑宾馆是目前最大的窑洞建筑群，建在延安市宝塔区桥沟镇杨家岭村后沟北坡，其依山而建，共有从低到高 8 排 268 孔窑洞（图 10-1-36）。

石窑宾馆的设计体现了陕北窑洞民居的特色，与黄土高原的特有地貌环境融为一体，并融入了丰富多彩的陕北文化底蕴。窑脸采用土黄色石材，与周围自然环境很好地融合。

室内布局：窑洞宾馆室内的家具格局采用了现代宾馆标准间的布置方式，并在窑洞的后部用分隔墙分出一个小卫生间。室内家具包括床、床头柜、桌椅、茶几等均为现代式家具，室内配有电视机、空调。室内墙面刷白色乳胶漆，内墙上挂着手工绘制的安塞农民画；地面有的房间铺陶瓷地砖（图 10-1-37）。

装饰特征：窑洞外部装饰面均为砖砌面，并建有屋檐，防止雨水侵蚀；其窗户为木质，装饰为简单的几何形，米黄色的镂空木格子窗上，贴着陕北剪纸，未使用传统的木雕技艺。窑洞窑脸的造型新颖，并能充分地接纳阳光的照射。窑脸上方有砖砌护檐，每排

图 10-1-36　杨家岭石窑宾馆外观

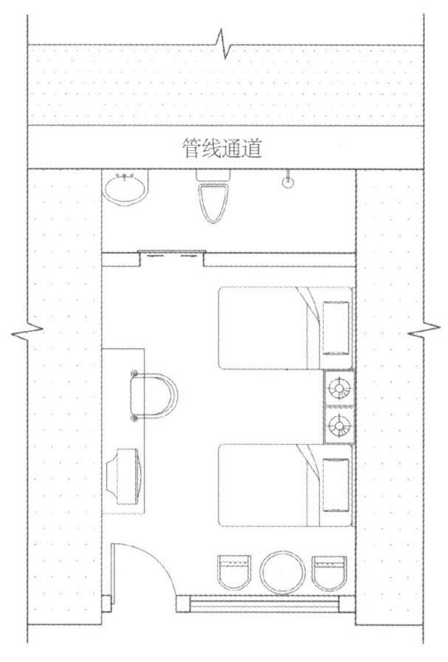

图 10-1-37　杨家岭石窑宾馆单元平面图

窑洞门前摆放着石磨、石碾和石桌椅，充满了浓郁的陕北农家气息（图 10-1-38）。

图 10-1-38　杨家岭石窑宾馆单元立面图

在建造技术上结合现代的材料和设备，卫生间做有吊顶，墙面、地面均铺砌陶瓷片，卫生间内壁后面设有管道井，有利于通风除湿（图 10-1-39、图 10-1-40）。

（五）延安大学窑苑假日酒店

延安大学窑苑假日酒店位于延安市延安大学校园内，东邻杨家岭革命旧址，西傍秀丽的延河，靠近枣园旧址，南近延安革命纪念馆、宝塔山等人文自然景观，是一个窑洞式主题酒店。

群体布局：窑苑假日酒店窑洞建筑由六排窑洞组成，其前身是延安大学学生与教工宿舍。当新的学生宿舍楼建成后，这一窑洞群就装修改造成为假日酒店。它依山而建，与地形完美融合，气势恢弘（图 10-1-41）。窑洞坐北朝南，日照良好，建筑的主体部分为六层的独立式石窑，沿着地势，自下而上地依次排开，共有 226 孔（图 10-1-42）。窑洞的窑顶为上一层窑洞的前院。窑洞建筑群的两边都有外置的楼梯作为交通空间。窑洞的中部，左右各有两孔窑洞安置楼梯，作为垂直交通组织，将整个窑洞建筑群分为三段，与每一层窑洞的外庭共同组织整个建筑群的横

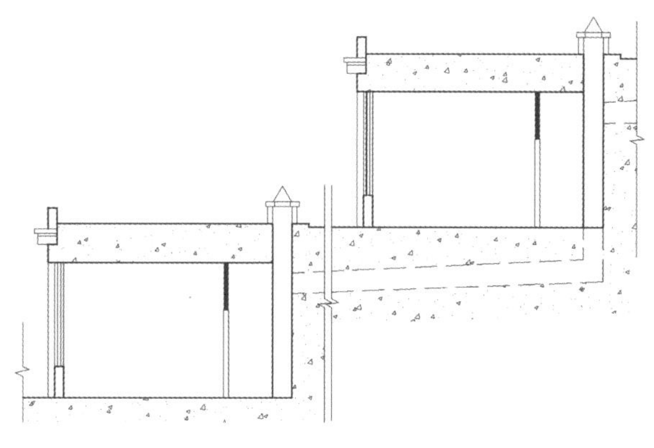
图 10-1-39　杨家岭石窑宾馆单元剖面图

图 10-1-40　杨家岭石窑宾馆室内照片

纵交通流线（图 10-1-43）。

结构形式：其为石窑式建筑，单体窑洞开间 3.5m，窑腿宽 1m，进深 7m，无通风口。每层窑洞在靠近台阶的窑洞侧墙上设有排气口，在后壁设有储备间廊道，廊道口设在每层台阶处，用作设施储备间（图 10-1-44），内有排水管道、电线电缆、空调等（图 10-1-45）。

装饰特征：窑洞建筑整体设计吸取了陕北靠山窑的特点，并融入了丰富多彩的陕北文化特征。窑脸采

（a）延安大学原学生宿舍

（b）延安大学窑苑酒店

图 10-1-41　延安大学窑苑酒店全景

图 10-1-42　窑洞立面图

图 10-1-43　窑苑酒店楼梯

图 10-1-44 窑苑酒店设备间

图 10-1-45 窑洞排风扇

图 10-1-46 单窑经济型标间

用青灰色石材，与周围自然环境很好地融合；窑脸上方有砖砌护檐。早期木门木窗的窑洞宿舍在改为酒店后，门窗采用现代化的铝合金材质和电子刷卡门，每层窑洞顶庭外均设有木栈道，方便游客行走。窑洞内部墙壁有装饰画，及仿古的炕灶设施，充满了浓郁的陕北特色气息。

室内布局：采用现代酒店客房的布置方式，并在窑洞的最内侧用分隔墙分出一个小房间作为卫生间（图 10-1-46）。

豪华型套房为“陕北民俗特色客房”，共有两孔窑洞，设计成套间。外间有炕和沙发，作为起居室，窑洞内设陕北锅头连炕，陕北民俗画与现代化设施完美结合，让宾客拥有身临陕北窑洞之感（图 10-1-47～图 10-1-49）。内间为卧室，里部隔出卫生间，卫生间设有排气扇，但在采光上不足（图 10-1-50）。

窑苑假日酒店已成为圣地延安的一枝新秀，为宣传继承和弘扬延安精神、发展延安旅游事业、繁荣地

图 10-1-47 双窑套间室内 1

图 10-1-48 双窑套间室内 2

图 10-1-49 双窑套间室内图 3

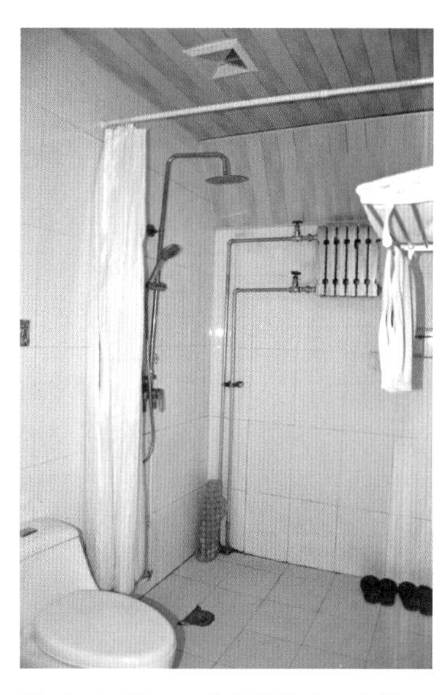

图 10-1-50 双窑套间室内卫生间

方经济作出了一定的贡献。

（六）综合案例——陕县官寨头杜氏窑洞

1. 村落概况

官寨头村占地 36.6 公顷。总体地势西高东低，一条发育完全的天然冲沟自北由东向南依次环绕整个聚落。沟深处可达百米，沟底部有泉水。具有典型的黄土高原冲沟聚落景观特征，村庄内既有塬上开阔的平地，又有沟壑边直立的山崖，复杂的地形条件使这里有靠崖窑、下沉式窑洞和独立式窑洞三种类型，基本涵盖了分布于我国的所有窑洞形式。台塬上有数量众多的地坑院；台塬下有依山就势，在三维空间中层层展开的靠崖窑，独立式窑洞则灵活点缀于村庄中，呈现出各色窑居与黄土高原台塬地貌嵌入式的紧密结合。

当地现存的下沉式窑洞，是在平整的土地上深挖 5～7 米，形成 10～14 米见方的正方形或矩形深坑。而后向院四壁分别挖 2～3 孔窑洞，形成一个由窑洞围合而成的下沉式院落。

2. 窑院概况

位于村北部的杜宅修建于2009年，为当地新建地坑院的实例的代表。院子尺寸13m×16m，院内窑洞共12孔，有主窑、客窑、厨窑、储藏窑等，并结合入口窑洞设置独立卫生间（图10-1-51）；新建地坑院是将基地内黄土利用机器大开挖后砌筑基础和砖箍拱卷结构，之后将挖出的土进行回填。这样的平底而起的下沉式窑洞相较于传统开挖的下沉式窑洞受力更均匀，结构更稳固，能提高原生态下沉式窑洞的安全系数，又能使回填的黄土发挥其夏天隔热、冬天蓄能的生态功能，体现下沉式窑居的生态优势的同时又满足了现代生活功能需求（图10-1-52～图10-1-54）。

3. 施工方法

保持下沉式窑居的冬暖夏凉的生态原理，是对其改造要保留和发扬最为关键的环节。实践采用先挖掘原始土，进而砌筑基础和砖箍拱卷结构，后回填原始土的方法。这样的解决方案基本都是采用中国传统民居的建造技术，只是适当地加以组合和完善，就能提高原生态下沉式窑洞的安全系数。又能使回填的黄土发挥其夏天隔热，冬天蓄能的生态功能，将下沉式窑居的生态优势不仅保留，还做到更有效的发挥。这是对传统窑洞民居原有生态优势激活的一种途径（图10-1-55）。

图10-1-51 杜宅实景照片

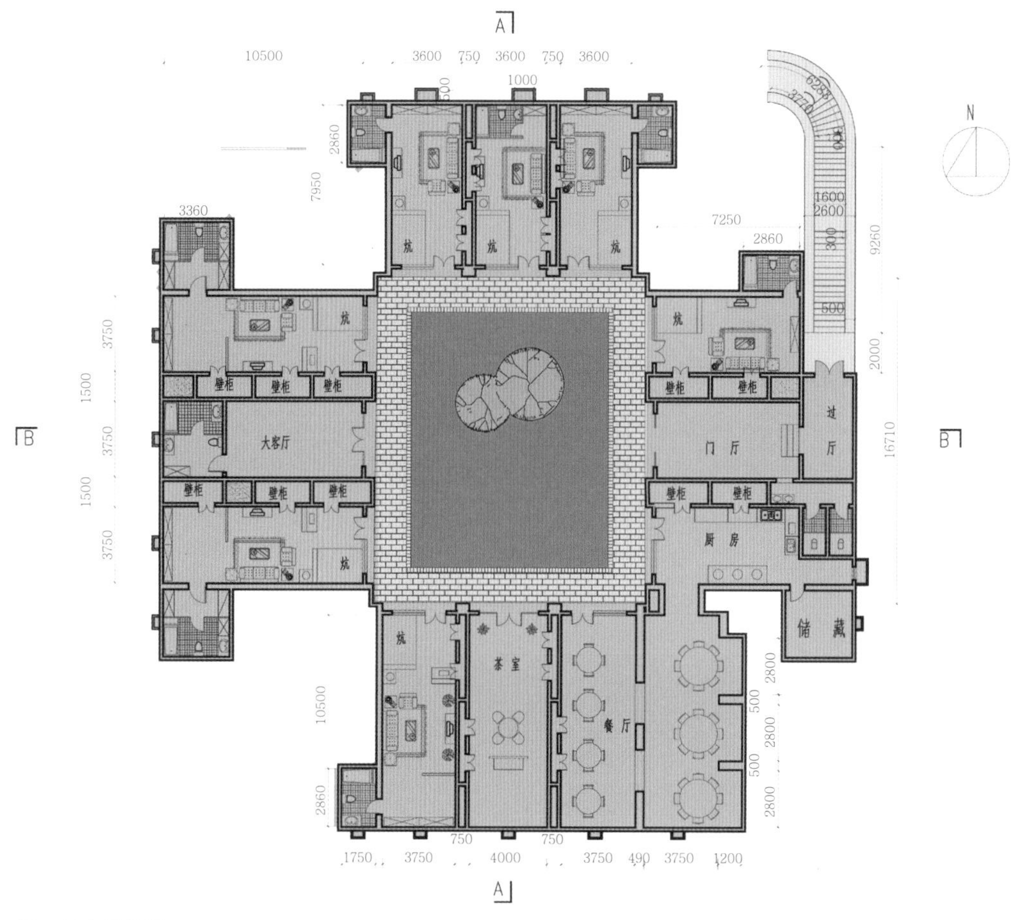

图 10-1-52 杜宅平面图

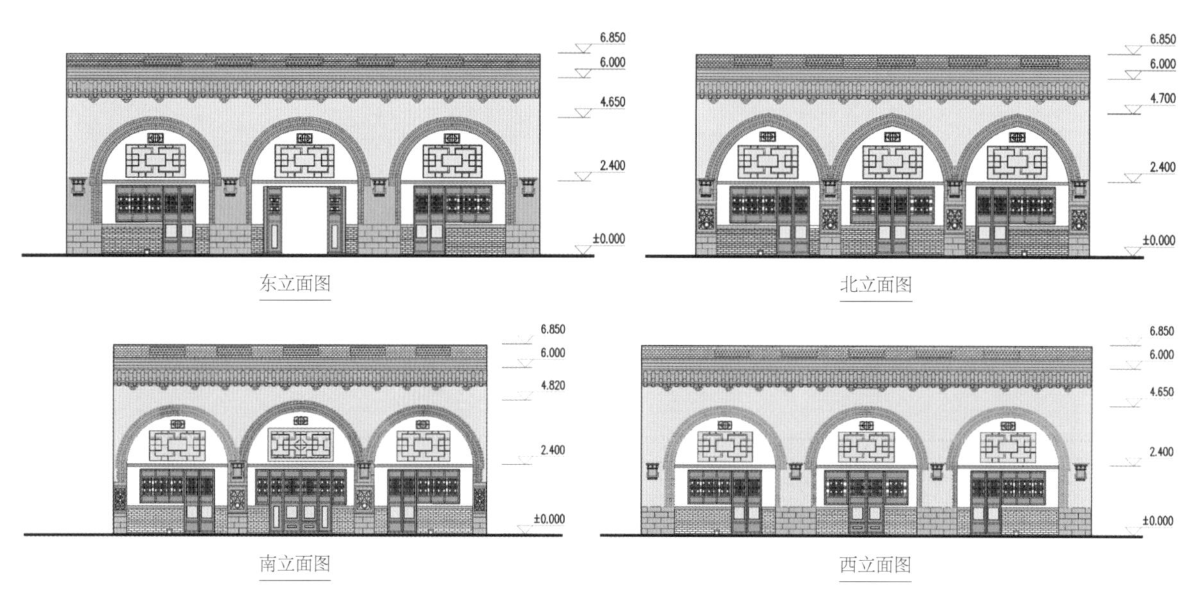

图 10-1-53 杜宅立面图

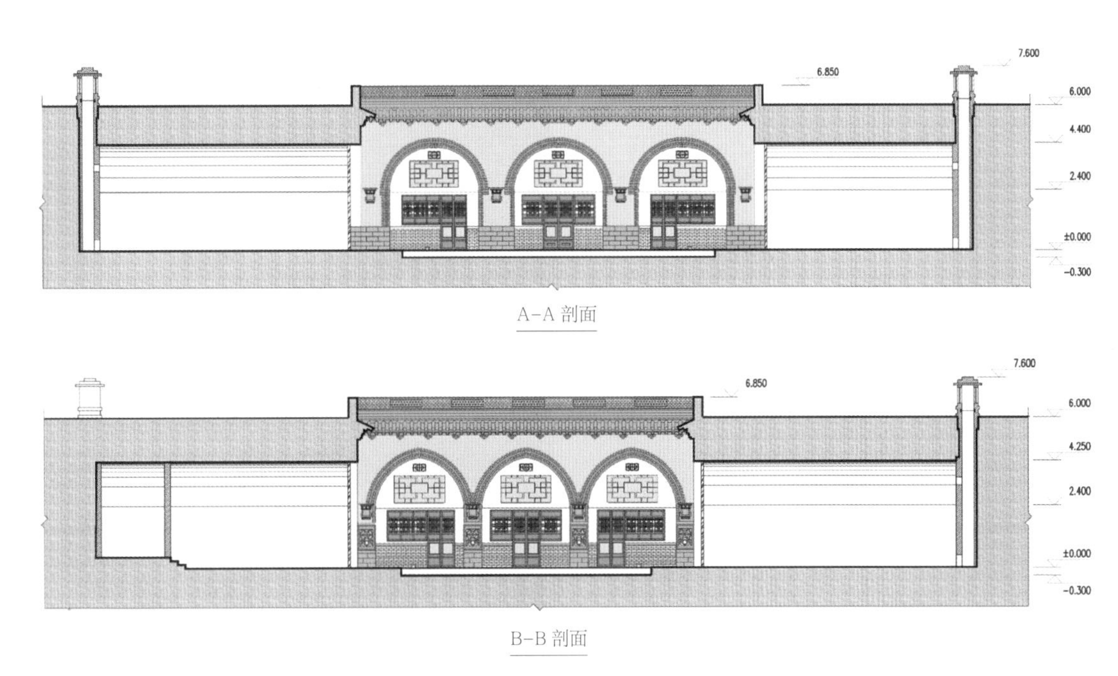

图 10-1-54 杜宅剖面图

图 10-1-55 杜宅施工过程

4. 结构特征

采用砖砌拱券结构替代原生性窑洞黄土拱券结构体系，其目的是为了改善原生态窑洞受当地黄土自身特性的局限致使开间尺寸较小，影响室内采光、通风等室内居住环境。采用砖砌筑结构还要做到保留豫西地区窑洞风貌的多圆心拱卷的形式特征，就需要在设计环节反复推敲，在施工过程中努力尝试，这虽然要耗费大量的时间和投入，但是对于保留地域性建筑文化的作用却是极富价值的。

5. 装饰特征

在适宜的部位装饰带有吉庆图案的石雕和砖雕使原有朴素的建筑形象富有审美意趣，改变人们观念中下沉式窑院贫穷的面貌。在挑檐和门窗的处理上同样采用传统装饰元素。在立面处理上，选用中国传统民居中常见的青砖包裹地坑的四个崖壁，既起到了美化和改良豫西地区原生态下沉式窑院的素面朝天的“落后”面貌，同时也起到保护崖壁的使用效果。通过实例改善人们心目中“只有穷人才会住窑院”的认识。引入中国传统装饰元素的构想在其他民居改造中同样有所尝试，但是要达到预期的效果，就要求在设计前期做到材质搭配的协调和布置的合理性推敲。在本项目中对于下沉式窑洞改造的装饰设计占了非常大工作的比重，为的就是通过实例证明窑洞民居不是贫穷的代名词（图 10-1-56）。

6. 通风系统

因为下沉式窑洞是在平地竖向下挖而产生的内部居住空间，故其先天性缺陷之一就表现在没有立体的循环风道和能促使其产生穿堂风的物质条件，所以传统下沉式窑居的一大发展瓶颈就表现在室内环境潮湿，空气憋闷，使得其较现代住居室内环境具有较大的差异。解决方法就是在窑洞后部增加一个竖向通风井，通过下沉式窑院窑顶与地坪的高差产生的空气循环，创造一个立体通风环境系统，便能很好地解决原生窑居存在的通风、潮湿的问题。

7. 给排水循环系统

前文提到过，三门峡地区年降水量偏少，对于传统原生态窑洞的产生和发展具有较好的优势，但是面对现代生活内容的改变，当地居民用水的需求增加，这就对上水和排水的要求都发生了很大的改变，对于向下挖掘成院落的下沉式窑洞建筑来说就与现代生活的需求发生了矛盾。对于解决这个问题，我们提出了一个蓄水和排水一体化循环系统。在理想的状态下提出一种未来可实施性较高的立体给排水系统。

8. 生态优势

本项目设计采用先将原始黄土开挖，用砖砌结构体系代替原有靠黄土拱券承重结构，之后回填黄土，确保下沉式窑洞具有的生态特性。在引用黄土窑洞防水技术之后，便可以充分利用土地进行合理的种植，做到真正的土地零支出。同时，立体化的种植使得建筑与自然充分结合在一起，靠院落中庭的生态调节功能将下沉式窑洞的“生态基因”尽可能地运用到改造设计中。

图 10-1-56　杜宅建筑细节及院落

窑洞建造全过程采用传统的黄土材料，运用土坯砖制作技术，在结构改造上选取高强度的土坯砖砌筑承重体系代替黄土拱券结构。在充分挖掘下沉式窑洞“生态基因”的同时，创造同时具有较高经济性的窑洞民居建筑。

9. 文化传承

官寨头村位于三门峡市区南区之张湾源东南边陲。官寨头村隶属三门峡市陕县，处于豫西下沉式窑洞民居分布区内。所以在项目设计之初，便要充分考虑到豫西窑洞特有的地域文化特性，如窑洞风貌和风水观念的体现。根据前文提到的豫西下沉式窑洞受风水文化的影响较为深远。因当地人崇尚“天人合一”的理念，在建窑前主人会请当地擅长宅基选址的先生确定窑院的方向、落位和主窑朝向。在充分调研的基础上，对于杜氏下沉式窑院“南离宅院”的格局予以保留（参见平面图）。提取中国传统合院住宅的“文化基因”，激活豫西下沉式窑洞当代新发展。

按照长幼有序的原则划分功能，在立面上采用青砖饰面改变豫西下沉式窑洞的旧有面貌。保留其地域特点，在窑脸墙间设有传统的神龛，并赋予其夜间照明的新功能。

本设计的区域定位依然为陕县官寨头村，所以在设计之初，同样要考虑到豫西窑洞特有的地域文化特性。在设计中充分考虑了院落有受风水思想影响下的院落格局。在推广方面尝试发掘自身潜在的豫西“文化基因”，多途径探讨当代新民居建筑的发展方向。在院落布局和功能定位上应考虑当地居民生产和生活的实际需要来合理设计，力求让使用者可以切实感受到原有院落格局的同时，又能享受改造之后带来的方便与舒适。

二、经验与总结

近年来黄土高原地区村民们的生活水平逐渐提高，人们越来越注重生态化的乡村旅游，兴起了部分窑居旅游度假村，这些当代的窑居主题旅游度假村，有的是在传统老窑洞的基础上加以改造和更新，有的是直接利用地形和现有资源新建，是以窑洞建筑为形式，以窑居文化和黄土高原民俗民风为主题，结合旅游观光、休闲娱乐的一种窑居旅游度假村形式。而这些当代窑居度假村的开发建设，大多是政府、开发商、当地村民的自发营建，在一定程度上还存在一些问题和不足，但是窑洞单体空间等方面相对传统窑洞还是有明显的改善，因此这种新型窑洞的发展无论是对于传统文化的保护还是窑洞建造技术的传承，都有积极的作用。

（一）窑洞群体布局分析

窑洞原有的地形地势、朝向、采光、风向等各种因素决定了一个窑洞在群体布局上的优劣势，也决定了一个窑洞的舒适性与耐久性。山西康乐谷窑居旅游度假村在群体布局上有优势，它主要分布在一个有五条纵向天然沟的坡地。而度假村的建设者也充分尊重原有的地形条件，利用黄土高原的特性，沿每一条沟坡开挖靠崖式窑洞，计划每条沟开挖 1500 孔窑洞。再例如杨家岭石窑宾馆和延安大学窑苑假日酒店这类长排窑洞群，在群体布局上更注重窑洞的朝向、采光，基本都是坐北朝南，采用满堂窗，最大限度地接收阳光的照射。因此，当代窑居旅游度假村在规划设计方面，尽可能多地利用其原有的资源条件、地势地貌等，为其在以后的建设打下了优良的基础。

（二）窑洞单体空间分析

过去传统的窑洞在空间布局上比较简易、单调，而现如今，人们在物质、精神上的追求都有了极大的提高，因此窑洞的发展也越来越现代化，包括窑洞单体空间上的变化，过去窑洞的主要问题是通风和采光，但不是所有窑居度假村都能完美解决的。例如，郑州黄河游览区的窑洞宾馆，室内分为上下两层，也就是现代人们所居住的复式建筑。它的空间布局比较现代，功能相对全面，已经很好地解决了这两大因素。

（三）窑洞建造技术分析

窑洞的建造技术从古至今一直是民间建造智慧和技术的发展和集成。窑洞营造技术多通过师傅带徒弟这样的方式代代相传。现在越来越多的年轻人不愿意再学习这样的技术，营造技艺面临断代的危险。近年来乡村旅游、乡间民宿的兴起，使窑洞建筑获得了新生的机遇。

新型窑洞的建造，为窑洞营造技艺的传承提供了物质载体。在建设时用小型挖土设备取代了传统的人工挖凿；新的结构加固形式，使得窑洞更加坚固，铁制模具取代了传统拱楦的技法，使得搭建的过程更便捷。这些新的技术在山西康乐谷窑居度假村的建设中都能看到。

当然，新型窑洞度假村之类的建筑群也存在着只追求外形而忽视了窑洞结构，传统窑洞是一家一户，5～7孔窑洞建造。如今大规模的连片窑洞的修建也会带来新的安全隐患。

在结构安全性和抗震性方面存在一些隐患，由于窑洞群在建造的地基处理上不甚妥当，导致其在投入运营后会出现窑腿整体下陷的情况。并且，对于这种成排的窑洞群而言，在窑洞的侧推力问题上要非常严谨，对窑洞侧推力这一问题的解决措施包括以下四种：①在尽端窑洞内部设置水平拉筋。②成排窑洞尽端增加平屋顶的房子；③增加端部墙的厚度。延安大学窑苑假日酒店，在安全性和抗震性上的处理相对较好，利用每排窑洞的垂直楼梯空间作为抵抗水平推力的厚墙，很好地利用了空间。④长排连续多孔窑洞的修建一定要在中部增加几道抗侧推力的厚实墙体。

（四）窑洞舒适度分析

窑洞建筑从古至今数千年的传承和发展，足以说明这是一种适宜居住的建筑形式。但是窑洞固有的通风不良、采光较差和户型单一的问题，也使越来越多的年轻人不愿意居住其中。新型窑洞的发展，丰富了窑洞的平面布局，使窑洞户型丰富多样，更出现了像郑州黄河游览区中的复式窑洞别墅，和山西康乐谷窑居度假村中一室一厅、两室一厅的多种户型等。窑洞内壁都进行了粉刷，相对传统窑洞增加了光照度，并且铺设地板砖或木地板，增加了窑洞的舒适度。

在基础设施上，运用现代的技术，解决通风、采光的问题。现代窑洞都配置数字电视、网络、空调、采暖设备等设施，在享受窑洞建筑传统优点的同时，又满足对现代生活便利性和生活品质的需求。这样的新型窑洞是符合当代社会发展潮流的。

（五）传统文化的保护和传承分析

窑洞营造技艺一旦失传，窑洞建筑这一独特的建筑类型将会消失，而附着在这一建筑类型之上的窑居文化、民俗文化都将不存在。这些与窑洞民居相伴而生的文化是中华文明数千年的历史积淀，比如作为窑洞外部装饰的雕刻艺术，窑洞内部装饰的炕围画、剪纸，与窑洞相关的婚丧嫁娶等民俗节庆，这些都是宝贵的非物质文化遗产。在新型窑居旅游度假村中，使得这些传统文化有了新的载体。可以看到，在延安大学窑苑宾馆内部的装饰上，采用了炕的形式，之上还有精美的炕围画。印斗镇村民自建的新型窑洞，虽然雕刻艺术过于繁复，但也在一定程度上使得窑洞建筑的雕刻艺术得以传承。郑州黄河游览区中地质博物馆的民俗展示区，利用原本的靠山式窑洞，做民俗文化的展厅，按照餐饮文化、婚俗、节俗等主题，将这些与窑洞有关的传统文化展示出来，被更多的人得以了解。这对于传统文化的传承和保护有着积极的作用。

在延安民俗文化影视城，这种以陕西文化为特色主题的窑洞旅游风情园，在园中建有模仿姜耀祖庄园的窑洞，也有作为旅游住宿的陕北窑洞群，以旅游景区的方式将窑洞这种独特的建筑展现给大家，更好地将传统文化保护和发展下去。

但是在新型窑洞建筑蓬勃发展的同时，也存在建设水平良莠不齐的情况。部分建设过程中，只注重表面的模仿，并没有体现窑洞的文化内涵。有些开发商急功近利，导致建造工艺粗糙，工程质量差。这些都是在以后的建设中应加以避免和提升的。

总体而言，传统的窑居建筑正随着时代的步伐进行着自身的传承与更新，也让我们不断地思考，以窑居建筑为代表的新乡土建筑的未来如何发展。

第二节　思考——新乡土建筑的未来

乡土建筑以一种道法自然，人类和环境共生的传统绿色价值观，千百年来一直存在于中国的广大乡村。它很好地利用了原生态的土地，最大程度地节约了能源消耗，同时又节约了建筑所使用的土地以及对于生态环境的问题也起到了很好的保护作用，还有那浓郁的乡土所独有的特色，这都是值得我们去思考的问题。

近年来，随着信息网络技术的发展，社会结构、城市功能和生活模式均发生了极大的变化。传统的文化隔离机制日益减弱，时空概念也发生了巨变；地域界线的模糊化，使传统乡土建筑的产生机制受到破坏；同时，大众传播媒体的应用和跨国经济的影响，使文化交流日益广泛；各国建筑文化的发展超越封闭自律的阶段，而受到全球性文化的影响。

抛弃“传统与现代”、“本土与外来”、“地域性与国际性”等二元对立的思维方法，在许多场合，它们相互融合，相得益彰，完全可以“多边互补”，进而满足人们多元的审美要求和多样化的功能需要。“行动放眼全球，思索立足地方”已成为各国政府和跨国公司的立世态度。

同样，置文化差异于不顾，强行套用普适性的做法已经不合时宜了。全球化环境下国际式建筑的泛滥、建筑和城市文化特色的消失，使人们越来越意识到传承传统建筑文化与乡土地域关联的重要性与紧迫性。在全球化时代，要避免文化趋同，就意味着要打破狭窄的地域视野，摒弃封闭、保守的文化观念，努力发掘地域文化精华，应用新技术和新材料，根据当地条件和现代生活方式，创造最符合生态节能原理和经济规律的建筑。只有这样，才能满足乡土文化可持续发展的时代要求。新乡土建筑创造方法，已成为化解传统地域文化与现代技术诸多矛盾的一剂良方。事实上，近年来，创造当代新乡土建筑文化，已成为众多建筑师的追求目标。新乡土建筑的发展方向也越来越被大家关注。[①]

一、乡土建筑多元化应用

社会的变革，多元文化的冲击，使得新老建筑风格由对立走向融合和共生，乡土建筑因其特有的文化内涵和社会背景成为了许多新型建筑的创作源泉。乡土建筑不再仅仅满足居住的需要，越来越多的新功能建筑也吸收乡土建筑的结构形式、建筑材料、文化元素等，创造出了新型的乡土建筑或地域性建筑。例如，延安这个城市，因其地处黄土高原，窑洞民居自古以来都是延安人民居住的重要建筑类型。延安城市街头的很多公共建筑都以窑洞元素作为建筑的设计要素，这使城市在发展的同时具有独特的地域特色和城市风貌。延安

① 金河．传承窑洞文明 发展绿色建筑 [D]. 长春：东北师范大学，2015.

图 10-2-1　延安新闻纪念馆

图 10-2-2　延安新闻纪念馆细部

新闻纪念馆背依清凉山，在建筑的造型上采取了窑洞的形式（图 10-2-1、图 10-2-2）。建筑共有四层，结合地形层层后退，使得建筑充满地域特色，与环境有机结合。但是建筑又不是完全的复制传统，它利用新的技术、新的材料，结合建筑的实际功能，在建筑造型上符合纪念性建筑的特点，创造出了符合时代发展的新乡土建筑，这是在传承中的创新。

二、与新型绿色建筑技术融合

窑洞凝聚着黄土高原人民的智慧和建筑经验，不仅冬暖夏凉，而且节能、节地、防震、防尘、防风、防暴、隔声、洁净、安静、就地取材、易于施工、造价低廉，有利于生态平衡及保护原有自然风景。绿色建筑的节能、节约资源、适应特殊的区域气候、与区域环境协调、满足人类的居住生活需求五大特征，窑洞享有其中四个。窑居生活是人类健康、环保的生活方式，同时这种自然的生活方式也给现代建筑以启迪。

从技术层面上来讲，在科学技术日益发展的今天，窑洞这类乡土建筑的未来也应该和新型绿色建筑技术相结合，例如人们完全有可能利用高科技水平制造出高性能的保温、隔热、隔声材料，利用该材料，通过合理的设计和施工，可在目前的民居（含各种结构形式）中营造出窑洞的热环境，即在外形上不似窑洞，功能上逼近窑洞。

新型绿色建筑“城市窑洞”的研究思路是：对现有无机保温材料进行改进，研发出高性能的保温材料，将其用于民用建筑。通过合理的设计和施工，进行建筑室内保温，将建筑室内温度波动维持在非常小的波幅范围内，营造出冬暖夏凉的室内环境，使城市建筑室内热环境接近窑洞热环境。使建筑在有效满足各种实用功能的同时，成为有益于使用者身心健康的绿色住宅。[①]

再比如绿色窑洞设计的典范枣园绿色窑洞。新的乡土建筑应当改善空间，邻里组团，利用山势地形结合坡地高差错台布置不同层高的窑院，充分节约土地；有效利用资源能源，将现代科技运用到古老生态建筑中，创造充分利用自然能源和可再生资源的自平衡的生态窑居，结合生态农业，利用庭院窑顶种植经济作物；利用太阳能逐步调整住区耗能结构，达到节能和环保的目的；采取地沟的构造方式，利用土壤的恒温性调节室内空气质量；综合生活、生产需要，多级有效利用水资源；利用现代技术和建筑材料提高居住质量，延长居住寿命。[①] 只有这样，在时代的推进下，窑

① 李珠，杨卓强，孙铭壕．新型绿色建筑——城市窑洞研究 [J]. 山西建筑，2007（12）.
② 胡云杰，赵建利，王军．黄土窑洞到绿色住区的研究 [J]. 洛阳大学学报，1998（12）.

洞这类乡土建筑才不会随着时间的流逝而消逝。

三、新乡土建筑的发展趋势

乡土建筑不仅是地方群众审美选择的结果，更是长期生活中总结出来的适合当地环境的生活方式。而新乡土建筑来源于传统乡土建筑，但它并非是对其建筑形式肤浅的模仿和建筑符号的生搬硬套，相比于传统乡土建筑，它更具有代表性，更关注在当代建筑设计的理论原则，更能为现代生活提供方便、高效的功能使用。新乡土建筑未来的发展主要有以下几点趋势：

1. 乡土语言的运用与创新

运用于新乡土建筑中的内涵创新，不应该拘泥于其形式，对于新乡土建筑的设计，建筑应进行创新性表达。对于传统乡土建筑的内在逻辑、智慧，只有建筑师去深入了解其文化、内涵所产生的原因，才能更好地表达，而不是简单克隆。这样，才能体现建筑的地方性和时代性。对于乡土建筑中隐含的语言进行简化性、隐喻性的表达，不仅能在新乡土建筑中找到传统民居文化的本源，更使得新乡土很好地体现时代性与地方性。

2. 乡土材料的运用与创新

新乡土建筑的材料选择不应该局限于传统材料，材料的运用形式更应该丰富起来：（1）传统材料演绎新形式；（2）现代材料表达乡土性；（3）新材料与传统材料的对比融合；（4）对于传统建材特性的充分利用。例如，生土材料的应用、泥砖的防潮利用等。

3. 适宜技术的运用

传统乡土建筑的技术是祖辈经验的传承表达，基本上是一种低技术的展现，但也包含着前人的建筑智慧与建筑逻辑，有许多是现代建筑所缺失的。现代化的技术带来的是高新技术的应用，在新乡土建筑中要融合高、中、低技术的运用，才能实现适宜技术的普适性，也是时代化与地区化的良性融合。[①]

新乡土建筑是如今建筑全球化与建筑自身地域性碰撞中产生的必然结果，也是如今中国一部分优秀建筑师所奋力追求的建筑情怀。然而，我国的新乡土建筑还在起步阶段，在建筑设计中还存在诸多问题，如很多新乡土建筑还是停留在对形的模仿和象征，而缺少对空间的设计；细部设计不够深入，经不起考究等。[②]但我们有理由相信，随着我国新乡土建筑设计水平的提高，以及我国建筑师在新乡土领域下越来越多的探索，这些问题一定会逐渐解决，我国的新乡土建筑也会随之到达一个新的高度。[④]

第三节　小结

在全球化环境下，作为一种对文化趋同的抗争，人们格外维护地域特色；而在当今可持续发展的理念下，将绿色技术与乡土建筑结合，已经成为时代发展的趋势。在这种追求绿色技术与传统人文结合的观念影响下，将绿色技术与地理气候、地域环境、乡土文化以及建筑营造方法相结合，追求既有信息、智能以及生态技术功能，又充满地域文化特色的建筑创作，无疑将是日后新乡土建筑的发展方向。[④]

① 刘阳，林海威．以新旧乡土建筑的对比关联谈新乡土建筑的发展 [D]. 山西建筑，2016，6.
② 支文军．中国新乡土建筑的当代策略 [D]. 时代建筑，2016（12）：82-86.
③ 王博伦．中国新乡土语境下的建筑实践思考 [D]. 中外建筑，2017，9.
④ 朱金良．当代中国新乡土建筑创作实践研究 [D]. 上海：同济大学，2006：66-70.

附录一　各地窑洞匠人名录

省	序号	姓名	年龄	地点	擅长技艺	照片	拍摄时间	荣誉	备注
陕西省	1	李长江	—	米脂县	建造窑洞、窑洞文化		2015年5月29日	—	—
	2	常侯平	—	绥德常家沟村	窑洞大工			—	—
	3	李师傅	—	佳县	窑洞建造		2015年5月28日	—	对佳县一带窑洞很熟悉
	4	孙德世	—	佳县峪口村	造纸		2015年5月28日	厂长	“峪口麻纸”传承人
	5	申仲远	—	子洲电市镇	窑洞建造		申仲远	—	—

续表

省	序号	姓名	年龄	地点	擅长技艺	照片	拍摄时间	荣誉	备注
陕西省	6	申海洋	—	子洲电市镇	风水、堪舆		2015 年 9 月 19 日	—	—
	7	武益昌	—	子洲武家坪	窑洞建造		2015 年 9 月 19 日	—	—
	8	郑金全	1951 年生	澄城县	砖窑建造		2015 年 12 月 16 日	—	—
	9	任忠义	1951 年生	澄城县	砖窑建造		2015 年 12 月 16 日	—	—
	10	蔡师傅	—	澄城县	木雕匠人	无照片			

续表

省	序号	姓名	年龄	地点	擅长技艺	照片	拍摄时间	荣誉	备注
陕西省	11	叶树林	74 岁	子洲县	窑洞门窗制作		2019年10月13日	—	从业时间：1964 年至今 木匠技艺学习方式：自学
	12	高能厚	82 岁	安塞县	窑洞门窗制作		2020 年 4 月 20 日	—	从业时间：1957～1977 年 木匠技艺学习方式：从师 现已退休
	13	呼四强	55 岁	清涧县	窑洞门窗制作		2020 年 4 月 28 日	—	从业时间：1983 年至今 木匠技艺学习方式：从师
	14	吴凤才	80 岁	延安市安塞区魏塔村	石匠 建造石窑洞		2020年10月17日	—	

续表

省	序号	姓名	年龄	地点	擅长技艺	照片	拍摄时间	荣誉	备注
山西省	1	白根应	1962 年生	临县碛口镇	建造石窑洞		2015 年 6 月 22 日	—	—
	2	孙宇廷	1939 年生	阳曲县东黄水镇	各种窑洞		2015 年 7 月 2 日	—	—
	3	尉龙兴	1952 年生	临汾市土门镇东羊村	全把式（独立式为主）		2015 年 9 月 17 日	—	—

续表

省	序号	姓名	年龄	地点	擅长技艺	照片	拍摄时间	荣誉	备注
山西省	4	朱杨镇	1942年生	临汾市土门镇东羊村	全把式（独立式为主）		2015年9月17日	—	—
	5	陈天全	1928年生	临汾市土门镇东羊村	全把式（独立式为主）		2015年9月17日	—	权威
	6	刘连波	1951年生	临汾市浮山市涧头村	独立式砖窑		2015年9月18日，杨宏博摄	—	—

续表

省	序号	姓名	年龄	地点	擅长技艺	照片	拍摄时间	荣誉	备注
山西省	7	吴吉德	1929 年生	临汾市浮山市梁村	全把式（靠山式为主）		2015 年 9 月 18 日	—	年龄略大，交流有障碍
	8	师润生	1962 年生	临汾市汾西县师家沟	全把式（独立式为主）		2015 年 9 月 19 日	—	虽然年轻，但知识丰富
河南省	1	关帮群	—	陕县人马寨村	建窑、记录写作		2015 年 6 月	编写村志、窑洞传统技艺与文化手稿	—
	2	王润牛	1949 年生	陕县人马寨村	建窑技术		2015 年 6 月	地坑院窑洞建造技艺市级传承人	—
	3	王四虎	—	陕县人马寨村	打窑、刷洗窑洞		2009 年	地坑院窑洞建造技艺省级传承人	—

续表

省	序号	姓名	年龄	地点	擅长技艺	照片	拍摄时间	荣誉	备注
河南省	4	王友刚	—	陕县人马寨村	拦马墙、眼睫毛		2009 年	地坑院窑洞建造技艺砖瓦匠	—
	5	曹润才	—	陕县西张村镇窑头村	风水民俗类	—	—	—	—
	6	李军让	—	陕县西张村镇赵村	风水民俗类	—	—	—	—
	7	霍万仓	—	陕县西张村镇太阳村	泥瓦工类	—	—	—	—
	8	安天明	—	陕县西张村镇人马寨村	木工类（门窗）：制作木质门窗	—	—	—	—
	9	王怀让	—	陕县西张村镇人马寨村	木工类（门窗）：制作木质门窗	—	—	—	—
	10	王石头	—	陕县西张村镇人马寨村	木工类（刻花）：门窗的花格雕刻	—	—	—	—
	11	王小庆	—	陕县西张村镇人马寨村	土工类	—	—	—	—
	12	王永定	—	陕县西张村镇人马寨村	土工类	——	—	—	—
	13	霍金定	—	陕县西张村人马寨村	土木类		—	—	—
	14	王守贤	—	山西平陆张店镇张店村	土工类，修窑		—	—	—

续表

省	序号	姓名	年龄	地点	擅长技艺	照片	拍摄时间	荣誉	备注
河南省	13	王驰	—	陕县西张村镇人马寨村	土工类，同时制作澄泥砚、建窑洞	—	—	—	—
甘肃省	1	夏颜博	—	环县曲子镇双城村东沟	靠山窑		2015 年 12 月 8 日	—	—
	2	曼富贵	—	环县曲子镇	靠山窑（土匠）		2015 年 12 月 8 日	—	—
宁夏回族自治区	1	王彦钰	1974 年生	吴忠市同心县王团镇南村	旱箍窑（独立式土窑洞）		2016 年 8 月 15 日	—	—
	2	曹儒博	1932 年生	固原市海原县西安乡小河村	旱箍窑（独立式土窑洞）		2016 年 8 月 15 日	—	—

附录二　《中国传统窑洞民居营造技艺》各章节俚语汇总

（共计 74 个俚语）

第三章　中国传统窑洞民居影响因素与空间特征

1. 炕围子：窑洞民居中炕上围着的起装饰性的剪纸图画。

2. 蛰庐：12 孔砖拱窑洞形成回廊的窑洞组合：其外部由砖砌的檐廊覆盖了大半个窑脸。

3. 牛腿：条石的俗称，接口土窑、石拱窑和砖拱窑普遍采用的一种挑檐。在窑腿正上方的窑顶部位。

4. 墙面子：明窑面墙一与窑口不在一个立面上，而是进去 30 ~ 40cm。

5. 怀山：指宅前的山峁。

6. 刀把院：宅基处在“死胡同”的尽头供行人走路的这条巷道比作刀把，宅基为尽头一家，其院落形似刀面，主窑恰处在刀刃部位。

7. 帮基：以砌垒砖石的办法提高地基。

8. 花红：旧时为红绸子，时下多为红缎被面。

9. 口砖：合龙口时正中所留的口子为龙口，预备填充的一块窑面石或窑面砖。

10. 暖窑：乡亲四邻带着一种非常强烈的祝贺情感，参与庆祝窑洞主人搬入新居，是有着重大意义的活动。

第四章　中国传统窑洞民居的技术要素

1. 踏步差（山西碛口）：基础深度跟窑洞层数以及结构有关，为保证受力合理，宽度一般比设计窑腿略宽，这个差值叫做“踏步差”。

2. 七层一刃（山西临汾）：所谓“七层一刃”就是窑腿一般在砌筑的时候最外皮为砖实砌，内部用杂物填实即可，每砌到七皮砖的位置时用砖实砌一层，砖起一道加固梁的作用，两道加固梁之间的窑腿只有外皮是砖，内部填充为一层泥一层杂物。

3. 平桩（山西碛口）：独立式窑洞的窑腿垒到开始起拱位置的高度。

第五章　靠山式窑洞民居建造技术

1. 跺墙：掏烟洞的工具（甘肃庆阳一带叫法）。

2. 洗窑：又名刷窑，是指在粗挖结束后，找有经验的土工将窑洞表面修整得平整、光滑，并使进深方向与崖面保持垂直。

3. 门墩：是放在门扣下面的垫木，左右各一块，用来固定门扇。

第六章　下沉式窑洞民居建造技术

1. 腰线：窑洞内部墙壁与拱顶交接处。

2. 券角：即发券点，立面垂直壁线与拱线处相交点。

3. 马眼：存放粮食的窑洞顶部开一个直通地面的小洞，晒干的粮食可直接从地面灌入粮囤中。

4. 窑瓣：是指窑口上部弧形拱券与崖面相交的边缘部分，其做法很注重艺术性，用青砖砌筑。

5. 竖裱砖：砖的 24cm × 12cm 面向外呈现放射状布置。

6. 卧砖：砖的 3cm × 12cm 面向外连续布置。

7. 兜砖：砖的 3cm × 6cm 面向外连续布置。

8. 狗牙砖：檐口第二层将砖斜置，将砖角伸出拔砖之外，像一排牙齿一样形成狗牙砖。

9. 拔砖：砌筑檐口时砖的边界与崖面保持在同一平面。

10. 跑砖：砖放在狗牙砖上，24cm×12cm面向上。

11. 抄瓦：瓦沟朝上放置。

12. 带帽：指做拦马墙，又称为戴帽，是指地坑院的崖面最上端一圈青砖矮墙。

13. 穿靴：也称建脚，是把窑腿下面离院心地面一尺二寸的地方用砖砌筑一圈踢脚，防止雨水溅湿窑腿，俗称穿靴，使窑腿更加坚固、耐久。

14. 羊眼：在门扇做好后在外部上边分别钉上一个铁质的圈，供锁门用。

15. 门也吊：指门上的门扣，与羊眼一起锁门用。

16. 老门：窑脸上的内门。

17. 风门：放置在门框外的一种保护门，可以防止灰尘飞入屋内，又不影响屋内采光。

18. 门墩：是放在门扣下面的垫木，左右各一块，用来固定门扇。

19. 门鱼：每扇门上各有一个，因形状像鱼而得名，中间有一个圆孔用来固定门钻。

20. 脑窗：位于窑脸最上方的窗户，多为横卧式长方形。

21. 扎窑隔：是指在窑洞入口处用青砖、胡墼砌筑填充墙，与安置门窗同时进行。

22. 拦马墙：地面部分四周砌一圈青砖矮墙，俗称拦马墙，也称女儿墙。

23. 钉窖：挖好的水窖需要作防渗处理，称为“钉窖”。所谓“钉”，就是用红黏土和泥，做成半尺长的泥条，作为钉窖的“钉子”。

第七章 独立式窑洞民居建造技术

1. 屋儿：也称“厨屋”，是集居住、做饭、吃饭、会客于一体的综合性场所。

2. 柱：窑腿。

3. 插花墙：不用灰、泥粘合，仅以片石平垒或竖插石墙。

4. 拱楦（xuàn）：指窑洞上部弧形部分的模具。

5. 四明头：就是指前、后、左、右四头（即四面）都不利用自然土体而独立在明处，四面都得人工砌造的独立式窑洞。

6. “长木匠，短铁匠，泥匠短下泥补上”：两家相邻建窑时，如果相接的部位无法遵循工字缝的原则，可在空缺部位放置小一些的砖块或石块，有时也会出现对缝的情况。

7. 脑畔：窑顶。

8. 杵子：杵打坯，制作土坯工具（青海地区）。

9. 打胡墼：制作土坯砖的过程（青海地区）。

10. 垫垡：西海固地区很多地方流传一种更为简便的制作土坯砖的法子：在每年麦收后，将留有麦茬的麦田浇水浸泡，待其水分稍干，便用石磙碾压平实，然后用一种特制的平板锹裁挖出一块块长约30cm、宽约20cm、厚约15cm的土坯。

11. 干打垒（版筑）：夯筑土墙的过程（青海地区）。

12. 金镶玉：填心墙，也称“金镶玉”，内填土坯，外砌砖块。

13. 谢土：合龙口时，正中窑顶上预留的口石位置再贴一张上写“姜太公在此百无禁忌大吉大利”的小红纸条，便在安放口石的地方点上三炷香，烧三张黄表纸，磕三个头。

14. “北高不算高，南高压断腰”：山西不少地区流传着的俗语，指的是对于几家相邻而建的房屋，忌南邻和西邻高于自己。

15. 界沟：即地基。

16. 码头石（马头石）：码头石是窑腿之下用于奠基的整块的石头，要求宽度略宽于或等于窑腿的宽度。

17. 掏马巷：在有部分土崖可以利用的地区，将土崖顶部削平，按照窑洞的规划向内掏挖出四条巷道，作为窑腿。

18. 吵窑：暖窑的头天晚上亲朋好友都来饮酒玩乐，俗称“吵窑”。

19. 交口：双心拱、三心拱窑洞起拱的圆心距

20. 锁叉：在两窑腿相接的位置内部，用砖、石、泥土等填充，夯实。

21. 一明两暗（一堂两卧）：三孔窑洞并联（有两孔通道窑联结）的形式。

22. “三锨九杵子，二十四个脚底子”：即将模具放在一块平整的石板上，加三锨土料；用脚将土踏实，需要移动脚步六次；有经验的工匠只用三夯。

23. 帮：即边桩，窑洞最外侧的两只窑腿。

24. 窑背：即窑掌。

25. 面子：包括门窗、窑檐等。

26. 饱楦：在修窑的土台上修出窑洞形状的土坯子，然后在土坯子上插石修建，这种工序称为“饱楦”。

27. 坂帮：支楦成功后，接着在窑楦上插石头片子，即坂帮。

28. 安口：即在窑洞弧顶砌石头。

29. 添叉：即在两个窑洞相接的倒三角地带添砌石头。

30. 套顶：即在窑洞顶以上加盖的第一层石头。

31. 拉楦：在搭建模具的时候只用搭接一段，在这段模具上摆放砖石，待搭好后，将模具后移，再搭建下一段，直至搭满整个拱券。这一方法在山西地区称为“拉楦”。

32. 插楦：模具的搭建只需要按照窑洞的宽度、拱顶的高度、拱形的弧度提前用木板或者木条预制好拱形模具。模具的厚度约为20cm。沿着模具从两侧向中间摆放砖石，一段摆好后向后拉模具继续摆放砖石，直至搭好整个拱券。

33. 爬砖：在边桩的内侧从下向上垒砖，每垒九层，在土墙上开槽，横插入一块砖，从前到后依次排开。砖与土墙之前用小砖块和泥塞实，依次向上。

参考文献

REFERENCE

[1] 侯继尧，任志远，周培南，李传泽 . 窑洞民居 [M]. 北京：中国建筑工业出版社，1989.
[2] 侯继尧，王军 . 中国窑洞 [M]. 郑州：河南科学技术出版社，1999.
[3] 王军 . 西北民居 [M]. 北京：中国建筑工业出版社，2009.
[4] 周若祁等 . 绿色建筑体系与黄土高原基本聚居模式 [M]. 北京：中国建筑工业出版社，2007：9.
[5] 梁思成 . 梁思成谈建筑 [M]. 北京：当代世界出版社，2006：3.
[6] 尹弘基 . 论中国古代风水的起源和发展 [J]. 自然科学史研究，1989：84–89.
[7] 王金平 . 山西民居 [M]. 北京：中国建筑工业出版社，2009.
[8] 吴昊 . 陕北窑洞民居 [M]. 北京：中国建筑工业出版社，2008.
[9] 王文权，王会青 . 高原民居：陕北窑洞文化考察 [M]. 西安：陕西师范大学出版社，2016.
[10] 左满常 . 河南民居 [M]. 北京：中国建筑工业出版社，2012.
[11] 王徽等 . 窑洞地坑院营造技艺 [M]. 合肥：安徽科学技术出版社，2013.
[12] 霍耀中，刘沛林 . 黄土高原聚落景观与乡土文化 [M]. 北京：中国建筑工业出版社，2013.
[13] 李锐，杨文治等 . 中国黄土高原研究与展望[M]. 北京：科学出版社，2008.
[14] 平遥古城与民居 [M]. 天津：天津大学出版社，2000.
[15] 郭冰庐 . 窑洞民俗文化 [M]. 西安：西安地图出版社，2004.
[16]（美）拉普普著 . 住屋形式与文化 [M]. 张玫玫译 . 台北：境与象出版社，1997：107.
[17] 杨鸿勋 . 建筑考古学论文集 [M]. 北京：文物出版社，1987：289.
[18] 侯继尧，赵树德 . 元代黄土窑洞遗存考见 [C]. 中国建筑学会窑洞生土建筑第三次学术会议论文集，1984.
[19] 郭黛姮 . 中国古代建筑史・第三卷・宋、辽、金、西夏建筑 [M]. 北京：中国建筑工业出版社，2003.
[20] 宁夏文物遗址考古研究所，中国历史博物馆考古部 . 宁夏菜园——新石器时代遗址墓葬发掘报告 [M]. 北京：科学出版社，2003
[21] 荆其敏 . 覆土建筑 [M]. 天津：天津科学技术出版社，1988.
[22]（南宋）郑刚中 . 西征道里记 [M].

[23] 朱千祥等．生土房屋建筑设计与施工 [M]. 福州：福建教育出版社，1988.

[24] 吉・戈兰尼．掩土建筑 [M]. 北京：中国建筑工业出版社，1987.

[25] 费麟．建筑设计资料集 6[M]. 北京：中国建筑工业出版社，1994.

[26] 窑洞考察团．生きている地下住居——中国の黄土高原に暮らす 4000 万人（アーキテクチュアドラマチック）[M].（日）彰国社，1988.

[27] 夏云，夏葵．生态建筑与建筑的持续发展 [J]. 建筑学报，1995（6）：4–9.

[28] 刘加平．黄土高原新型窑居建筑 [J]. 建筑与文化，2007（6）.

[29] 王竹，周庆华．为拥有可持续发展的家园而设计——从一个陕北小山村的规划设计谈起 [J]. 建筑学报，1996（5）：33–38.

[30] 王竹．黄土高原绿色住区模式研究构想 [J]. 建筑学报，1997（7）：13–17，67.

[31] 刘克成．绿色建筑体系及其研究 [J]. 新建筑，1997（4）：11–13.

[32] 贺勇．陕北黄土高原绿色住区初探——从延安枣园村的绿色住区建设谈其研究方法与规划设计原则 [J]. 新建筑，1997（4）：30–32.

[33] 河北武安磁山新石器遗址试掘 [J]. 考古，1977（6）.

[34] 河南密县池北岗新石器时代遗址 [J]. 考古学集刊，（1）.

[35] 中国社会科学院考古研究所，青海省文物考古研究所．青海民和喇家遗址 2000 年发掘简报 [J]. 考古，2002（12）.

[36] 雷向杰等．陕西气象影响研究 [Z]. 陕西省气象资料室

[37] 童丽萍，韩翠萍．黄土材料和黄土窑洞构造 [J]. 施工技术，2008（2）：107–108.

[38] 童丽萍，张晓萍．濒于失传的生土窑居营造技术探微 [J]. 施工技术，2007（11）：90–92.

[39] 童丽萍，张晓萍．土窑居的存在价值探讨[J]. 建筑科学，2007（12）.

[40] 李秋香．窑洞民居的类型布局及建造 [J]. 建筑史论文集，2000（2）：149–157，230.

[41] 王崇恩，朱向东．山西店头村古代石窑洞群营造技术探析 [J]. 古建园林技术，2010（2）：43–45.

[42] 井晓娟．有关窑洞的结构和建造 [J]. 内江科技，2012（2）：42，64.

[43] 李红光，张东，刘宇清．河南陕县地坑院民居及其营造技艺 [J]. 四

川建筑科学研究，2013（1）：225-228.

[44] 撒小虎 . 窑洞：孕育陕北文化的摇篮——陕北窑洞建造技艺 [J]. 文化月刊，2014（5）：88-91

[45] 潘曦，朱宗周 . 平定传统锢窑营造技艺调查 [J]. 建筑史，2016（37）：160-174.

[46] 尤屹峰 . 箍窑 [J]. 飞天，2016（5）：72-76.

[47] 张虎元，赵天宇，王旭东 . 中国古代土工建造方法 [J]. 敦煌研究，2008（5）：81-90，125.

[48] 景可，陈永宗 . 黄土高原侵蚀环境与侵蚀速率的初步研究 [J]. 地理研究，1983（2）：1-11.

[49] 马成俊 . 下沉式窑洞民居的传承研究和改造实践 [D]. 西安：西安建筑科技大学，2009.

[50] 刘亚栋 . 渭北地区典型独立式窑洞建筑研究 [D]. 西安：西安建筑科技大学，2015

[51] 靳亦冰，马健，王军 . 甘肃陇东地区生土民居营建研究 [D]. 建筑与文化，2010.

[52] 闫竹玲，杨红霞 . 谈陕北窑洞面临的问题与解决对策 [J]. 低温建筑技术，2013（11）.

[53] 吴成基，甘枝茂，孟彩萍 . 陕北黄土丘陵区窑洞稳定性分析 [J]. 陕西师范大学学报（自然科学版），2005，33（3）：119-122.

[54] 赵占雄，赵世光，胡燕妮 . 黄土窑洞适宜性分析——以庆阳地区为例 [J]. 建筑科学，2010（12）.

[55] 谢浩 . 从黄土高原窑洞到现代掩土建筑 [J]. 混凝土世界，2009（9）.

[56] 崔玲，王波，王燕飞 . 窑洞的生态优势及其在现代建筑中的体现 [J]. 河南科技大学学报（社会科学版），2003.

[57] 王立昕 . 旧瓶装新酒——浅谈掩土建筑的复兴 [J]. 建筑创作，2004（5）.

[58] 李珠，杨卓强，孙铭壕 . 新型绿色建筑——城市窑洞研究 [J]. 山西建筑，2007（12）.

[59] 胡云杰，赵建利，王军 . 黄土窑洞到绿色住区的研究 [J]. 洛阳大学学报，1998（12）.

[60] 曹艳霞 . 浅析山西传统窑洞民居 [J]. 太原城市职业技术学院学报，

2013（5）.

[61] 毛文颜 . 浅析陕西窑洞 [D]. 成都：西南民族大学，2005.

[62] 刘杰民 . 石材的建造诗学 [D]. 济南：山东建筑大学，2011：13-14.

[63] 任芳 . 晋西、陕北窑洞民居比较研究 [D]. 太原：太原理工大学，2011：77.

[64] 黄冠南 . 砖砌建筑表皮的地域性表达方法研究 [D]. 广州：华南理工大学，2012：16.

[65] 郑小东 . 建构语境下当代中国建筑中传统材料的使用策略研究 [D]. 北京：清华大学，2012：26.

[66] 张晓娟 . 豫西地坑窑居营造技术研究 [D]. 郑州：郑州大学，2011.

[67] 李媛昕 . 太原店头古村石碹窑洞民居营造技术分析 [D]. 太原：太原理工大学，2014：58.

[68] 韩亮 . 陕北窑洞门窗装饰纹样的观念研究及应用探索 [D]. 西安：西安美术学院，2009：13.

[69] 王桂秀，李红光 . 豫西下沉式窑洞防排水体系构造分析 [J]. 施工技术，2013（8）.

[70] 杨思佳 . 初探山西民居的建筑形式与价值 [D]. 石家庄：河北师范大学，2012：12-13.

[71] 王崇恩 . 山西传统民居营造技术初探 [D]. 太原：太原理工大学，2003：15-16.

[72] 颜艳 . 河南省巩义窑洞建筑研究 [D]. 武汉：华中科技大学，2013.

[73] 郭贝贝 . 陕北延安窑洞文化特色研究 [D]. 西安：西安美术学院，2015.

[74] 任芳 . 晋西、陕北窑洞民居比较研究 [D]. 太原：太原理工大学，2011：20-22.

[75] 王向前 . 碛口窑洞民居建筑形态解析 [D]. 哈尔滨：哈尔滨工业大学，2007：77.

[76] 李媛昕 . 太原店头古村石碹窑洞建筑营造技术分析 [D]. 太原：太原理工大学，2013.

[77] 燕宁娜 . 宁夏西海固回族聚落营建及发展策略研究 [D]. 西安：西安建筑科技大学，2015.

[78] 李钰 . 陕甘宁生态脆弱地区乡村人居环境研究 [D]. 西安：西安建筑科技大学，2010.

[79] 金河 . 传承窑洞文明 发展绿色建筑 [D]. 长春：东北师范大学，2015.
[80] 唐相龙 . 庆阳窑洞民居在城镇增长过程中的保护与再生初步研究 [D]. 兰州：西北师范大学，2004.
[81] 陈莉粉 . 黄土地区窑洞建筑中结构稳定性的研究 [D]. 西安：西安建筑科技大学，2012：26.
[82] 屈伸 . 陕西黄土居住文化的再生与保护研究 [D]. 西安：西安美术学院，2008.
[83] 魏秦 . 黄土高原人居环境营建体系的理论与实践研究 [D]. 杭州：浙江大学，2008.
[84] 王娟 . 榆林南部地区城镇中传统窑居建筑更新与发展 [D]. 西安：西安建筑科技大学，2008.
[85] 于端端 . 乡土材料建筑营造技术研究 [D]. 北京：北京建筑大学，2013.
[86] 刘志鹏 . 晋南黄土高原残垣沟壑区老窑洞改造研究 [D]. 北京：北京林业大学，2011.
[87] 李明 . 生态窑居度假村对黄土高原地区传统聚落复兴意义初探 [D]. 西安：西安建筑科技大学，2006.
[88] 王淼 . 传统建筑技术在现代建筑节能设计中的应用 [D]. 北京：北京工业大学，2006.
[89] 任致远 . 甘肃省庆阳地区黄土窑洞调查报告 [R].
[90] 朱金良 . 当代中国新乡土建筑创作实践研究 [D]. 上海：同济大学，2006：66–70.
[91] 王琈 . 初探土窑洞的安全 [C]. 中国窑洞及生土建筑调研论文选集（甘肃省专集），1982：117–122.
[92] 绥德申报市级非物质文化遗产影像资料（文字）.
[93] 李长江 . 米脂窑洞申遗资料（文字）.
[94] 马赞智 . 同心县文化馆资料（文字）.
[95] 任新宇，关惠云 . 论北方传统火炕设计及演进中的整体生态意识 [J]. 生态经济，2015，12.
[96] 刘阳，林海威 . 以新旧乡土建筑的对比关联谈新乡土建筑的发展 [J]. 山西建筑，2016，6.
[97] 支文军 . 中国新乡土建筑的当代策略 [J]. 时代建筑，2016，12.
[98] 王博伦 . 中国新乡土语境下的建筑实践思考 [J]. 中外建筑，2017，9.

后　记

POSTSCRIPT

《中国传统民居建筑建造技术　窑洞》历经3年，终于完成。此书编写过程中，得到诸多单位与个人的大力支持。当初着手编写此书时，感到写作团队前期有《窑洞民居》《中国窑洞》《西北民居》的编写经历，又有多年来博士、硕士研究生以窑洞民居为学位论文选题的研究积累，完成该书还是有底气的。但在实际调研与写作中，方知此项工作的艰难非同一般。虽然窑洞是大西北乡村普遍的民居类型，其建造技术普及，几乎是村村都有能工巧匠，家家都能干几下。可是，自20世纪80年代改革开放以来，乡村经济发展、生活富裕，大部分窑居村落都弃窑建房，窑洞的建造技艺没有了市场需求也就没有人去传承，当地经验丰富的窑匠们如今多已离开人世，当年活跃在乡村的年轻窑匠师傅们，如今健在的也都是八十以上高龄了，所以要从他们那里获取翔实的建造技术口述资料已是非常困难了。尽管如此，我们还是寻访了四十几位健在的老匠人，尽可能把他们建造中的口诀、经验做法梳理清楚。老匠人口述中，有些是实际经验凝练的工程做法，有些是当地的民俗崇尚，例如对尺寸数字的讲究与苛求。由于各地民俗差异很大，在整理这些信息时，我们尽量整理出客观的工程做法写入书中，将属于地方民俗的放在附录中。又由于篇幅、体例和时间所限，无法以国际视野将国外与窑洞相似的建筑拿来作比较性的展示，只能选择国内有代表性的案例进行解析。

作为本书的第一作者，我在1968年知青上山下乡运动时，来到陕西省永寿县，住窑洞、喝窖水，一待就是六年。当年在生产队农闲时的主要任务就是挖窑洞、打水窖、打胡墼、平整土地。不仅参加了这些体力劳动，我还亲眼目睹了窑匠师傅们的精湛技艺，看到如何通过他们的手艺把我们挖的窑洞粗胚修整的端庄而精致。我也对窑匠师傅那不依靠模具单凭“绝活”，将一块块土坯砌筑成尖券拱而感到惊讶与敬佩。时隔四十多年后，当编写此书时，我多次返回当年的窑洞村落，寻访当年的窑匠及其后人，但大多无果，当年的“大窑匠”——乡村青年的偶像，如今都不在人世，他们的后人也不再从事这行，当年的“绝活”没有留下任何资料，令人痛心疾首，这也是本书编写中最令人遗憾之处。

如今，从国家层面把传统建造技艺纳入中华优秀传统文化得以保护与传承，深感责任重大与时间的紧迫，所幸我的团队青年教师及研究生们对此投入了极大的热情与执着。本书作者之一靳亦冰教授自2000年硕士研究生起即投入了黄土高原地区乡土建筑与聚落的研究，直到获得博士学位、主持国家自然科学基金项目，都是围绕黄土高原人居环境在进行孜孜不倦的探索研究，是中国窑洞研究的后起之秀，如今仍然带领众多研究生在传统村落保护及乡村振兴领域奋斗不息。另一位作者是我的博士生师立华讲师，作为“80后”的青年人能对传统建造技艺投入极大的热情已是难能可贵，本书中她主要负责对工匠现场采访、整理出窑洞施工流程的资料，三年来奔波于山西、陕北、甘肃陇东、宁夏西海固地区的民间采访，窑洞院落的测绘，为本书的完稿付出了辛勤的努力。

本书的完成是一个团队共同努力的成果，除署名作者外，还有为书稿整理绘制插图的西北乡土建筑研究团队的硕士研究生们，他们是：赵文迪、宦烨晨、原宇、杨宏博、李辉、李玉洁、徐贞、郭憨、肖琳琳、李盼婷、王嘉运、由懿行、曹俊华、张伟、韩泽琦、兰可染、刘高艳等。

本书编写中，除了编写团队的努力外，还要感谢为本书给予支持的单位与个人。感谢国家科学技术学术著作出版基金委员会给予本书的资助与支持。感谢西安建筑科技大学建筑学院、科研处各部门处室的大力支持。感谢在调研过程中给予支持、提供资料的各地相关部门。

特别感谢各地为我们讲解、传授窑洞建造技艺的匠人们。

感谢刘临安教授、周铁钢教授、戴志坚教授对本书的审阅及中肯的建议。

感谢米脂县姜氏庄园博物馆馆长艾克生先生，为本书提供的陕北地域风貌及窑洞民居精美照片。

最后特别感谢中国建筑工业出版社的编辑团队，对本书前期策划及申报出版基金所付出的努力与辛苦。

王　军

2020 年 12 月于西安建筑科技大学

图书在版编目（CIP）数据

中国传统民居建筑建造技术．窑洞／王军，靳亦冰，师立华著．—北京：中国建筑工业出版社，2021.5
ISBN 978-7-112-26126-0

Ⅰ.①中… Ⅱ.①王… ②靳… ③师… Ⅲ.①窑洞—民居—建筑艺术—研究—中国 Ⅳ.①TU241.5

中国版本图书馆CIP数据核字（2021）第079379号

责任编辑：唐 旭 吴 绫 张 华
文字编辑：李东禧
书籍设计：张悟静
责任校对：李美娜 姜小莲

中国传统民居建筑建造技术 窑洞
王军 靳亦冰 师立华 著
*
中国建筑工业出版社出版、发行（北京海淀三里河路9号）
各地新华书店、建筑书店经销
北京锋尚制版有限公司制版
天津图文方嘉印刷有限公司印刷
*
开本：880毫米×1230毫米 1/16 印张：22 字数：534千字
2021年5月第一版 2021年5月第一次印刷
定价：235.00元
ISBN 978-7-112-26126-0
（30884）